计算机基础与实训教材系列

电脑办公自动化

实用教程

杨卫民 编著

清华大学出版社

北京

内 容 简 介

本书由浅入深、循序渐进地介绍了电脑办公自动化的常用操作方法。全书共分为 14 章,分别介绍了 Windows XP 基础知识、文件和文件夹的管理、使用中文输入法、Word 2003 办公操作、Excel 2003 办公操作、PowerPoint 2003 办公操作、网络办公、常用办公软件和设备的使用、电脑维护与安全的常用操作与技巧。此外,本书还通过多个上机练习来帮助用户巩固本书所介绍的电脑办公知识。

本书内容丰富,结构清晰,语言简练,图文并茂,具有很强的实用性和可操作性,是一本适合于大中专院校、职业院校及各类社会培训学校的优秀教材,也是广大初、中级电脑用户的自学参考书。

本书对应的电子教案、实例源文件和习题答案可以到 http://www.tupwk.com.cn/edu 网站下载。

图书在版编目(CIP)数据

电脑办公自动化实用教程/杨卫民 编著. —北京:清华大学出版社,2009.1
(计算机基础与实训教材系列)
ISBN 978-7-302-18869-8

Ⅰ. 电… Ⅱ. 杨… Ⅲ. 办公室—自动化—教材 Ⅳ. C931.4

中国版本图书馆 CIP 数据核字(2008)第 173678 号

责任编辑:胡辰浩(huchenhao@263.net) 袁建华
装帧设计:孔祥丰
责任校对:成凤进
责任印制:何 芊
出版发行:清华大学出版社   地   址:北京清华大学学研大厦 A 座
        http://www.tup.com.cn   邮   编:100084
        社 总 机:010-62770175   邮   购:010-62786544
        投稿与读者服务:010-62776969,c-service@tup.tsinghua.edu.cn
        质 量 反 馈:010-62772015,zhiliang@tup.tsinghua.edu.cn
印 刷 者:北京鑫海金澳胶印有限公司
装 订 者:三河市新茂装订有限公司
经   销:全国新华书店
开   本:190×260 印 张:19.75 字 数:518 千字
版   次:2009 年 1 月第 1 版   印 次:2009 年 1 月第 1 次印刷
印   数:1~5000
定   价:30.00 元

计算机已经广泛应用于现代社会的各个领域，熟练使用计算机已经成为人们必备的技能之一。因此，如何快速地掌握计算机知识和使用技术，并应用于现实生活和实际工作中，已成为新世纪人才迫切需要解决的问题。

为适应这种需求，各类高等院校、高职高专、中职中专、培训学校都开设了计算机专业的课程，同时也将非计算机专业学生的计算机知识和技能教育纳入教学计划，并陆续出台了相应的教学大纲。基于以上因素，清华大学出版社组织一线教学精英编写了这套"计算机基础与实训教材系列"丛书，以满足大中专院校、职业院校及各类社会培训学校的教学需要。

一、丛书书目

本套教材涵盖了计算机各个应用领域，包括计算机硬件知识、操作系统、数据库、编程语言、文字录入和排版、办公软件、计算机网络、图形图像、三维动画、网页制作以及多媒体制作等。众多的图书品种，可以满足各类院校相关课程设置的需要。

◉ 第一批出版的图书书目

《计算机基础实用教程》	《中文版 AutoCAD 2009 实用教程》
《计算机组装与维护实用教程》	《AutoCAD 机械制图实用教程(2009 版)》
《五笔打字与文档处理实用教程》	《中文版 Flash CS3 动画制作实用教程》
《电脑办公自动化实用教程》	《中文版 Dreamweaver CS3 网页制作实用教程》
《中文版 Photoshop CS3 图像处理实用教程》	《中文版 3ds Max 9 三维动画创作实用教程》
《Authorware 7 多媒体制作实用教程》	《中文版 SQL Server 2005 数据库应用实用教程》

◉ 即将出版的图书书目

《中文版 Word 2003 文档处理实用教程》	《中文版 3ds Max 2009 三维动画创作实用教程》
《中文版 PowerPoint 2003 幻灯片制作实用教程》	《中文版 Indesign CS3 实用教程》
《中文版 Excel 2003 电子表格实用教程》	《中文版 CorelDRAW X3 平面设计实用教程》
《中文版 Access 2003 数据库应用实用教程》	《中文版 Windows Vista 实用教程》
《中文版 Project 2003 实用教程》	《电脑入门实用教程》
《中文版 Office 2003 实用教程》	《Java 程序设计实用教程》
《Oracle Database 11g 实用教程》	《JSP 动态网站开发实用教程》
《Director 11 多媒体开发实用教程》	《Visual C#程序设计实用教程》
《中文版 Premiere Pro CS3 多媒体制作实用教程》	《网络组建与管理实用教程》
《中文版 Pro/ENGINEER Wildfire 5.0 实用教程》	《Mastercam X3 实用教程》
《ASP.NET 3.5 动态网站开发实用教程》	《AutoCAD 建筑制图实用教程(2009 版)》

二、丛书特色

1、选题新颖，策划周全——为计算机教学量身打造

本套丛书注重理论知识与实践操作的紧密结合，同时突出上机操作环节。丛书作者均为各大院校的教学专家和业界精英，他们熟悉教学内容的编排，深谙学生的需求和接受能力，并将这种教学理念充分融入本套教材的编写中。

本套丛书全面贯彻"理论→实例→上机→习题"4 阶段教学模式，在内容选择、结构安排上更加符合读者的认知习惯，从而达到老师易教、学生易学的目的。

2、教学结构科学合理，循序渐进——完全掌握"教学"与"自学"两种模式

本套丛书完全以大中专院校、职业院校及各类社会培训学校的教学需要为出发点，紧密结合学科的教学特点，由浅入深地安排章节内容，循序渐进地完成各种复杂知识的讲解，使学生能够一学就会、即学即用。

对教师而言，本套丛书根据实际教学情况安排好课时，提前组织好课前备课内容，使课堂教学过程更加条理化，同时方便学生学习，让学生在学习完后有例可学、有题可练；对自学者而言，可以按照本书的章节安排逐步学习。

3、内容丰富、学习目标明确——全面提升"知识"与"能力"

本套丛书内容丰富，信息量大，章节结构完全按照教学大纲的要求来安排，并细化了每一章内容，符合教学需要和计算机用户的学习习惯。在每章的开始，列出了学习目标和本章重点，便于教师和学生提纲挈领地掌握本章知识点，每章的最后还附带有上机练习和习题两部分内容，教师可以参照上机练习，实时指导学生进行上机操作，使学生及时巩固所学的知识。自学者也可以按照上机练习内容进行自我训练，快速掌握相关知识。

4、实例精彩实用，讲解细致透彻——全方位解决实际遇到的问题

本套丛书精心安排了大量实例讲解，每个实例解决一个问题或是介绍一项技巧，以便读者在最短的时间内掌握计算机应用的操作方法，从而能够顺利解决实践工作中的问题。

范例讲解语言通俗易懂，通过添加大量的"提示"和"知识点"的方式突出重要知识点，以便加深读者对关键技术和理论知识的印象，使读者轻松领悟每一个范例的精髓所在，提高读者的思考能力和分析能力，同时也加强了读者的综合应用能力。

5、版式简洁大方，排版紧凑，标注清晰明确——打造一个轻松阅读的环境

本套丛书的版式简洁、大方，合理安排图与文字的占用空间，对于标题、正文、提示和知识点等都设计了醒目的字体符号，读者阅读起来会感到轻松愉快。

三、读者定位

本丛书为所有从事计算机教学的老师和自学人员而编写，是一套适合于大中专院校、职业院校及各类社会培训学校的优秀教材，也可作为计算机初、中级用户和计算机爱好者的学习计算机知识的自学参考书。

四、周到体贴的售后服务

为了方便教学，本套丛书提供精心制作的 PowerPoint 教学课件(即电子教案)、素材、源文件、习题答案等相关内容，可在网站上免费下载，也可发送电子邮件至 wkservice@vip.163.com 索取。

此外，如果读者在使用本系列图书的过程中遇到疑惑或困难，可以在丛书支持网站(http://www.tupwk.com.cn/edu)的互动论坛上留言，本丛书的作者或技术编辑会及时提供相应的技术支持。咨询电话：010-62796045。

前　言

随着计算机技术的迅猛发展，电脑已经成为办公行业的得力助手。目前，以提高办公效率为目标的电脑办公自动化技术已被广泛应用于各类办公领域，并发挥着愈来愈大的作用。

本书从教学实际需求出发，合理安排知识结构，从零开始、由浅入深、循序渐进地讲解电脑办公的基本知识和常用操作，本书共分为 14 章，主要内容如下：

第 1～3 章介绍了 Windows XP 操作系统的基础知识，包括 Windows XP 操作系统的设置、文件和文件夹的管理以及使用中文输入法。

第 4～6 章介绍了使用 Word 2003 创建文档的方法，主要包括 Word 2003 的基本操作，文档的创建、输入、保存、关闭和编辑，格式化文本和段落，图文混排，文档的编排处理等内容。

第 7～8 章介绍了使用 Excel 2003 创建电子表格的方法，主要包括 Excel 2003 的基本操作、编辑与格式化工作表、插入各种对象、管理工作表中的数据、以及使用图表显示工作表中的数据。

第 9～10 章介绍了在 PowerPoint 2003 中创建演示文稿的方法，美化幻灯片设计与放映幻灯片的方法。

第 11～14 章介绍了电脑办公的其他知识，包括网络办公、常用办公软件和设备的使用、电脑的安全和维护等内容。

本书图文并茂，条理清晰，通俗易懂，内容丰富，在讲解每个知识点时都配有相应的实例，方便读者上机实践。同时在难于理解和掌握的部分内容上给出相关提示，让读者能够快速地提高操作技能。此外，本书配有大量综合实例和练习，让读者在不断的实际操作中更加牢固地掌握书中讲解的内容。

除封面署名的作者外，参加本书编写的人员还有洪妍、方峻、何亚军、王通、高鹃妮、严晓雯、杜思明、孔祥娜、张立浩、孔祥亮、陈笑、陈晓霞、王维、牛静敏、牛艳敏、何俊杰、葛剑雄等人。由于作者水平有限，本书不足之处也在所难免，欢迎广大读者批评指正。我们的电子邮箱是 huchenhao@263.net。

作　者
2008 年 10 月

推荐课时安排

计算机基础与实训教材系列

章　名	重点掌握内容	教学课时
第 1 章 Windows XP 基础知识	1. 启动和退出 Windows XP 2. 认识 Windows XP 的界面组成 3. 设置用户账户 4. 安装和删除软件	2 学时
第 2 章 管理办公文件及文件夹	1. 文件和文件夹的基本操作 2. 文件和文件夹的高级操作 3. 使用回收站	2 学时
第 3 章 使用中文输入法	1. 初识常用输入法 2. 添加和切换输入法 3. 使用微软拼音输入法 4. 掌握五笔字型输入法	3 学时
第 4 章 Word 2003 办公基本操作	1. 认识 Word 2003 基本操作界面 2. Word 文档的基本操作 3. 文本的简单编辑 4. 格式化文本的方法 5. 设置项目符号和编号以及段落样式的方法	3 学时
第 5 章 Word 2003 办公高级操作	1. 创建与编辑表格的方法 2. 图文混排技术 3. 设置文档页面	3 学时
第 6 章 Word 2003 办公文档的编排处理	1. 认识长文档编辑策略 2. 添加和编辑书签 3. 创建、更新和删除目录 4. 插入批注	2 学时
第 7 章 Excel 2003 办公基本操作	1. 认识 Excel 2003 基本操作界面 2. 工作簿、工作表和单元格的基本操作 3. 输入数据 4. 设置单元格格式	3 学时

(续表)

章　名	重点掌握内容	教学课时
第 8 章　Excel 2003 办公高级操作	1. 了解常用运算符 2. 公式的基本操作 3. 应用函数 4. 建立数据清单 5. 数据的简单和高级排序 6. 数据的筛选和分类汇总	3 学时
第 9 章　PowerPoint 2003 办公基本操作	1. 认识 PowerPoint 基本操作界面 2. 创建演示文稿 3. 编辑幻灯片的基本操作 4. 编辑演示文本 5. 插入对象	3 学时
第 10 章　PowerPoint 2003 办公高级操作	1. 掌握美化幻灯片的方法 2. 设置幻灯片切换效果 3. 设置幻灯片放映方式 4. 了解幻灯片放映中的其他功能	3 学时
第 11 章　网络办公	1. 了解共享本地资源和访问共享资源的操作方法 2. 下载网络资源 3. 收发电子邮件 4. 使用 Windows Live Messenger 网上聊天	3 学时
第 12 章　常用办公软件的使用	1. 掌握 WinRAR 的使用方法 2. 掌握 ACDSee 的使用方法 3. 掌握 HyperSnap 的使用方法 4. 掌握金山词霸的使用方法 5. 掌握 EasyRecovery 的使用方法	3 学时
第 13 章　常用办公设备的使用	1. 掌握安装和使用打印机的方法 2. 掌握使用移动存储设备的方法 3. 掌握使用刻录机刻录光盘的方法 4. 掌握使用扫描仪的方法	2 学时
第 14 章　电脑安全与维护	1. 了解电脑的使用和保养 2. 备份和还原文件 3. 掌握磁盘的维护 4. 使用 Windows 优化大师 5. 使用杀毒软件防范病毒 6. 掌握电脑常见故障的处理	3 学时

计算机基础与实训教材系列

目录

计算机 基础与实训教材系列

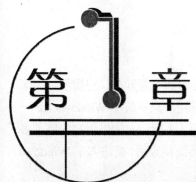

第1章

Windows XP 基础知识

学习目标

随着信息时代的飞速发展，电脑已成为人们日常办公不可或缺的工具。近几年，由于操作系统的不断更新升级，使得电脑的使用更方便，功能也更强大。特别是 Windows XP 的推出，使得办公用户操作得心应手，从而可以更好地进行电脑办公。Windows XP 是微软公司推出的一款操作系统，该操作系统具有界面友好、屏幕美观、菜单简化和设计清新等特点，同时在系统安全性和稳定性方面也有很大提高。本章主要介绍 Windows XP 的一些基础知识。

本章重点

- ◉ 启动和退出 Windows XP
- ◉ Windows XP 界面组成
- ◉ 鼠标和键盘的操作
- ◉ Windows XP 的个性化设置
- ◉ 设置用户账户
- ◉ 安装和删除软件

1.1 Windows XP 的启动和退出

Windows XP 是由美国微软公司开发的全新操作系统。一经推出，就因为其良好的人机对话界面、方便的操作等一系列的特性获得了广大用户的一致好评，成为使用最广泛的操作系统。

使用 Windows XP 系统之前，首先需要掌握系统的启动和退出方法。本节将详细介绍 Windows XP 系统的启动和退出。

1.1.1 启动 Windows XP

在启动电脑之前，必须首先确保电源处于接通状态。按下显示器电源开关，待指示灯闪烁之后，按下机箱上的电源(Power)按钮，即可开始启动电脑。如果用户只安装了 Windows XP 一个操作系统，那么电脑直接进入 Windows XP 的启动画面，如图 1-1 所示。如果用户安装了多个操作系统，则需要选择进入 Windows XP 系统。在所有的启动界面结束后，就进入了 Windows XP 的桌面，如图 1-2 所示，此时完成 Windows XP 的启动操作。

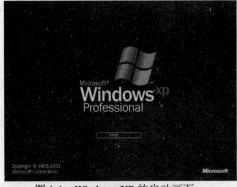 

图 1-1　Windows XP 的启动画面　　　　　图 1-2　Windows XP 的桌面

1.1.2 退出 Windows XP

退出 Windows XP 时，应该按操作步骤逐步进行，不能直接关闭电脑电源。否则可能会丢失一些未保存的文件，或破坏正在运行的程序，甚至造成致命的错误，导致 Windows XP 无法再次启动。

退出 Windows XP 的步骤非常简单，单击桌面左下角的【开始】按钮 ，从弹出的【开始】菜单中单击【关闭计算机】按钮，打开【关闭计算机】对话框，如图 1-3 所示。单击【关闭】按钮，即可安全退出 Windows XP。

图 1-3　【关闭计算机】对话框

> **提示**
> 如果已经进入 Windows XP 操作系统，由于种种原因而需要重新启动电脑，可以在【关闭计算机】对话框中，单击【重新启动】按钮。

提示

在关闭电脑时，如果某些文件未保存，此时将弹出一个提示对话框，询问用户是否需要保存文件。如果需要保存文件，则单击【是】按钮；如果不需要保存文件，则单击【否】按钮。

1.2　Windows XP 的界面组成

Windows XP 操作系统的界面由桌面、窗口、对话框和菜单等对象组成，这些对象起着不同的作用，本节将逐一介绍。

1.2.1　桌面

进入系统后，出现在用户面前的是桌面。桌面是用户进行操作的主要场所，几乎所有的用户操作都可以在桌面上完成。因此，熟悉桌面很重要。桌面主要包括桌面图标、桌面背景、快速启动栏、【开始】按钮、任务栏、语言栏和系统托盘等 7 个组成部分，如图 1-4 所示。

图 1-4　桌面及其组成部分

如图 1-4 所示的桌面上各组成元素作用如下。

- 桌面图标：由文字和图片构成，用户可以通过双击这些图标打开对应的文件夹或执行相应的程序。
- 桌面背景：桌面上显示的图片，用于美化桌面。
- 快速启动栏：用于显示常用的程序图标，单击其中的某个图标即可启动相应的程序。
- 【开始】按钮：单击该按钮可以打开【开始】菜单，在该菜单中可以启动电脑中已安装的程序或执行电脑管理任务。

- 任务栏：以按钮的形式显示已打开的文件夹或程序，单击其中的按钮即可实现不同的文件夹或程序之间切换。
- 语言栏：用于显示已安装的输入法和正在使用的输入法。
- 系统托盘：用于显示正在运行的程序、系统时间和系统声音。

1.2.2 窗口

Windows 以"窗口"的形式来区分各个程序的工作区域。在 Windows 中，用户可以同时执行多种操作，每执行一项操作时，系统将自动打开一个窗口，用于管理和使用相应的内容。如图 1-5 所示即为【我的电脑】的运行窗口，在该窗口中可以对电脑中的文件和文件夹进行管理。

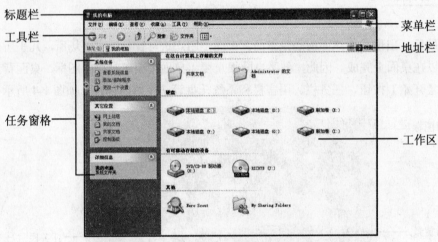

图 1-5 【我的电脑】窗口

在图 1-5 中可以看出，窗口由标题栏、菜单栏、工具栏、地址栏、任务窗格和工作区组成。各组成部分的作用如下。

- 标题栏：用于显示当前窗口的名称和对应图标。
- 菜单栏：包含一些菜单项，选择这些菜单项中的命令即可执行相应的窗口操作。
- 工具栏：其中显示一些按钮，单击这些按钮可对窗口执行常见的一些操作。
- 地址栏：用于显示当前打开的窗口所处的位置。
- 任务窗格：提供许多常用选项，单击这些选项可执行一些系统任务、切换到其他位置、查看文件或文件夹的详细信息。
- 工作区：用于显示与程序运行有关的内容。

 提示

如果当前窗口的大小不足以显示程序的所有内容，则会在右侧或下方显示滚动栏，拖动这些滚动栏可以查看窗口中所有的内容。

①.2.3　对话框

对话框是一种特殊的窗口，与窗口不同的是，对话框一般不可以调整大小。对话框种类繁多，可以对其中的选项进行设置，使程序达到预期的效果。如图 1-6 所示即为【选项】对话框。

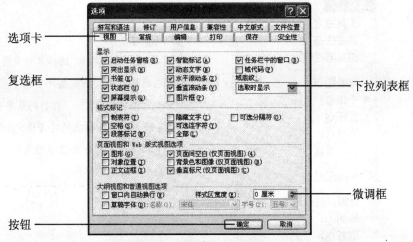

图 1-6　【选项】对话框

下面将介绍对话框中的组件。

- ◎ 选项卡：对话框中一般包含许多功能，选项卡的作用就是将这些功能分组。单击选项卡对应的标签即可在不同的选项卡之间进行切换。
- ◎ 复选框：在进行操作时，可同时选中多个复选框以执行多个命令。
- ◎ 按钮：用于确定某项操作或执行相应命令。
- ◎ 微调框：用于调整数值，可以单击微调框右侧的微调按钮以调整数值，也可以在其中的文本框中直接输入数值。
- ◎ 下拉列表框：用于提供一个选项列表，用户可以在该列表中选择进行相应的选项。

 提示 ┈┈

除了上述介绍的一些组件外，对话框中一般还包含单选按钮、列表框及文本框等组件。

①.2.4　菜单

菜单用于启动程序或执行命令，比较常见的菜单有下拉菜单和快捷菜单两种。下面将介绍这两种菜单。

1. 下拉菜单

在 Windows XP 操作系统中，每个窗口都包括一个菜单栏，如图 1-5 所示。菜单栏中一般包含多个菜单项，单击其中某个菜单项，即可弹出下拉菜单。例如，单击图 1-5 中的【查看】菜单项，即可弹出相应的下拉菜单，如图 1-7 所示。

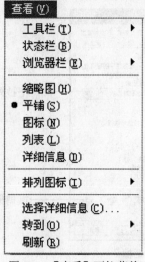

图 1-7　【查看】下拉菜单

提示

在该下拉菜单中，选择其中带有 ▶ 标志的菜单项，则可展开下级下拉菜单；选择其中带有 ··· 标志的菜单项，则系统自动打开相应的对话框。此外，在下拉菜单中有时会显示为灰色，表明此命令当前不可用。

2. 快捷菜单

为了方便用户进行操作，Windows 还设置了快捷菜单。快捷菜单中包括一些针对某操作对象的常用命令。如图 1-8 所示即为右击桌面上【我的电脑】图标时显示的快捷菜单。在快捷菜单中，选择命令即可执行相应的操作，例如，在图 1-8 所示的快捷菜单中，选择【属性】命令，即可打开【系统属性】对话框，在该对话框中可对系统的各项属性进行设置，如图 1-9 所示。

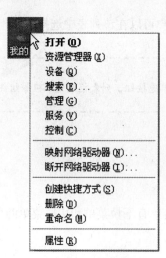

图 1-8　快捷菜单

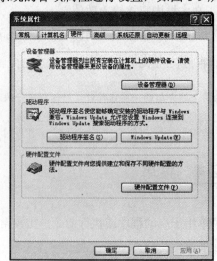

图 1-9　【硬件】选项卡

1.3　鼠标和键盘操作

鼠标和键盘是电脑最基本的输入和控制设备。只有正确而熟练地掌握鼠标和键盘的操作，才能与电脑进行很好地交流，从而达到事半功倍的效果。

1.3.1　鼠标的操作方法

鼠标是一种非常方便的标准输入设备。随着 Windows 图形操作界面的流行，很多命令和要求已基本上不需要再使用键盘输入，只要单击鼠标的左键或右键即可。目前最常用的鼠标为光电鼠标，它通常包括左键、右键和中间的滚轮三部分，如图 1-10 所示。

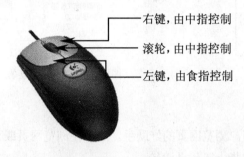

右键，由中指控制
滚轮，由中指控制
左键，由食指控制

知识点

鼠标按结构可分为机械鼠标和光电鼠标两种；如果按照与计算机连接方式划分，可分为串口鼠标、PS/2 鼠标和 USB 鼠标 3 种；从鼠标外观划分，可以分为两键、三键和多键鼠标。

图 1-10　光电鼠标

鼠标的基本操作方法包括 5 种：单击、双击、右击、滚动和移动。下面将具体介绍这 5 种操作。

1. 单击

单击是指按鼠标左键并立即松开，用于选择对象，或将指针移动某个位置。如图 1-11 所示即为单击【回收站】图表的前后情况。

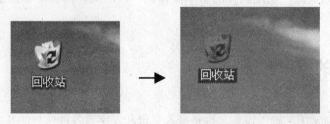

图 1-11　单击【回收站】图标的前后情况

2. 双击

双击是指将鼠标定位到某对象后，连续快速单击两下鼠标左键并立即松开，用于打开对象。双击是发布命令，表示运行、执行或者打开。操作方法：食指快速地击打两下鼠标左键，速度要快，要领是第一次单击轻一些，点到为止，第二次单击的才是目的地，如图 1-12 所示的【回

计算机 基础与实训教材系列

收站】窗口为双击如图 1-11 所示的【回收站】图标后的效果。

3. 右击

右击是指单击鼠标右键并立即松开，将弹出相应的快捷菜单，便于用户快捷地执行相应的命令。如图 1-13 所示为右击桌面后打开的右键快捷菜单。

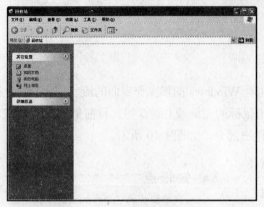

图 1-12　【回收站】窗口　　　　　　　　　　　　　　　图 1-13　右键快捷菜单

4. 滚动

滚动或按下滚轮可滚动显示页面。滚轮是用户浏览网页的好助手。用户在浏览网页或长文档时，要求拇指、小指和无名指卡住鼠标，用中指上下滚动滚轮。

 知识点

滚动滚轮可以替代用鼠标拖动滚动条，使页面上下滚动，使用户可以快捷、方便地浏览网页及长文档。

5. 移动

移动是指手握鼠标，不按鼠标上的任何按键而移动鼠标，用于将光标指向某对象。移动鼠标是所有鼠标操作的前提，也是鼠标的基本操作之一。因此，熟练地掌握鼠标移动操作非常重要。

1.3.2　键盘的操作方法

键盘是计算机最常用的输入设备，也是录入字母和汉字等各种信息的基本工具。任何人与计算机进行交流、向计算机发出命令及编写程序等，都必须从熟悉计算机键盘开始。

根据键盘功能结构，通常将键盘分为主键盘区、功能键区、编辑控制键区、数字键区和状态指示灯区等几部分，如图 1-14 所示。

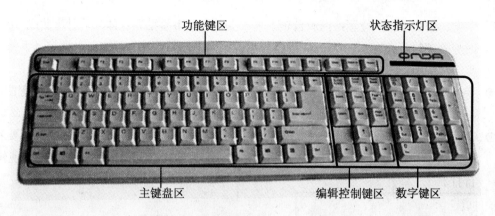

图 1-14　键盘布局

键盘各区域的功能如下。

◉ 功能键区：功能键区位于键盘的最上方，包括 Esc 键、F1～F12 键和 Wake、Sleep 和 Power 3 个特殊功能键。其中，F1～F12 功能键在不同的程序软件中功能有所不同。这些键主要作为 Windows 或者程序操作的快捷键。

◉ 主键盘区：也称为"打字键区"，是键盘上最重要的区域，主要用于输入英文字母、数字和符号，该区域是 4 个键区中键数最多的区，共有 61 个键，其中包括 26 个字母键、21 个数字符号键和 14 个控制键。用户只有熟悉这些键的布局，才能提高输入的速度。

◉ 编辑控制键区：位于打字键区和数字键区之间，共有 10 个键，包括 4 个方向键，Delete 键、Insert 键、Home 键和 End 键等 6 个键。该区位于主键盘区和数字键盘区之间，主要用于光标控制、文本编辑和操作控制。

◉ 数字键盘区：位于键盘的右下角，又称为小键盘区，主要用于数字的快速输入。共有 17 个键，其中包括 Num Lock 键、双字符键、Enter 键和符号键。数字键区大部分为双字符键，上档符号是数字，主要用于输入数字和进行加减乘除的计算，而下档符号具有光标控制功能。

◉ 状态提示灯区：包括大小写状态、数字键盘区的状态等，主要用于指示当前键盘某些区域的状态。

熟练操作键盘是学习电脑的第一步，操作键盘之前首先要对键盘的打字姿势、击键要领、键盘操作规则和指法分区等有一定了解。

1. 正确的打字姿势

正确的键盘操作姿势对操作电脑来说是至关重要的，可以使用户击键平稳、准确且有节奏，从而提高工作效率，同时也能更好地保护用户的视力，降低身体的疲劳。正确的键盘操作姿势要求如图 1-15 所示。

◉ 坐姿：上半身应保持颈部直立，使头部获得支撑。下半身腰部挺直，膝盖自然弯曲成 90°，并维持双脚着地的坐姿。整个身体稍偏于键盘右方并保持向前略微倾斜，身体与键盘的距离保持约 20 cm。

计算机　基础与实训教材系列

- 手臂、肘和手腕的位置：两肩自然下垂，上臂自然下垂贴近身体，手肘弯曲成 90°，肘与腰部的距离为 5~10 cm。小臂与手腕略向上倾斜，切忌手腕向上拱起，手腕与键盘下边框保持 1 cm 左右的距离。
- 手指位置：尽量使手腕保持水平姿势，手掌以手腕为轴略向上抬起，手指略微弯曲。手指自然下垂轻放在基准键位上，左右手拇指轻放在空格键上。
- 输入要求：将书稿稍斜放在键盘的左侧，使视线和文字行成平行线。打字时，不要看键盘，只专注书稿或屏幕，养成盲打的习惯。如果初学者经常看键盘，很难实现快速盲打。

图 1-15　正确的打字姿势

知识点

　　"盲打"是一种触觉输入技术，是通过手指的条件反射，熟练、迅速而又有节奏地在计算机键盘上弹击键盘。操作者眼睛集中在文稿上而不是键盘上，即眼到手起，将纸面上的汉字或字符输入计算机显示到屏幕上。要掌握这门技术，必须遵守操作规范，按训练步骤，循序渐进，多加练习。

计算机基础与实训教材系列

2. 击键要领

在击键时，主要用力的部位是手指关节，而不是手腕。经常练习会加强手指的敏感度。击键时要注意以下几点：

- 手腕保持平直，手臂保持静止，全部动作只限于手指部分。
- 手指保持弯曲，稍微拱起，指尖的第 1 关节略成弧形，轻放在基本键的中央。
- 击键时，只允许伸出要击键的手指，击键完毕必须立即回位，以便再次"出击"，切忌触摸键或停留在非基准键键位上。
- 击键要迅速果断，不能拖拉犹豫。在看清文件单词、字母或符号后，手指果断击键而不是按键。
- 击键的频率要均匀，听起来有节奏。

3. 指法分区

键盘上的字符分布是根据使用频度确定的，利用手指在键盘上合理地分工以达到对键盘进行快速、准确地敲击的目的，手指在键盘上的分工如图 1-16 所示。

图 1-16　手指分区

知识点

击键时，手指上下移动，指头移动的距离最短，错位的可能性最小且平均速度最快。初学者在练习指法时，必须严格按照指法分工来练习，否则养成不良习惯，以后很难改正，无法提高打字速度。

一般将 A、S、D、F(左手)，J、K、L、【；】(右手)键称为基准键。在输入文字时，手指必须置于基准键位上。在使用其他键位后，必须将手指重新放回基准键位上，然后再开始录入。手指要弯曲，轻放在基准键位上，大拇指要放在空格键上，两臂轻轻抬起，不要使手掌接触到键盘托架上。基准键位手指分工如图 1-17 所示。

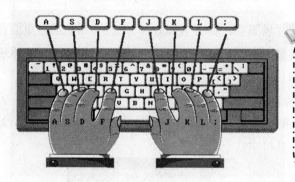

图 1-17　基准键位手指分工

知识点

左右手指放在基准键上，击完键后手指必须迅速返回到对应的基准键上；食指击键注意键位角度；小指击键力量保持均匀；数字键采用跳跃式击键。长期保持就能逐渐形成盲打习惯，使得输入效率大大提高。

熟悉了基准键位后，下面将介绍其他键位和手指的搭配。

左手手指在键盘上的具体"管辖区域"如下所述。

◎ 小指分管 5 个键：1、Q、A、Z、左 Shift 键。此外，还分管左边的一些控制键。

◎ 无名指分管 4 个键：2、W、S、X 键。

◎ 中指分管 4 个键：3、E、D、C 键。

◎ 食指分管 8 个键：4、R、F、V、5、T、G、B 键

右手手指在键盘上的具体"管辖区域"如下所述。

◎ 小指分管 5 个键：0、P、"；"、"/"、右 Shift 键。此外，还分管左边的一些控制键。

◎ 无名指分管 4 个键：9、O、L、"。"键。

◎ 中指分管 4 个键：8、I、K、"，"键。

◎ 食指分管 8 个键：6、Y、H、N、7、U、J、M 键。

计算机 基础与实训教材系列

1.4 Windows XP 的个性化设置

Windows XP 系统允许用户进行个性化的设置，例如将自己喜欢的图片作为电脑的桌面、设置任务栏等，这些设置可以让用户创建一个完全属于自己的系统操作环境，从而使电脑操作更加得心应手。

1.4.1 设置个性化系统桌面

在 Windows XP 操作系统中，设置桌面是创建用户个性化工作环境的最明显的体现，用户可以根据自己的喜好和需求来更改系统桌面的显示效果。系统桌面设置主要包括设置桌面背景、屏幕保护程序和显示分辨率。

1. 设置桌面背景

桌面背景就是 Windows XP 系统桌面的背景图案。启动 Windows XP 操作系统后，桌面背景采用的是系统安装时默认的设置。为了使桌面背景更加美观和更具个性化，用户可以在系统提供的多种方案中选择自己喜欢和需要的图片。

【例 1-1】 使用美观的图片作为桌面背景。

(1) 启动 Windows XP 操作系统后，在桌面空白处右击，在弹出的快捷菜单中选择【属性】命令，打开【显示 属性】对话框，如图 1-18 所示。

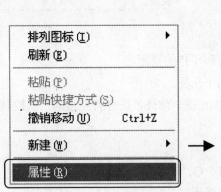 

图 1-18 打开【显示 属性】对话框

(2) 单击该对话框中的【桌面】标签，打开【桌面】选项卡，在【背景】列表框中选择一张图片作为桌面背景，然后在【位置】下拉列表框中选择【平铺】选项，如图 1-19 所示。

(3) 单击【确定】按钮，即可完成设置桌面背景的操作。修改后的桌面如图 1-20 所示。

图 1-19　【桌面】选项卡　　　　　　　　图 1-20　修改背景后的桌面

知识点

如果用户需要选择自己电脑中的图片作为桌面背景，单击【桌面】选项卡中的【浏览】按钮，在打开的【浏览】对话框中查找所需的图片。查找到图片后，双击即可应用该图片作为桌面背景。

2. 设置屏幕保护程序

屏幕保护程序是指用户不使用电脑时的屏幕桌面。它可以保护显示器，同时使电脑处于节能状态。用户可以根据自己的喜好设置屏幕保护程序，使其变得美观。

【例 1-2】　将屏幕保护程序从默认的 Windows XP 改为【三维管道】。

(1) 在【显示 属性】对话框中，单击【屏幕保护程序】标签，打开【屏幕保护程序】选项卡，如图 1-21 所示。

(2) 在【屏幕保护程序】选项区域中的下拉列表框中，选择【三维管道】选项，然后单击【确定】按钮，即可完成设置屏幕保护程序的操作。

图 1-21　【屏幕保护程序】选项卡

提示

为了保护电脑的安全，可选中【在恢复时使用密码保护】复选框。当退出屏幕保护程序时，系统会弹出一个对话框，要求用户输入正确的密码才可以重新进入系统。

计算机 基础与实训教材系列

-13-

3. 设置显示分辨率

显示分辨率是指显示器所支持的像素的多少，包括像素的宽度和高度，如 768 像素宽，1024 像素高。在用户显示器大小不变的情况下，分辨率的大小决定显示信息的多少，大的分辨率将显示更多的信息。

【例 1-3】 将显示分辨率设置为 1024×768，并将颜色质量设置为 32 位。

(1) 在【显示 属性】对话框中，单击【设置】标签，打开【设置】选项卡。

(2) 拖动【屏幕分辨率】选项区域中的滑块，选择 1024×768 选项。然后在【颜色质量】选项区域中的下拉列表框中选择【最高(32 位)】选项，如图 1-22 所示。

(3) 单击【确定】按钮，即可完成设置显示分辨率的操作。

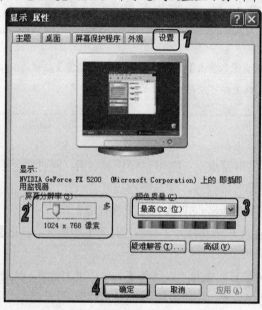

图 1-22　【设置】选项卡

提示

如果需要进一步对显示器进行设置，可单击该选项卡中的【高级】按钮，在打开的【即插即用监视器】对话框中设置刷新率、适配器类型等参数。

1.4.2　设置任务栏

在电脑管理过程中任务栏起着非常重要作用，系统允许用户对它进行各种个性化设置，以方便对窗口和任务栏的使用。

【例 1-4】 设置任务栏的显示方式为自动隐藏，分组相似的按钮，并在任务栏中显示时钟。

(1) 在任务栏的空白区域中右击，在弹出的快捷菜单中选择【属性】命令，打开【任务栏和[开始]菜单属性】对话框，如图 1-23 所示。

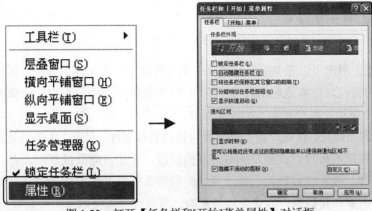

图 1-23　打开【任务栏和[开始]菜单属性】对话框

(2) 切换至【任务栏】选项卡，分别选中【自动隐藏任务栏】、【分组相似任务栏按钮】和【显示时钟】复选框，如图 1-24 所示。

(3) 单击【确定】按钮，应用所选的设置，隐藏任务栏后的桌面效果如图 1-25 所示。

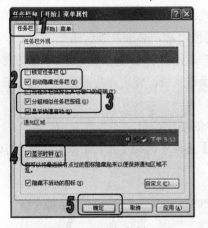

图 1-24　设置任务栏　　　　　　　　　图 1-25　任务栏被隐藏后桌面的效果

知识点

如果用户希望隐藏系统托盘中的某些图标，可单击该对话框中的【自定义】按钮，在打开的【自定义通知】对话框中设置隐藏某些图标。

1.5　设置用户账户

在 Windows XP 操作系统中，用户之间可以做到完全互不干扰，各用户必须自行设置不同的工作环境和运行权限。即所有的用户账户都应该有各自的密码。如果用户账户没有密码，任何人都将可以从控制平台直接登录。

1.5.1 创建用户账户

用户账户定义了用户可以在 Windows XP 中执行的操作。在本地电脑中，用户账户建立了分配给每个用户的特权。在本地电脑环境下有 3 种类型的可用用户账户：计算机管理员账户(Administrator)、受限用户账户和来宾(Guest)账户。

- 计算机管理员账户：该账户是一个系统自建的且对文件、目录、服务以及其他设备具有完全访问权限的账户。该账户拥有最高的权限，无法被删除或禁用，并且可以执行高级管理操作，包含安装软件、修改系统时间等具有管理特权的操作。这些操作不仅可以对整个电脑和其他用户的安全造成影响，而且对管理员本身产生影响。
- 受限用户账户：可以运行大多数应用程序，还可以对系统进行某些常规的操作，如修改时间、运行 Windows Live Messenger 等。这些操作不会对整个电脑和其他用户的安全造成影响，只对该用户本身产生影响。
- 来宾账户：为偶尔访问系统的临时用户所准备的账户。该账户的权力最小，其登录无需密码，只能检查电子邮件、浏览 Internet 或游戏。该账户可能会给系统带来潜在的安全隐患。默认情况下该账户被自动禁用，如果要使用它，必须要激活该账户。

管理用户账户的最基本的操作就是创建新用户账户。用户可以使用【控制面板】方便地创建用户账户，然后以该用户账户登录到 Windows XP 操作系统，使用相应的系统资源并查看自己的文件。

【例 1-5】为 Windows XP 系统创建一个名为 CH 的用户账户。

(1) 单击桌面上的【开始】按钮，在弹出的【开始】菜单中选择【控制面板】命令，打开【控制面板】窗口，如图 1-26 所示。

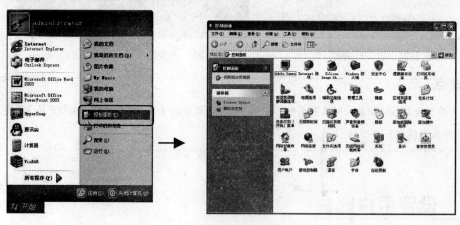

图 1-26 打开【控制面板】窗口

(2) 在【控制面板】窗口中，双击其中的【用户账户】图标，打开【用户账户】窗口，如图 1-27 所示。

(3) 单击【创建一个新账户】链接，打开【为新账户起名】窗口，在【为新账户键入一个名称】文本框中，输入用户账户的名称 CH，如图 1-28 所示。

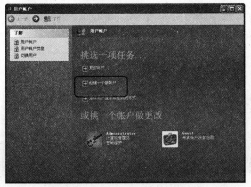
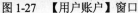
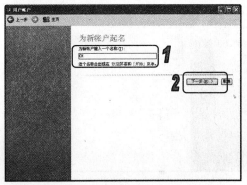

图 1-27　【用户账户】窗口　　　　　　图 1-28　输入新账户名

(4) 单击【下一步】按钮，打开【挑选一个账户类型】窗口，如图 1-29 所示。

(5) 单击【创建账户】按钮，即可在【用户账户】窗口中显示刚创建新的用户账户 CH，如图 1-30 所示。

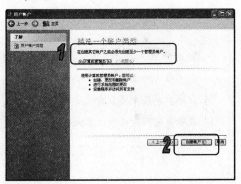

图 1-29　【挑选一个账户类型】窗口　　　图 1-30　显示刚创建的用户账户 CH

📖 **知识点**

只有在以管理员的身份登录电脑时，才可以创建管理员类型的用户账户。

①.5.2　为用户账户创建密码

如果用户的电脑安放在办公室等公共场合，必须为用户账户创建密码，从而保护该账户不被未经许可的用户登录，有效地保护用户文件的安全。

【例 1-6】为【例 1-5】创建的用户账户 CH 创建密码。

(1) 在如图 1-30 所示的【用户账户】窗口中，单击 CH 用户账户对应的图标，打开【您想更改 CH 的账户的什么？】窗口，如图 1-31 所示。

(2) 单击【创建密码】链接，打开【为 CH 的账户创建一个密码】窗口，在【输入一个新密码】文本框中输入密码，在【再次输入密码以确认】文本框中输入相同的密码，如图 1-32 所示。

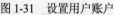
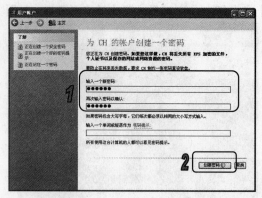

图 1-31　设置用户账户　　　　　　　　　　　　图 1-32　输入密码

(3) 单击【创建密码】按钮，即可为该用户账户创建密码，效果如图 1-33 所示。

图 1-33　启用密码保护

> **提示**
>
> 在 Windows XP 操作系统中，用户账户的密码是区分大小写的，因此在输入密码时必须注意大小写。

1.6　安装和删除软件

在 Windows XP 操作系统中，软件是借助电脑实现各种功能的程序，如在电脑办公时需要使用办公软件、在制作图形和动画时需要使用图形图像软件、上网时需要使用网络软件等。在使用各类软件之前，首先应掌握在系统中安装与删除软件的方法。

1.6.1　安装软件

在 Windows XP 操作系统中，用户可以方便地安装各种软件。对较为正规的软件来说，在安装文件所在的目录下都有一个名为 Setup.exe 的可执行文件，运行该可执行文件，然后按照屏幕上的提示逐步操作，即可完成软件的安装。

【例1-7】　在 Windows XP 中安装 Office 2003，且只安装 Word、Excel 和 Word 这 3 个常用组件。

(1) 在【我的电脑】窗口中，找到 Office 2003 安装文件所在目录，双击其中的 Setup.exe 文件，开始进行安装，如图 1-34 所示。

(2)【Microsoft Office 2003 安装】对话框提示用户输入产品密钥，如图 1-35 所示。

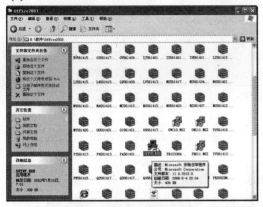

图 1-34　执行安装文件

图 1-35　输入产品密钥

(3) 输入正确的产品密钥后，单击【下一步】按钮，在打开的对话框中，Office 2003 安装程序提示用户输入用户信息。输入相应的用户信息，如图 1-36 所示。

(4) 单击【下一步】按钮，在打开的对话框中，显示最终用户许可协议。选中【我接受《许可协议》中的条款】复选框，如图 1-37 所示。

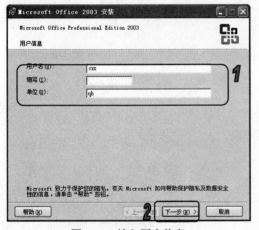

图 1-36　输入用户信息

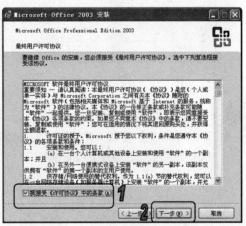

图 1-37　接受许可协议

(5) 单击【下一步】按钮，在打开的对话框中，Office 2003 安装程序要求用户选择安装类型。此处选中【自定义安装】单选按钮，如图 1-38 所示。

(6) 单击【下一步】按钮，在打开的对话框中，Office 2003 安装程序要求用户选择需要安装的组件。此处只选中 Word、Excel 和 PowerPoint 3 个复选框，并取消选中其他复选框，如图 1-39 所示。

计算机 基础与实训教材系列

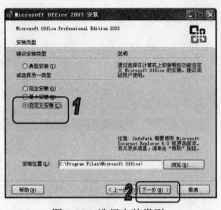

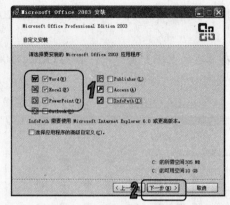

図 1-38　选择安装类型　　　　　　　　图 1-39　选择需要安装的组件

(7) 单击【下一步】按钮，在打开的对话框中，显示用户已经选择安装的组件信息，如图 1-40 所示。

(8) 单击【安装】按钮，开始安装 Office 2003，如图 1-41 所示。

图 1-40　显示安装的组件　　　　　　　　图 1-41　开始安装 Office 2003

(9) 安装完成后，在打开的对话框中，显示安装成功的信息，如图 1-42 所示。

(10) 单击【完成】按钮，完成 Office 2003 的安装。

图 1-42　完成安装

> **提示**
>
> 如果用户选中【检查网站上的更新程序和其他下载内容】复选框，则在单击【完成】按钮之后，系统会在浏览器中打开相应的网站，用户可从中查找更新。

①.6.2　删除软件

在硬盘空间有限的前提下，软件完成其使命后，如果在相当长的时间内不需要使用它，用户可以考虑卸载该软件。一般软件在安装的时候会同时安装软件自带的卸载程序，用户只要执行该卸载程序即可卸载该软件，然后将其删除。此外，用户还可以通过【控制面板】来删除不需要的软件。

【例 1-8】通过【控制面板】删除不需要软件——腾讯 TM2008。

(1) 在打开的【控制面板】窗口中，双击【添加和删除程序】图标，打开【添加或删除程序】窗口。

(2) 在【当前安装的程序】列表框中，选中需要删除的软件【腾讯 TM2008 Preview】，如图 1-43 所示。

(3) 单击【更改/删除】按钮，打开【TM2008 Preview 卸载】对话框，单击【卸载】按钮，开始卸载软件，如图 1-44 所示。

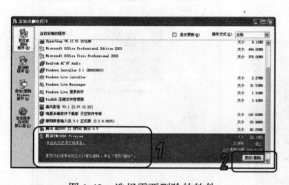

图 1-43　选择需要删除的软件

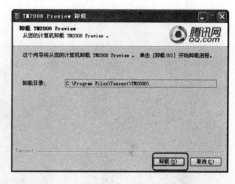

图 1-44　【TM2008 Preview 卸载】对话框

(4) 卸载完毕后，系统自动弹出信息提示框，提示用户已成功卸载软件，如图 1-45 所示。

(5) 单击【确定】按钮，【当前安装的程序】列表框中不再显示【腾讯 TM2008 Preview】的相关条目，如图 1-46 所示。

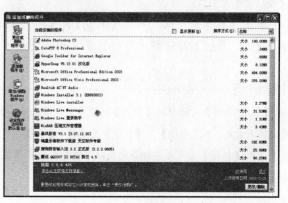

图 1-45　成功卸载软件　　　　　　　　图 1-46　删除软件

1.7 上机练习

本章上机练习主要通过个性化设置桌面背景和安装五笔输入法，来练习个性化设置 Windows XP、安装软件等操作。

1.7.1 个性化设置桌面背景

在 Windows XP 操作系统中，将用户拍摄的照片设置为桌面背景，效果如图 1-47 所示。

(1) 启动 Windows XP 操作系统后，在桌面空白处右击，在弹出的快捷菜单中选择【属性】命令，打开【显示 属性】对话框。

(2) 在【显示 属性】对话框中，单击【桌面】标签，打开【桌面】选项卡，在【背景】选项区域中，单击【浏览】按钮，如图 1-48 所示。

图 1-47　桌面背景效果

图 1-48　打开【显示 属性】对话框

(3) 在打开的【浏览】对话框中，选择照片的存放路径，并选择需要设置为桌面背景的照片，如图 1-49 所示。

(4) 单击【打开】按钮，关闭【浏览】对话框，同时将选中的照片添加到【背景】列表中，此时在【显示 属性】对话框中可以预览桌面背景效果，如图 1-50 所示。

 知识点

> 在【显示 属性】对话框的【桌面】选项卡中，单击【位置】下拉按钮，从弹出的列表中可以选择背景图片的显示方式，如【平铺】、【拉伸】及【居中】。其中，【平铺】方式表示背景图片以多张形式排列在屏幕上；【拉伸】方式表示背景图片以单张布满整个屏幕；【居中】方式表示背景图片居中显示在屏幕中央。

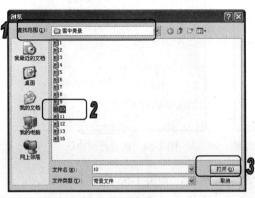

図 1-49　【桌面】选项卡

図 1-50　修改背景后的桌面

(5) 单击【确定】按钮，完成桌面的背景设置，效果如图 1-47 所示。

1.7.2　安装五笔输入法

在 Windows XP 操作系统中，练习安装五笔输入法。

(1) 在【我的电脑】窗口中，找到五笔安装文件所在目录，双击其中的 Setup.exe 文件，开始进行安装，如图 1-51 所示。

(2) 打开【许可协议】对话框，单击【是】按钮，如图 1-52 所示。

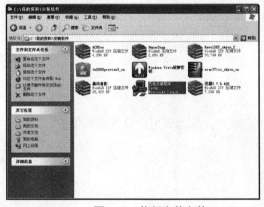

図 1-51　执行安装文件

図 1-52　许可协议

(3) 系统自动打开【中文输入法组件安装程序】对话框，选中【王码五笔98版】复选框，如图 1-53 所示。

(4) 单击【继续】按钮，打开【王码五笔型输入法】对话框，单击【是】按钮，开始安装五笔输入法，如图 1-54 所示。

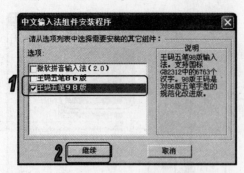 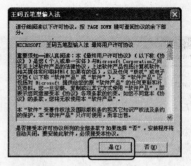

图 1-53　【中文输入法组件安装程序】对话框　　　　图 1-54　接受许可协议

(5) 安装结束后，系统自动弹出【安装结束】提示框，如图 1-55 所示。

(6) 单击【确定】按钮，五笔输入法安装完成，在语言栏显示该输入法，如图 1-56 所示。

 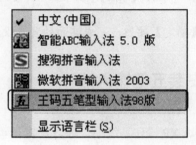

图 1-55　【安装结束】提示框　　　　图 1-56　显示五笔输入法

①.8　习题

1. 简述启动和退出 Windows XP 的方法。

2. 简述 Windows XP 桌面各组成元素的作用。

3. 简述正确的键盘操作姿势和击键要领。

4. 在 Windows XP 操作系统下，创建一个新用户账户，并为该用户设置密码保护。

5. 练习安装新软件并删除该软件。

管理办公文件及文件夹

学习目标

Windows XP 操作系统的基本功能之一就是帮助用户管理办公文件和文件夹，主要包括创建、复制、移动、删除和重命名文件或文件夹等操作，这些操作是在电脑上执行各项命令时必须掌握的基础知识。本章详细介绍了管理文件和文件夹、使用回收站的方法和技巧等知识。

本章重点

- ◉ 文件和文件夹的基本操作
- ◉ 文件和文件夹的高级操作
- ◉ 使用回收站

2.1 文件和文件夹的基本操作

文件和文件夹的基本操作指用户根据系统和日常管理及使用的需要对文件和文件夹执行一些操作，一般包括浏览、选择、创建、重命名、复制和删除文件和文件夹等。

2.1.1 文件和文件夹简介

文件是一组逻辑上相互关联的信息的集合，用户在管理信息时通常以文件为单位，文件有多种形式，可以是一篇文稿、一批数据、一张照片或者一首歌曲，也可以是一个程序。文件由文件名和图标两部分组成，如图 2-1 所示。其中，文件名是用户管理文件的依据，它由名称和属性(扩展名)两部分组成。

文件夹也称为目录，是专门存放文件的场所，即文件的集合，也是系统组织和管理文件的一种形式。文件夹是为方便用户查找、维护和存储而设置的，用户可以将文件分门别类地存放在不同的文件夹中，也可以将相关的文件存储在同一文件夹中，使计算机中的内容井井有条，方便用户进行管理。文件夹中可以存放文档、程序及链接文件等，甚至还可以存放其他文件夹、磁盘驱动器等。

与文件相比，文件夹的组成机构就尤其简单，它没有扩展名，仅由图标和文件名组成，如图 2-2 所示。

20086.txt
文本文档
1 KB

我的资料

图 2-1　文本文件　　　　　　　　　　　　图 2-2　文件夹

②.1.2　选择文件和文件夹

在对文件或文件夹进行操作时，首先需要确定操作对象，即选择文件或文件夹。为了便于用户快速选择文件和文件夹，Windows XP 操作系统提供了多种选择文件和文件夹的方法，下面分别对这些方法进行说明。

- ◉ 选择一个文件或文件夹：在文件夹窗口中单击需要选择的文件或文件夹即可。
- ◉ 选择文件夹窗口中的所有文件和文件夹：在文件夹窗口中选择【编辑】|【全部选定】命令或在键盘上按下 Ctrl+A 快捷键，系统会自动选择所有未设置隐藏属性的文件和文件夹，如图 2-3 所示。
- ◉ 选择某一区域内的文件和文件夹：可以在目标区域按下鼠标左键的同时拖动鼠标，释放鼠标左键后，即可选定拖动范围内的所有文件和文件夹，如图 2-4 所示。

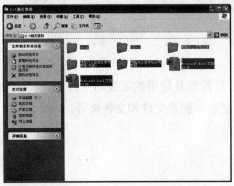
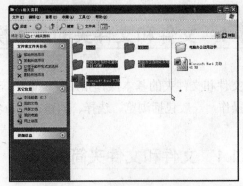

图 2-3　选择所有文件和文件夹　　　　　　　图 2-4　选择某一区域内的文件和文件夹

 知识点

如果要选择多个不连续的文件和文件夹，可以按住 Ctrl 键，然后分别单击需要选择的文件和文件夹；如果需要选择连续排列的多个文件和文件夹，可以按住 Shift 键，然后分别单击第一个文件或文件夹以及最后一个文件或文件夹。

②.1.3　创建文件和文件夹

在日常办公的过程中，用户可以根据需要创建一个或多个文件或文件夹。建议用户将电脑中的不同文件分门别类地存放在不同的文件夹中，方便对文件或文件夹进行管理。

【例2-1】　在 C 盘根目录下创建名为 cxz 的文件夹。

(1) 双击桌面上的【我的电脑】图标，打开【我的电脑】窗口。

(2) 双击【本地磁盘 (C:)】图标，打开 C 盘根目录窗口，右击窗口空白处，从弹出的快捷菜单中选择【新建】|【文件夹】命令(如图 2-5 所示)，新建一个名为【新建文件夹】的文件夹，如图 2-6 所示。

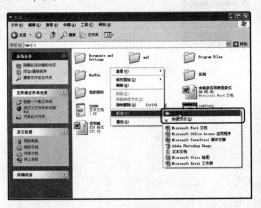 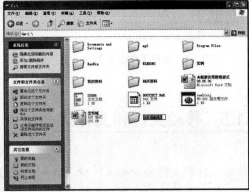

图 2-5　执行【新建】命令　　　　　　　　　图 2-6　新建文件夹

(3) 此时，该文件夹的名称处于可编辑状态，直接输入文件夹的名称 cxz，按 Enter 键确认即完成文件夹的创建。

提示

使用同样的方法，在窗口中的空白处右击，在弹出的快捷菜单中选择【新建】|【文本文件】命令，即可创建一个文本文件。

②.1.4　重命名文件和文件夹

用户可随时修改文件或文件夹的名称，以满足管理的需要。一般来说，命名文件或文件夹需要遵循两个原则：第一，文件或文件夹名称不宜太长，否则系统不能显示全部名称；第二，名称应有明确的含义。

【例2-2】将 C 盘根目录下的 cxz 文件夹重命名为 caoxz。

(1) 双击桌面上的【我的电脑】图标，打开【我的电脑】窗口。

(2) 双击【本地磁盘 (C:)】图标，打开 C 盘根目录窗口，右击 cxz 文件夹的图标，从弹出的快捷菜单中选择【重命名】命令(或者直接按下 F2 键)，如图 2-7 所示。此时该文件夹的名称处于

计算机 基础与实训教材系列

可编辑状态。

(3) 输入新的名称 caoxz，按 Enter 键确认，重命名文件夹如图 2-8 所示。

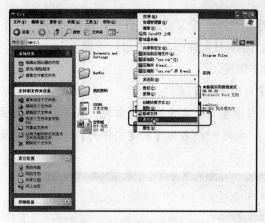

图 2-7　选择【重命名】命令　　　　　　　　　图 2-8　重命名文件夹

2.1.5　移动文件和文件夹

移动文件和文件夹是将文件或文件夹从硬盘上的某一位置移动到一个新的位置，移动后的文件或文件夹在原来的位置被删除，存在于新的位置上。

【例 2-3】将 C 盘根目录下的 caoxz 文件夹，移动到【我的资料】文件夹中。

(1) 双击桌面上的【我的电脑】图标，打开【我的电脑】窗口。

(2) 双击【本地磁盘 (C:)】图标，打开 C 盘根目录窗口，右击 caoxz 文件夹的图标，从弹出的快捷菜单中选择【剪切】命令，如图 2-9 所示。

(3) 双击打开【我的资料】文件夹，在空白处右击，从弹出的快捷菜单中选择【粘贴】命令，此时 caoxz 文件夹将粘贴【我的资料】文件夹中，如图 2-10 所示。

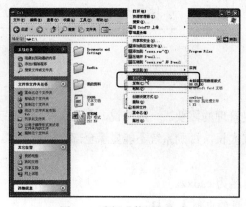
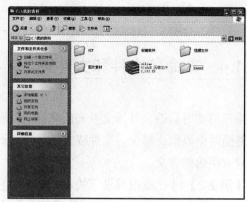

图 2-9　选择【剪切】命令　　　　　　　　　图 2-10　移动文件夹

②.1.6　复制文件和文件夹

　　复制文件和文件夹是为了将一些比较重要的文件和文件夹加以备份，也就是将文件或文件夹复制一份到硬盘的其他位置上，增加安全性，以免发生意外丢失的情况。

　　【例 2-4】将 C 盘【我的资料】文件夹中的 caoxz 文件夹复制到 D 盘根目录下。

　　(1) 打开【我的资料】文件夹，右击 caoxz 文件夹的图标，从弹出的快捷菜单中选择【复制】命令，如图 2-11 所示。

　　(2) 单击窗口中的【向上】按钮，回到初始的【我的电脑】窗口。

　　(3) 双击【本地磁盘 (D:)】图标，打开 D 盘根目录窗口。在该窗口空白处右击，在弹出的快捷菜单中选择【粘贴】命令，此时就可以将 caoxz 文件夹复制到 D 盘根目录下，如图 2-12 所示。

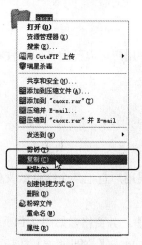

图 2-11　选择【复制】命令

图 2-12　复制文件夹

 知识点

　　用户也可以先单击选中 caoxz 文件夹，然后通过按快捷键 Ctrl+C 来复制该文件夹，再按快捷键 Ctrl+V 来粘贴该文件夹到指定的位置。

②.1.7　删除文件和文件夹

　　为了保持电脑中文件系统的整齐性和条理性，并节省磁盘空间，用户可以将一些不需要的文件或文件夹删除。

　　【例 2-5】　将 D 盘根目录下的 caoxz 文件夹删除。

　　(1) 双击桌面上的【我的电脑】图标，打开【我的电脑】窗口。

　　(2) 双击【本地磁盘 (D:)】图标，进入 D 盘根目录窗口。

　　(3) 单击 caoxz 文件夹的图标将其选中，按下键盘上的 Delete 键，此时将弹出一个提示对话框，要求用户确认是否要删除该文件夹，如图 2-13 所示。单击【是】按钮，即可将 caoxz 文件夹删除。

图 2-13 确认删除文件夹

提示

删除文件夹时，会同时删除该文件夹中所有的子文件夹和文件。

2.2 文件和文件夹的高级操作

掌握了对 Windows XP 操作系统中的文件和文件基本操作后，用户可以开始体验文件和文件夹的高级操作，如查找文件和文件夹，隐藏文件或文件夹等。

2.2.1 查找文件和文件夹

电脑使用一段时间后，其中的文件和文件夹会逐渐增多。如果用户忘记某个文件或文件夹所在的位置，可以使用查找文件或文件夹的功能来进行搜索。

在【我的电脑】窗口中，单击【搜索】按钮，即可打开【搜索】任务窗格，如图 2-14 所示。用户可以根据需要在相应的文本框中输入搜索内容。输入完毕后，单击【立即搜索】按钮，系统开始搜索目标文件或文件夹。

图 2-14 【搜索】任务窗格

提示

用户在搜索的过程中，可以使用通配符"*"或者"？"来帮助搜索。"*"表示文件名中的任意一个字符串，不管字符有多长或是什么字符，如输入"*H"，可以搜索到带有 H 字母的文件或文件夹；"？"只代表一个字符，如"C?Z"表示 CAOXZ 或者 CXZ，但不能表示 C12X。

【例2-6】　查找在 C 盘根目录下创建的 caoxz 文件夹。

(1) 单击桌面上的【开始】按钮，在弹出的【开始】菜单中选择【搜索】命令，打开【搜索结果】窗口，如图 2-15 所示。

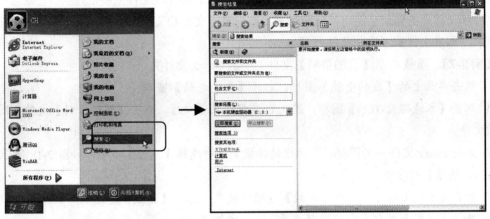

图 2-15　打开【搜索结果】窗口

(2) 在【搜索结果】窗口左侧的【搜索助理】窗格的【要搜索的文件或文件名】文本框中输入 caoxz，然后单击下方的【立即搜索】按钮，开始进行搜索，如图 2-16 所示。

(3) 搜索结束后，在右侧窗格中显示搜索结果，如图 2-17 所示，其中【所在文件夹】属性为【C:\我的资料】的搜索结果就是需要查找的位于 C 盘根目录下【我的资料】文件夹中的 caoxz 文件夹。

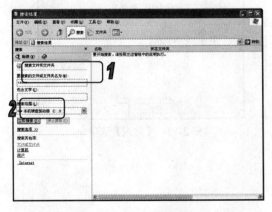

图 2-16　立即搜索

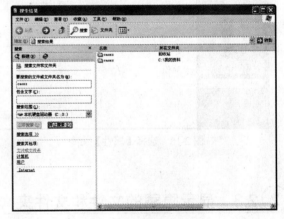

图 2-17　显示搜索结果

知识点

也可以直接在【我的电脑】窗口中进行文件或文件夹的查找，单击窗口中的【搜索】按钮 ，可以在窗口左侧打开【搜索助理】窗格，按照上面介绍的步骤进行查找即可。

②.2.2 隐藏文件和文件夹

在日常办公中，如果用户不希望某些存放在电脑中的文件或文件夹被他人查看，这时可以使用文件和文件夹的隐藏功能将其隐藏起来。被隐藏的文件和文件夹将不再显示在文件夹窗口中，从一定程度上保护了这些文件资源。

【例2-7】 隐藏C盘【我的资料】文件夹中的caoxz文件夹。

(1) 双击桌面上的【我的电脑】图标，打开【我的电脑】窗口。

(2) 双击【本地磁盘 (C:)】图标，进入C盘根目录窗口后，双击【我的资料】文件夹图标，打开该文件夹。

(3) 右击caoxz文件夹的图标，在弹出的快捷菜单中选择【属性】命令，如图2-18所示，打开【caoxz 属性】对话框。

(4) 打开【常规】选项卡，在【属性】选项区域中，选中【隐藏】复选框，如图2-19所示。

(5) 单击【确定】按钮，即可隐藏名为caoxz文件夹。

图2-18 选择【属性】命令

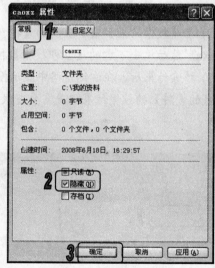

图2-19 【常规】选项卡

②.2.3 显示隐藏的文件和文件夹

文件和文件夹被隐藏后，如果想再次访问它们，那么可以在【我的电脑】窗口中进行简单的设置，来查看这些隐藏的文件和文件夹。

在打开的【我的电脑】窗口中，双击目标文件，打开【我的资料】文件夹，在该文件夹无法看到隐藏的caoxz文件夹，如图2-20所示。选择菜单栏中的【工具】|【文件夹选项】命令，打开【文件夹选项】对话框，切换到【查看】选项卡，向下拖动滚动条，在【隐藏文件和文件夹】选项区域中，选中【显示所有文件和文件夹】单选按钮，如图2-21所示。

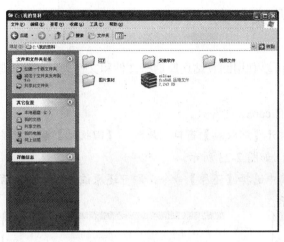

图 2-20 不显示隐藏的文件夹

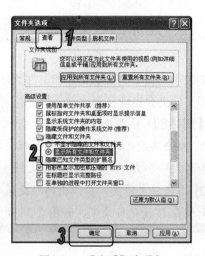

图 2-21 【查看】选项卡

最后，单击【确定】按钮，关闭【文件夹选项】对话框，此时，在【我的资料】窗口中就会显示隐藏的 caoxz 文件夹，如图 2-22 所示

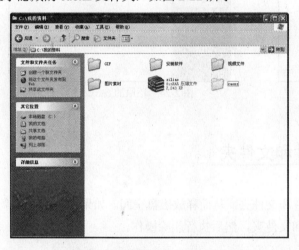

图 2-22 显示隐藏的文件和文件夹

提示

在如图 2-22 所示的窗口中，虽然已经显示了被隐藏的 caoxz 文件夹，但是该文件却以淡颜色显示在窗口中。如果想将该文件以正常状态显示，则需要右击该文件夹，从弹出的快捷菜单中选择【属性】命令，打开【属性 命令】对话框。在【常规】选项卡中，取消选中【隐藏】复选框即可。

②.3 使用回收站

回收站是 Windows XP 系统用来存储被删除文件的场所。在管理办公文件和文件夹过程中，系统将被删除的文件自动移动到回收站中，这时用户可以根据需要，选择将回收站中的文件彻底删除或恢复到原来的位置，这样可以保证数据的安全性和可恢复性，避免因误操作所带来的问题。

2.3.1 还原回收站中的文件和文件夹

如果用户错误删除了文件和文件夹，可以利用回收站还原这些文件和文件夹，并且还原的文件和文件夹会出现在删除前的原先位置。

【例2-8】 还原在【例2-5】中删除的caoxz文件夹。

(1) 双击桌面上的【回收站】图标，打开【回收站】窗口，此时，【回收站】窗口中显示近期删除的文件和文件夹，如caoxz文件夹，如图2-23所示。

(2) 右击该文件夹，在弹出的快捷菜单中选择【还原】命令，即可还原该文件，还原后该文件会出现在D盘根目录下，如图2-24所示。

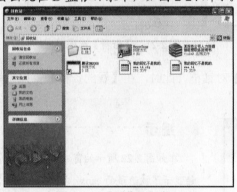

图2-23 【回收站】窗口

图2-24 还原的caoxz文件夹

2.3.2 删除回收站中的文件和文件夹

在回收站中，可以删除不需要的文件和文件夹，从而释放磁盘空间。如果需要删除多个文件和文件夹，首先必须选择相应的文件和文件夹，然后执行删除操作。

【例2-9】 彻底删除caoxz文件夹。

(1) 首先按照【练习2-5】中的操作，再次删除D盘根目录下的caoxz文件夹。

(2) 双击桌面上的【回收站】图标，打开【回收站】窗口。

(3) 右击其中的caoxz文件夹，在弹出的快捷菜单中选择【删除】命令，打开【确认文件删除】对话框，如图2-25所示。

(4) 单击【是】按钮，即可彻底删除该文件夹。

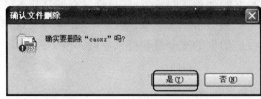

图2-25 【确认文件删除】对话框

提示

用户也可以先选择该文件夹，然后直接按下键盘上的Delete键删除该文件夹。

②.3.3　清空回收站

如果回收站中的文件过多，会占用大量的磁盘空间，因此应及时清空回收站。

清空回收站的方法很简单，在打开的【回收站】窗口的空白处右击，在弹出的快捷菜单中选择【清空回收站】命令，如图 2-26 所示，或者在【回收站】窗口左侧的【回收站任务】窗格中单击【清空回收站】链接，此时系统自动打开【确认删除多个文件】对话框，单击【是】按钮，即可清空回收站，如图 2-27 所示。

图 2-26　选择【清空回收站】命令　　　　　图 2-27　清空回收站

②.4　上机练习

本章主要介绍管理办公文件和文件夹的内容，包括创建、复制、移动、删除和重命名文件或文件夹等操作。为了熟练掌握这些操作，本上机练习主要通过隐藏和显示一个文件夹和自定义文件夹图标，练习管理办公文件和文件夹的方法。

②.4.1　隐藏和显示文件夹

使用 Windows XP 提供的隐藏和显示文件夹机制，隐藏和显示 C 盘目录下【我的资料】文件夹。

(1) 双击桌面上的【我的电脑】图标，打开【我的电脑】窗口。

(2) 双击【本地磁盘 (C:)】图标，进入 C 盘根目录窗口，右击要隐藏的【我的资料】文件夹，从弹出的快捷菜单中选择【属性】命令，如图 2-28 所示。

(3) 打开【我的资料 属性】对话框，打开【常规】选项卡，在【属性】选项区域中，选中【隐藏】复选框，如图 2-29 所示。

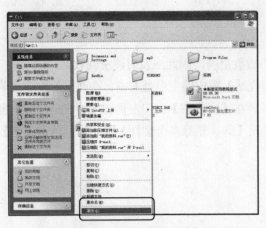

图2-28 选择【属性】命令

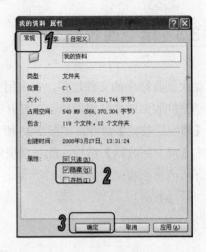

图2-29 【我的资料 属性】对话框

(4) 单击【确定】按钮，如果该文件夹中包含其他文件和文件夹，将自动打开如图2-30所示的【确认属性更改】对话框，保持选中【将更改应用于该文件夹、子文件夹和文件夹】单选按钮，单击【确定】按钮，关闭该对话框，完成文件夹的隐藏。

(5) 隐藏文件后，如果要查看文件，可以选择【工具】|【文件夹选项】命令，打开【文件夹选项】对话框，打开【查看】选项卡，在【高级设置】列表框中的【隐藏文件和文件夹】选项组中选中【显示所有文件和文件夹】单选按钮，如图2-31所示。

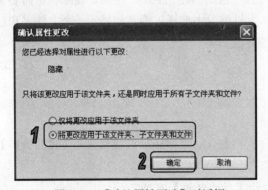

图2-30 【确认属性更改】对话框

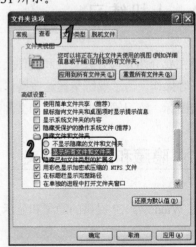

图2-31 【查看】选项卡

(6) 单击【确定】按钮，即可显示所有被隐藏的文件和文件夹，其中包括【我的资料】文件夹，如图2-32所示。

(7) 如果要永久取消文件夹的隐藏属性，可以打开如图2-29所示的【我的资料 属性】对话框，取消选中【隐藏】复选框，此时系统自动打开如图2-33所示的【确认属性更改】对话框，保持默认设置，单击【确定】按钮即可。

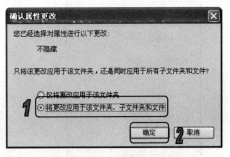

图 2-32 显示隐藏的文件和文件夹　　　　　图 2-33 取消隐藏文件夹

②.4.2 自定义文件夹图标

　　Windows XP 允许用户自定义文件夹图标，这样不但可以使文件夹充满个性，而且可以更加直观地反应文件夹的内容。下面主要通过设置 C 盘根目录下的【我的资料】文件夹图标，来介绍自定义文件夹图标的方法。

　　(1) 右击 C 盘根目录中的【我的资料】文件夹，从弹出的快捷菜单中选择【属性】命令，打开【我的资料 属性】对话框。

　　(2) 单击【自定义】标签，打开【自定义】选项卡，在【文件夹图片】选项区域中单击【选择图片】按钮，如图 2-34 所示。

　　(3) 在打开的【浏览】对话框中，选择图片所在的路径，并选择要使用的图片，如图 2-35 所示所示。

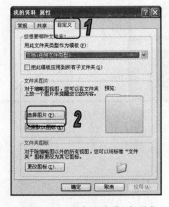

图 2-34 　【自定义】选项卡　　　　　图 2-35 选择图片

　　(4) 单击【打开】按钮，关闭【浏览】对话框，返回如图 2-36 所示的【我的资料 属性】对话框，单击【确定】按钮，完成图片设置。

(5) 选择【查看】|【缩略图】命令，以【缩略图】方式查看【我的资料】文件夹，效果如图 2-37 所示。

图 2-36 【我的资料 属性】对话框

图 2-37 显示自定义文件夹图标

2.5 习题

1. 简述 Windows XP 操作系统提供了多种选定文件和文件夹的方法。
2. 简述永久删除被逻辑删除的文件和文件夹的方法。
3. 在 D 盘中新建一个文件夹，并将其命名为 Guest，如图 2-38 所示。
4. 隐藏习题 3 中创建的文件夹(效果如图 2-39 所示)，然后再使其显示。

图 2-38 创建新文件夹

图 2-39 隐藏文件夹

第3章

使用中文输入法

学习目标

在日常办公事务中，用户经常需要在电脑中输入汉字，因此选择合适的汉字输入法可以极大地提高办公效率。现在市面上有多种汉字输入法，本章主要介绍常用的微软拼音输入法和五笔字型输入法。

本章重点

◉ 添加和切换输入法

◉ 使用微软拼音输入法

◉ 五笔输入法

3.1 初识常用的输入法

中文输入是电脑最常见的应用之一，在使用电脑办公的过程中，可以使用多种中文输入法，包括微软拼音输入法、智能 ABC 输入法、王码五笔字型输入法、全拼输入法、双拼输入法和郑码输入法等，如图 3-1 所示。用户只要按 Ctrl+空格组合键即可激活文字输入条进行文字输入。

✓ 中文(中国)

微软拼音输入法 2003

智能ABC输入法 5.0 版

王码五笔型输入法98版

中文(简体) - 全拼

中文(简体) - 双拼

中文(简体) - 郑码

图 3-1　输入法列表

提示

在早期的 Windows 版本的操作系统中，比较受欢迎的输入法是智能 ABC 输入法。随着输入法的不断发展，现在比较常用的输入法是微软拼音输入法和五笔字型输入法，所以在此重点介绍这两种输入法。

③.2 添加和切换输入法

安装中文输入法是中文输入的前提。在默认设置下，系统自带了多种输入法安装文件，用户可以根据需要自行添加和切换输入法。

③.2.1 添加输入法

在默认设置下，Windows XP 系统安装了微软拼音、全拼等输入法，用户可以在选择自己喜欢的输入法。但是这几种输入法并不能满足用户需要，有的用户习惯用五笔、搜狗拼音等输入法，要使用这些 Windows XP 未提示的输入法(前提已经安装了输入法)，也就是未能在语言栏上显示的输入法时，用户可以根据自身需要，在中文输入法列表中添加。

【例3-1】在 Windows XP 中添加搜狗拼音输入法和王码字型输入法98版。

(1) 安装王码字型输入法和搜狗拼音输入法到需要办公的电脑。

(2) 右击任务栏右下角的输入法按钮，在弹出的菜单中选择【设置】命令，如图 3-2 所示。

(3) 在打开的【文字服务和输入语言】对话框中，单击【设置】标签，打开【设置】选项卡，然后单击【添加】按钮，如图 3-3 所示。

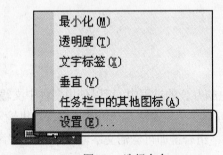

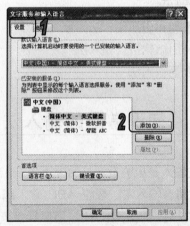

图 3-2 选择命令　　　　　　图 3-3 【文字服务和输入语言】对话框

(4) 在打开的【添加输入语言】对话框中选中【键盘布局/输入法】复选框，然后在其下侧的下拉列表框中选择【中文(简体)—搜狗拼音输入法】选项，如图 3-4 所示。

(5) 单击【确定】按钮，此时在列表中显示已经选择的输入法。

(6) 使用同样的方法添加王码字型输入法98版，添加后的输入法将显示在已安装的服务列表中，如图 3-5 所示。

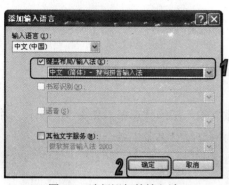
图 3-4　选择添加的输入法

图 3-5　显示已经添加的输入法

(7) 单击【确定】按钮，即可使用已经添加的输入法，如图 3-6 所示。

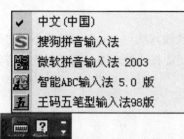
图 3-6　显示已经添加的输入法

提示

　　如果需要删除添加的输入法，在如图 3-5 所示的对话框中选择该输入法，然后单击【删除】按钮即可。

3.2.2　切换输入法

　　输入法是用户使用最多的工具软件之一。用户打开输入法，才可以进行在输入法列表中切换输入法。切换输入法的方法有以下两种。

- 单击任务栏中的【输入法选择】图标按钮，在弹出的输入法列表中选择需要的输入法。
- 按 Ctrl+Shift 快捷键在输入法之间进行切换。

提示

　　由于常用的五笔输入法等都要在安装好 Windows 后添加，而系统安装时默认的输入法是英文状态，所以需要用户切换至中文状态。

3.3　使用微软拼音输入法

　　微软拼音输入法采用基于语句的整句转换方式。用户可以连续输入整句话的拼音，而不必人工分词和挑选候选词语，从而大大提高了输入的效率。微软拼音输入法还提供了多种有特色的功能，例如手工造词功能。用户使用该功能可以对一些常用术语和习惯用词创建快捷输入方式，在输入文字时可以快速地输入一组词甚至是一段长句。

3.3.1　认识微软拼音输入法的状态条

在选择微软拼音输入法后，屏幕上会出现微软输入法的状态条，如图 3-7 所示。各输入法的状态条的功能类似，下面以微软拼音输入法为例介绍状态条中各个图标的作用。

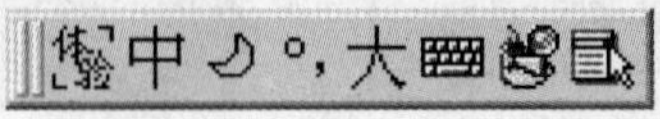

图 3-7　微软拼音输入法状态条

1. 输入风格图标按钮

输入风格图标按钮上显示"体验"二字，说明微软输入法与 Windows XP 不同之处是新的体验，单击此按钮会显示快捷菜单，用户可以根据需要选择特性功能，如【微软拼音经典】、【传统手工转换】 等，如图 3-8 所示。

2. 中文/英文输入图标按钮

单击【中文/英文输入】图标按钮，可以在中文输入法状态和英文输入法状态之间切换。该图标显示为【中】时，说明当前可以输入中文；若显示为【英】，说明此时可以输入英文。将中文输入状态转换为英文输入，只需单击【中文/英文输入】图标按钮，显示后的效果如图 3-9 所示。

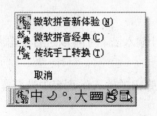

图 3-8　选择特性功能 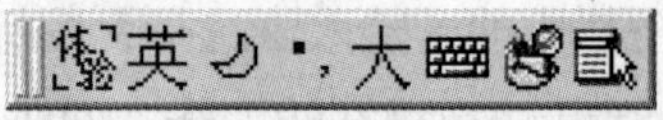　　　　　图 3-9　显示英文输入法状态

3. 全角/半角图标按钮

输入法的全角/半角切换前后的状态条如图 3-10 所示。其中，在全角输入状态下，输入的字母、字符或数字均占一个汉字的位置(即两个字节)；在半角输入状态下，输入的字母、字符和数字只占半个汉字的位置(即一个字节)。

图 3-10　输入法全角/半角状态

4. 中文/英文标点图标按钮

中文/英文标点图标按钮用来在中文标点符号和英文标点符号之间切换。不同的标点状态输入的标点符号有很大的区别：标点符号处于中文状态时，表示输入的是全角中文标点，此时输入的标点以中文方式为准，每个标点占据两个字节；标点符号处于英文状态时，表示输入的半角英文标点，此时输入的标点以英文方式为准，每个标点占据一个字节。输入法的中英文标点符号切换前后的状态条如图 3-11 所示。

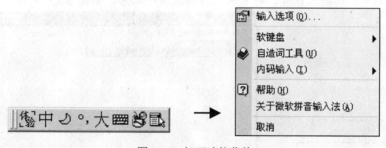

图 3-11 中英文标点符号切换

5. 功能菜单按钮

用户可以通过功能菜单按钮进行相关的操作，如打开软键盘、内码输入及帮助等，如图 3-12 所示。

图 3-12 打开功能菜单

③.3.2 使用微软拼音输入法录入汉字

微软拼音输入法是 Windows XP 操作系统自带的汉字输入法。它采用拼音作为汉字的录入方式，有全拼和双拼两种输入模式，以及整句和词语两种转换模式。用户可以选用不完整的拼音输入，只需要掌握汉语拼音即可熟练掌握这种汉字输入技术。该输入法提供了模糊音设置，使带地方口音的用户不必担心因为发音不标准而不能输入正确的内容。因此，使用该输入法可以输入单个字，也可以输入词组。此外，该输入法特别适合整句输入。下面以实例来介绍使用该输入法录入汉字的过程。

【例 3-2】打开 Windows XP 自带的【记事本】程序，在其中练习使用微软拼音输入法输入汉字。

(1) 单击桌面上的【开始】按钮，在弹出的【开始】菜单中选择【所有程序】|【附件】|【记事本】命令，打开【记事本】程序，如图 3-13 所示。

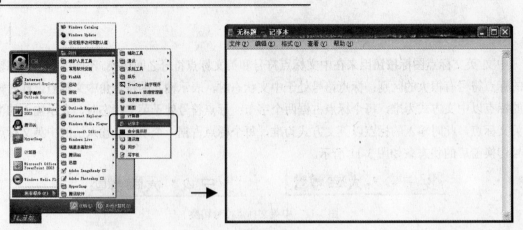

图 3-13　打开【记事本】程序

（2）单击任务栏中的输入法图标，在弹出的菜单中选择【微软拼音输入法 2003】命令，切换到微软拼音输入法状态，如图 3-14 所示。

（3）在记事本中连续输入拼音，即可一次性输入多个汉字，如图 3-15 所示。

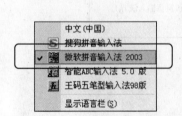

图 3-14　切换到微软拼音输入法

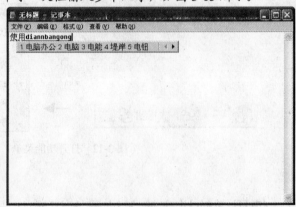

图 3-15　在记事本中输入汉字

> **提示**
>
> 　　使用微软拼音输入法输入汉字时，在文字下方显示有虚线，表示此时可以修改这些输入的汉字。只有在用户按下空格键进行确认后，才可以消除虚线并完成输入。如果需要修改未确认的汉字或词组，用户可以将光标移至需要修改处，微软拼音输入法会自动弹出一个选择条，其中包含了可供选择的汉字或词组，按对应的数字键即可选择汉字或词组。当整个句子中的字和词组都正确后，可以按空格键完成输入。

③.4　五笔字型输入法

　　五笔字型输入法利用汉字是一种笔画组合文字的原理，采用汉字的字型信息进行编码，与拼音码相比，击键次数少，重码率低，也更加直观。因此，五笔字型输入法是专业录入人员普遍使用的一种输入法。

3.4.1 汉字的 5 种笔划

汉字来源于甲骨文，当时的书写并不规范，经过漫长的时间才逐渐演变成今天以楷书为主要的书写形式。每一个笔划就是楷书中一个连续书写的不间断线条。在五笔输入法中，研发者将笔划归纳为 5 种，分别是："一"、"丨"、"丿"、"、"、"乙"(即横、竖、撇、捺、折)，并分别将它们的代号定义为 1、2、3、4、5，如表 3-1 所示。

表 3-1 汉字的 5 种笔划

代 号	笔画名称	笔画走向	笔 画
1	横	左→右	一
2	竖	上→下	丨
3	撇	右上→左下	丿
4	捺	左上→右下	、
5	折	带转折	乙

3.4.2 汉字的字根

汉字的五种笔划交叉连接而形成的相对不变的结构称为字根。在五笔字型输入法中，归纳了 130 个基本字根，结合使用这些字根可以组合出全部的汉字。

字根的选择主要有以下几方面的规则。

- 能组成很多的汉字，如"王、土、大、木、工、目、日、口、田、山"等。
- 组字能力不强，但组成的字特别常用，如"白"(组成"的")、"西"(组成"要")等。
- 绝大多数字根都是汉字的偏旁部首，如"人、口、手、金、木、水、火、土"等
- 相反，为了减少字根的数量，一些不太常用的或者可以拆成几个字根的偏旁部首，便没有被选为字根，如："比、歹、风、气、欠、殳、斗、户、龙、业、鸟、穴、聿、皮、老、酉、豆、里"等。
- 在五笔输入法中，有的字根还包括几个近似字根，主要有以下几种情况：字源相同的字根，如"心、忄"和"水、氵"等；形态相近的字根，如"艹、卅、廾"和"已"、"己、巳"等；便于联想的字根，如"耳、卩、阝"等。

 提示

所有近似字根和主字根在同一个键位上，编码时使用同一个代码。字根是组字的依据，也是拆字的依据，是汉字最基本的组成部分。在五笔编码方案中，字根是人为决定的，并不取决于其本身的性质和结构是否"可分"。因此，不能用通常分析部首偏旁的方法来拆分字根。

③.4.3 汉字的字型

汉字的字型是指构成汉字的各个基本字根在整字中所处的位置关系。汉字是一种平面文字，同样的字根，如果摆放的位置不同（即字型不同），就是不同的字，如"吧"和"邑"、"岜"和"屺"等。由此可见，字型是汉字的一种重要特征信息。在五笔输入法中，根据构成汉字的各字根之间的位置关系，将所有的汉字分为 3 种字型：左右型、上下型和杂合型。

1. 左右型

左右型的汉字是指字根之间有一定的间距，从整字的总体看呈左右排列状，主要有以下两种情况。

- 双合字：由两个字根所组成的汉字。在左右型的双合字中，组成整字的两个字根分列在一左一右，其间存在着明显的界限，且字根间有一定的间距，如"汉"、"根"、"线"、"仅"、"肚"、"胡"等。汉字"根"的示例如图 3-16 所示。如果一个汉字的一边由两个字根构成，这两个字根之间是外内型关系，但整个汉字却属于左右型，这种汉字也称为左右型的双合字，如"咽"和"枫"等。汉字"咽"的示例如图 3-17 所示。

两个字根列在一左一右，
其间存在着明显的界限，
且有一定的间距

图 3-16　左右型双合字

右侧的两个字根
呈外内型关系

图 3-17　左右型双合字

- 三合字：是指由 3 个字根所组成的汉字。在左右型的三合字中，组成整字的 3 个字根从左至右排列，这 3 部分为并列结构，如"做"、"湘"和"测"等。汉字"测"的示例如图 3-18 所示。另一种情况，汉字中单独占据一边的一个字根与另外两个字根呈左右排列，且在同一边的两个字根呈上下排列，如"谈"、"倍"等。汉字"倍"的示例如图 3-19 所示。

三个字根从左至右，
呈并列结构

左　中　右

图 3-18　左右型三合字

右侧的字根呈
上下排列

左　右

图 3-19　左右型三合字

2. 上下型

上下型的汉字是指字根之间有一定的间距，从整字的总体看呈上下排列状，主要有以下两种情况。

- ⊙ 双合字：在上下型的双合字中，组成整字的两个字根的位置是上下关系，这两个字根之间存在着明显的界限，且有一定的距离，如"字"、"全"、"分"等。汉字"字"的示例如图 3-20 所示。
- ⊙ 三合字：在上下型的三合字中，组成整字的 3 个字根也分成两部分，虽然上(下)部分的字根数要多出一个，但它们仍为上下两层的位置关系。三合字又分为 3 种情况：第一种情况是上方由两个字根左右分布，如"华"，如图 3-21 所示；第二种情况是 3 个字根上中下排列，如"莫"，如图 3-22 所示；第三种情况是下方由两个字根左右分布，如"荡"，如图 3-23 所示。

图 3-20　上下型双合字

图 3-21　上下型三合字

图 3-22　上下型三合字

图 3-23　上下型三合字

3. 杂合型

杂合型的汉字是指字根之间虽然有一定的间距，但是整字不分上下左右，或者浑然一体，主要有以下 4 种情况。

- ⊙ 单体型：单体型汉字指本身独立成字的字根，如"马"、"由"等。汉字"马"的示例如图 3-24 所示。
- ⊙ 内外包围型：内外包围型汉字通常由内外字根组成，整字呈包围状，如"国"、"匡"、"进"、"过"等。汉字"国"的示例如图 3-25 所示。
- ⊙ 相交型：在相交型汉字中，组成汉字的两个字根相交，如"农"、"电"、"无"等。汉字"电"的示例如图 3-26 所示。

- 带点结构型：带点结构或者单笔划与字根相连的汉字也被划分为杂合型，如"犬"、"太"、"自"等。汉字"太"的示例如图3-27所示。

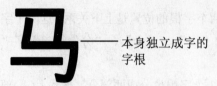

图3-24 单体型汉字

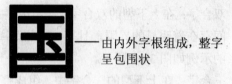

图3-25 内外包围型汉字

图3-26 相交型汉字

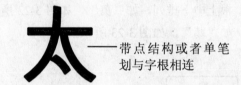

图3-27 带点结构型汉字

③.4.4 汉字的结构

汉字都是由字根和笔划组成，或者说是拼合而成，学习五笔输入法的过程，就是学习将汉字拆分为基本字根的过程。要正确地判断汉字字型和拆分汉字，首先必须了解汉字的结构。

字根由笔划组成，它是构成汉字最基本最重要的单位。由于汉字是由字根组合而成，所以研究汉字的结构必须从字根之间的结构关系开始。在五笔字型编码方案中，汉字的构成主要有以下3种情况：

- 笔划、字根和整字同一体，如"一"等。
- 字根本身也是整字，这类字叫做成字字根，如"巴"、"白"等。
- 每个字可拆分成几个字根(独体字除外)，既可以把汉字拆到字根级，也可以拆到笔划级。

正确地将汉字分解成字根是五笔字型输入法的关键。基本字根在组成汉字时，按照它们之间的位置关系可以分成单、散、连和交4种结构。

- 单：字根本身就是一个独立的汉字，如"马"、"牛"、"田"，"车"、"月"等。它们被称为成字字根，其编码有专门规定，不需要判别字型。
- 散：几个字根共同组成一个汉字时，字根间保持了一定距离，既不相连也不相交，上下型、左右型和杂合型的汉字都可以是"散"的结构，如"功"、"字"、"皇"等。
- 连：指构成汉字的字根间有相连关系，"连"主要分为两种情况，一是单笔划与字根相连，如"自"、"千"等，如果单笔划与字根有明显间距就不认为相连，如"旧"、"乞"等。二是带点结构，带点结构均认为相连，如"勺"、"主"、"头"等。
- 交：指两个或两个以上字根交叉、套叠后构成汉字的结构，如"里"、"夷"、"丰"等。

③.4.5　拆字规则

在五笔输入法中，拆分汉字的规则为：书写顺序、取大优先、兼顾直观、能连不交和能散不连。

- 书写顺序：拆分汉字时，一定要按照正确的汉字书写顺序进行，如"夷"应该拆分成"一、弓、人"，而不能拆分成"大、弓"。
- 取大优先：按照书写顺序拆分汉字时，应以再添一个笔划便不能成为字根为限，每次都拆取一个而笔划尽可能多的字根。
- 兼顾直观：在拆分汉字时，为了照顾汉字字根的完整性，有时不得不放弃"书写顺序"和"取大优先"两个规则，形成个别例外情况。
- 能连不交：当一个汉字既可以拆分成相连的几个部分，也可以拆分成相交的几个部分时，相连的拆字法是正确的，如"于"应该拆分为"一、十"(相连)，不能拆分为"二，丨"(相交)。
- 能散不连：当汉字被拆分的几个部分都是复笔字根(不是笔划)，它们之间的关系既可以为"散"，也可以为"连"时，按"散"拆分。

③.4.6　字根的分布

在五笔输入法中，将所有字根按照起笔的类型分为 5 个区，每个区又分为 5 组，共计 25 组，分布在 25 个英文字母键(不含 Z 键)上，如图 3-28 所示。其中，每个区包括 5 个英文字母键，每个键称为一个位。为区和位设置 1～5 的编号，分别称为区号和位号。每个区的位号都是从键盘中间向外侧顺序排列。每个键都有唯一的两位数的编号，区号作为十位数字，位号作为个位数字。

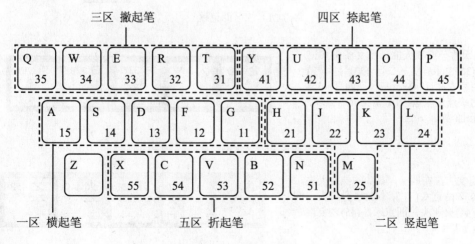

图 3-28　字根的区和位

了解字根的区和位后，下面就具体介绍各英文字母键上包含的字根，具体的字根分布如图3-29所示。

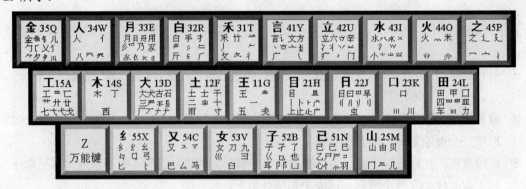

图 3-29 英文字母键上的字根分布

记住这些字根及其键位是学习五笔的基本功和首要步骤。由于字根较多，为了便于记忆，研制者编写了一首"助记歌"，，帮助初学者记忆。"助记歌"按照字根的区进行划分，分别如图3-30～3-34所示。

(11)王旁青头戋(兼)五一，(12)土士二干十寸雨，(13)大犬三羊古石厂，(14)木丁西，(15)工戈草头右框七。

图 3-30 一区助记歌

(21)目具上止卜虎皮，(22)日早两竖与虫依，(23)口与川，字根稀，(24)田甲方框四车力，(25)山由贝，下框几。

图 3-31 二区助记歌

(31)禾竹一撇双人立，反文条头共三一，(32)白手看头三二斤，(33)月彡(衫)乃用家衣底，(34)人和八，三四里，(35)金勺缺点无尾鱼，犬旁留乂儿一点夕，氏无七(妻)。

图 3-32 三区助记歌

(41)言文方广在四一，高头一捺谁人去，(42)立辛两点六门扩，(43)水旁兴头小倒立，(44)火业头，四点米，(45)之宝盖，摘礻(示)(衣)。

图 3-33 四区助记歌

(51)已半巳满不出己，左框折尸心和羽，(52)子耳了也框向上，(53)女刀九白山朝西，(54)又巴马，丢矢矣，(55)慈母无心弓和匕，幼无力。

图 3-34 五区助记歌

3.4.7 使用五笔输入法输入汉字

在对字根有了基本的了解后，就可以使用五笔输入法输入汉字了。目前常用的五笔输入法包括王码五笔输入法、智能陈桥五笔输入法与万能五笔输入法。下面介绍如何使用王码五笔输入法在记事本中输入汉字。

【例 3-3】使用王码五笔输入法在记事本中输入汉字。

(1) 按照【例 3-2】中的操作，打开【记事本】程序。

(2) 单击任务栏中的输入法图标，在弹出的菜单中选择【王码五笔型输入法 98 版】命令，切换到王码五笔输入法状态，如图 3-35 所示。

(3) 在【记事本】程序中使用王码五笔输入法输入所需汉字的字根，然后根据弹出的选择列表，通过按下相应的数字选择汉字，如输入 JNEY，自动输入词语"电脑"，如图 3-36 所示。

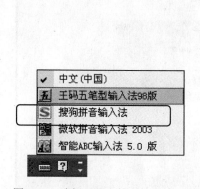

图 3-35 选择王码五笔型输入法 98 版

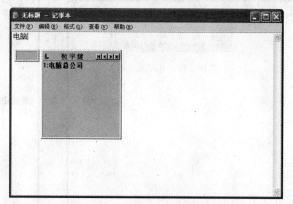

图 3-36 使用王码五笔输入法输入汉字

3.5 习题

1. 简述微软拼音输入法的状态条上各按钮的功能。
2. 简述在五笔字型中汉字的结构。
2. 掌握字根在键盘上的分布，并熟记"助记歌"。
3. 简述在五笔输入法中，拆分汉字的规则。
4. 练习切换输入法的方法。

5. 练习使用微软拼音输入法输入在记事本上输入汉字，如图 3-37 所示。

6. 使用拆分汉字的规则，进行拆分汉字的练习，如表 3-1 所示。

表 3-1　易拆错的汉字

汉　字	拆 分 字 根	汉　字	拆 分 字 根
魂	二 厶 白 厶	姬	女 匚 丨丨
舞	ⅢⅠ 一丨	励	厂 万 乙 力
末	一 木	曲	冂
未	二 小	所	∫ 冖 斤
曳	日 匕	特	丿 扌 土 寸
峨	山 丿 扌 丿	剩	禾 ⅓ 匕 刂
彤	冂 一 彡	盛	厂 乙 乙 皿
函	了 刈 凵	片	丿 丨 一 乙
身	丿 冂 三 丿	凹	几 冂 一

7. 练习使用五笔字型输入法输入在记事本上输入汉字，如图 3-38 所示。

图 3-37　使用微软拼音输入法

图 3-38　使用五笔字型输入法

Word 2003 办公基本操作

学习目标

Word 2003 是 Microsoft 公司推出的文字处理软件，是 Office 2003 办公软件套装的一个重要组成部分。它结合了 Windows 友好的图形界面，可方便地进行文字、图形、图像和数据处理，是最常用的文档处理软件之一。本章将介绍使用 Word 2003 进行办公的基础知识。

本章重点

- Word 2003 基本操作界面
- Word 文档的基本操作
- 文本的简单编辑
- 格式化文本
- 设置项目符号和编号
- 设置段落边框和底纹

4.1 Word 2003 基本操作界面

在使用 Word 2003 进行办公之前，首先需要学习启动和退出 Word 2003 的方法，然后需要了解该软件的操作界面和各种视图模式。

4.1.1 Word 2003 启动和退出

当用户安装完 Office 2003(典型安装)之后，Word 2003 也将自动安装到系统中，这时用户就可以正常启动和退出 Word 2003 了。下面将具体介绍 Word 2003 启动和退出的方法。

1. Word 2003 的启动

启动 Word 2003 的方法很多，最常用的有以下几种。

◉ 启动 Windows 后，选择【开始】|【所有程序】| Microsoft Office | Microsoft Office Word 2003 命令，启动 Word 2003，如图 4-1 所示。

◉ 单击【开始】按钮，在弹出的【开始】菜单中的【高频】栏中选择 Microsoft Office Word 2003 命令，启动 Word 2003，如图 4-2 所示。

◉ 在桌面上创建 Word 2003 快捷图标后，双击桌面上的快捷图标，即可启动 Word 2003。

◉ 在桌面或者文件夹内的空白区域右击，从弹出的快捷菜单中选择【新建】|【Microsoft Word 文档】命令，即可在桌面或当前文件夹中创建一个名为【新建 Microsoft Word 文档】的文件。

图 4-1　开始菜单

图 4-2　从【高频】栏选择

2. Word 2003 的退出

退出 Word 2003 有很多方法，常用的主要有以下几种。

◉ 单击 Word 2003 窗口右上角的【关闭】按钮 ✕。

◉ 在主菜单中选择【文件】|【退出】命令。

◉ 双击标题栏【程序图标】按钮 🖼。

◉ 单击标题栏【程序图标】按钮 🖼，从弹出的快捷菜单中选择【关闭】命令。

◉ 按 Alt+F4 组合键。

④.1.2　Word 2003 界面简介

启动 Word 2003 后，将打开 Word 2003 的操作界面，如图 4-3 所示。其主要由标题栏、菜单栏、工具栏、任务窗格、状态栏及文档编辑区等几部分组成。下面将简要介绍这些组成元素。

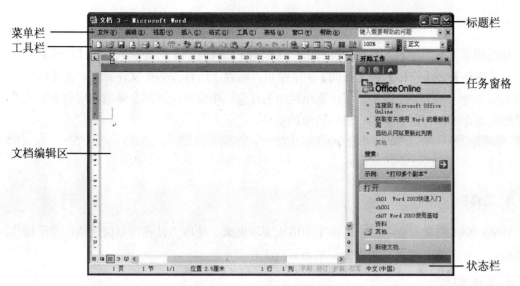

图 4-3　Word 2003 的操作界面

1. 标题栏

标题栏位于窗口的顶端，用于显示当前正在运行的程序名及文档名等信息，如图 4-4 所示。标题栏最右端有 3 个按钮，分别用来控制窗口的最小化、最大化和关闭应用程序。

图 4-4　标题栏

- 【程序图标】按钮：单击该图标按钮，将弹出一个控制菜单，可以进行还原、移动和调整窗口大小等操作，如图 4-5 所示。

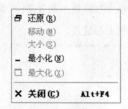

图 4-5　控制菜单

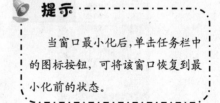

提示

当窗口最小化后，单击任务栏中的图标按钮，可将该窗口恢复到最小化前的状态。

- 【最小化】按钮：单击该按钮，即将窗口最小化为任务栏中的一个图标按钮。
- 【最大化】按钮：单击该按钮，即可将窗口显示大小布满整个屏幕。
- 【还原】按钮：单击该按钮，即可使窗口恢复到用户自定义的大小。

2. 菜单栏

标题栏下方是菜单栏，包括【文件】、【编辑】、【视图】、【插入】、【格式】、【工具】、【表格】、【窗口】和【帮助】9 个菜单，涵盖了所有 Word 文件管理、正文编辑所用到的菜单命令，如图 4-6 所示。单击菜单栏中的任意一个菜单项，都会弹出相应的下拉菜单，执行相应的命令，可以方便用户进行特定的操作。

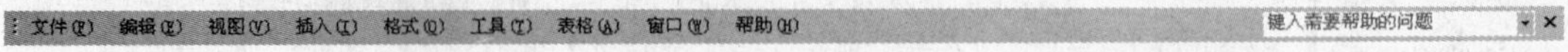

文件(F) 编辑(E) 视图(V) 插入(I) 格式(O) 工具(T) 表格(A) 窗口(W) 帮助(H)　　　　键入需要帮助的问题　　▾ ✕

图 4-6　菜单栏

3. 工具栏

Word 2003 将常用命令以工具按钮的形式表示出来。使用工具栏可以快速执行常用操作，并且可以代替菜单上选择某些命令，从而提高工作效率。

4. 文档编辑区

Word 2003 中的文档编辑区是一页空白的区域，用户可在其中对文档进行输入和编辑。

5. 任务窗格

任务窗格是指 Word 应用程序中提供常用命令的分栏窗口，位于界面右侧。它会根据操作要求自动弹出，使用户及时获得所需要的工具，从而节约时间、提高工作效率，并有效地控制 Word 的工作方式。

单击任务窗格右侧的下拉箭头，从弹出的下拉菜单中可以选择其他任务窗格命令，如图 4-7 所示。

图 4-7　任务窗格菜单

> **提示**
>
> 　　单击任务窗格右上角的【关闭】按钮，即可关闭任务窗格。此外，在【剪贴板】任务窗格中可以显示最近 24 次粘贴的内容，加快粘贴速度。

6. 状态栏

状态栏位于 Word 窗口的底部，用于显示文档当前页号、节号、页数及光标所在的列号等内容，如图 4-8 所示。状态栏中还显示了一些特定命令的工作状态，如录制宏、修订、扩展选定范围、改写以及当前使用的语言等，用户可双击这些按钮来设定其相应的工作状态。当这些命令按钮以高亮显示时，表示正处于工作状态，若变为灰色，则表示未处于工作状态。

| 229 页 | 1 节 | 5/15 | 位置 20.7厘米 | | 19 行 | 5 列 | 录制 修订 扩展 改写 | 英语(美国) | |

图 4-8　状态栏

　提示

如果用户要隐藏状态栏，选择【工具】|【选项】命令，打开【选项】对话框，在【视图】选项卡中，取消选中【状态栏】复选框即可。

④.1.3　Word 2003 视图模式

Word 2003 提供了 5 种基本的视图，即页面视图、阅读版式视图、Web 版式视图、大纲视图和普通视图。在不同情况下采用不同的视图方式可以方便页面编辑，提高工作效率。

通过选择【视图】菜单下的相应命令或通过单击文档编辑区左下角的相应按钮，可以实现不同视图方式之间的切换。

- ◉ 页面视图：可以显示与实际打印效果完全相同的文件样式，文档中的页眉、页脚、页边距、图片及其他元素均会显示其正确的位置，如图 4-9 所示。在该视图下可以进行 Word 的一切操作。

- ◉ Web 版式视图：可以看到背景和为适应窗口而换行显示的文本，且图形位置与在 Web 浏览器中的位置一致，如图 4-10 所示。

图 4-9　页面视图

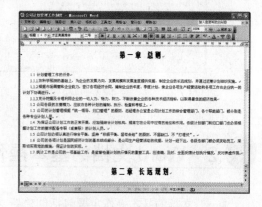

图 4-10　Web 版式视图

- ◉ 大纲视图：可以非常方便地查看文档的结构，并可以通过拖动标题来移动、复制和重新组织文本。在大纲视图中，可以通过双击标题左侧的+号标记，展开或折叠文档，使其显示或隐藏各级标题及内容，如图 4-11 所示。

- ◉ 阅读版式视图：以最大的空间来阅读或批注文档，如图 4-12 所示。在该版式下，将显示文档的背景、页边距，并可进行文本的输入、编辑等操作，但不显示文档页眉和页脚。

計算機 基础与实训教材系列

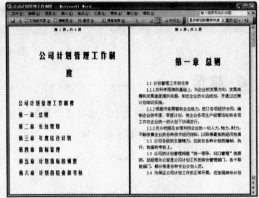

图 4-11　大纲视图　　　　　　　　　　　图 4-12　全屏阅读视图

- 普通视图：简化了页面的布局，诸如页边距、页眉和页脚、背景、图形对象以及未设置为【嵌入型】环绕方式的图片都不会在普通视图中显示，如图 4-13 所示。在该视图中，可以非常方便地进行文本的输入、编辑以及格式设置。

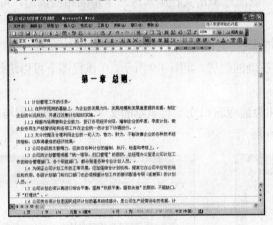

图 4-13　草稿视图

提示

在【常用】工具栏的【显示比例】下拉列表框中选择合适的显示例，可以用来查看文档的细节或全貌。

4.2　Word 文档的基本操作

　　Word 文档的基本操作主要包括创建新文档、保存文档、打开文档以及关闭文档等，而这些基本操作又是文档处理过程中最起码的工作。本节将详细介绍这些基本操作。

4.2.1　新建文档

　　在 Word 2003 中进行办公文本编辑工作前，需先创建一个文本编辑区域，即新建文档。新建的文档可以是空白文档，也可以是基于模板的文档。

1. 新建空白文档

在 Word 2003 中，空白文档是最常用的文档。要新建空白文档，在【常用】工具栏上单击【新建空白文档】按钮，或选择【文件】|【新建】命令，打开【新建文档】任务窗格，在【新建】选项区域中单击【空白文档】链接即可，如图 4-14 所示。

> **提示**
>
> 启动 Word 2003 后，系统将自动新建一个名为【文档 1】的空白文档，如果还需要新的空白文档，可以继续新建，并自动以【文档 2】、【文档 3】等命名。

图 4-14　【新建文档】任务窗格

 知识点

除以上介绍的方法外，还可以使用一种快捷方式来新建空白文档：按下 Ctrl+N 组合键。

2. 根据已有文档新建文档

根据现有文档创建新文档时，可将选择的文档以副本方式在一个新的文档中打开，这时用户就可以在新的文档中编辑文档的副本，而不会影响到源文档。

【例 4-1】根据已有的文档"公司计划管理工作制度"新建一篇文档。

(1) 启动 Word 2003，选择【文件】|【新建】命令，打开【新建文档】任务窗格。

(2) 在【新建】选项区域中单击【根据现有文档】链接，打开【根据现有文档新建】对话框，在其中选择文档【公司计划管理工作制度】，如图 4-15 所示。

(3) 单击【创建】按钮，Word 2003 自动新建一个文档，其中的内容为所选的"公司计划管理工作制度"的内容，如图 4-16 所示。

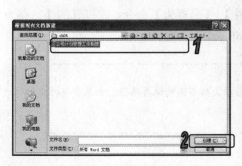

图 4-15　【根据现有文档新建】对话框

图 4-16　创建的新文档

计算机 基础与实训教材系列

④.2.2 保存文档

Word 2003 提供了多种保持文档的方法，分别是保存新建的文档和保存原有的文档。因此，文档的保存是一种常规的操作，为了保护办公成果，定期保存文档非常重要。

1. 保存新建的文档

如果要对新建的文档进行保存，可选择【文件】|【保存】命令或单击【常用】工具栏上的【保存】按钮，在打开的如图 4-17 所示的【另存为】对话框中，设置保存路径、文件名称及保存格式。

图 4-17 【另存为】对话框

2. 保存原有的文档

要对已保存过的文档进行保存时，选择【文件】|【保存】命令或单击【常用】工具栏上的【保存】按钮，即可按照原有的路径、名称以及格式进行保存。

对已保存过的文档进行了一些编辑操作后需要再次将其保存，同时希望保留以前的文档，这时需要对文档进行另存为操作。方法：选择【文件】|【另存为】命令，在打开的【另存为】对话框中，设置保存路径、文件名称及保存格式即可。

④.2.3　打开文档

打开文档是 Word 日常操作中最基本、最简单的一项操作，对任意文档进行编辑、排版操作，首先必须将其打开。

【例 4-2】以只读方式打开【例 4-1】中已有的文档【公司计划管理工作制度】。

(1) 启动 Word 2003，选择【文件】|【打开】命令，或在【常用】工具栏上单击【打开】按钮，打开【打开】对话框。

(2) 在【查找范围】下列表框中选择文档的存放路径，然后在列表框中选择文档 "公司计划管理工作制度"，如图 4-18 所示。

> **知识点**
>
> 在打开文档时，如果要一次打开多个连续的文档，可按住 Shift 键进行选择；如果要一次打开多个不连续的文档，可按住 Ctrl 键进行选择。

(3) 单击【打开】按钮右侧的小三角按钮，在弹出的菜单中选择【以只读方式打开】命令，如图 4-19 所示，就可以只读方式打开文档。

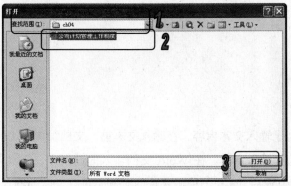

图 4-18　【打开】对话框　　　　图 4-19　选择文档的打开方式

> **提示**
>
> 如果以只读方式打开的文档，对文档的编辑修改将无法直接保存到原文档上，而需要将编辑修改后的文档另存为一个新的文档；以副本方式打开的文档，将打开一个文档的副本，而不打开原文档，对该副本文档所作的编辑修改将直接保存到副本文档中，而对原文档则没有影响。

④.2.4　关闭文档

打开或创建了一个保存好的文档后，若需要建立其他的文档或使用其他应用程序，有时需要关闭该文档，选择【文件】|【关闭】命令，或单击窗口右上角的【关闭】按钮即可关闭该

文档。在关闭文档时，如果没有对文档进行编辑、修改，可直接关闭；如果对文档做了修改，但未保存，系统将弹出提示框，如图4-20所示，询问用户是否保存对文档所作的修改。单击【是】按钮，即可保存并关闭该文档。

图4-20　提示对话框

 知识点

　　Word 2003 允许同时打开多个 Word 文档进行编辑操作，因此关闭文档并不等于退出 Word 2003，这里的关闭只是当前文档。

计算机基础与实训教材系列

4.3　文本的简单编辑

　　在 Word 2003 中简单编辑文本时，主要进行的操作包括文本的输入、选取、复制、移动、查找和替换等。这些操作是 Word 中最基本、最常用的操作。熟练运用文本的简单编辑功能，可以提高工作效率。

4.3.1　输入文本

　　在 Word 2003 中，建立文档的目的是为了输入文本内容。在输入文本前，文档编辑区的开始位置将会出现一个闪烁的光标，将其称为"插入点"。在 Word 文档输入的过程中，任何文本将会在插入点处出现。当定位了插入点的位置后，选择一种输入法即可开始进行文本的输入。

　　【例4-3】启动 Word 2003，在新建的空白文档中输入文档"购销合同"，如图4-21所示。

　　(1) 启动 Word 2003，系统自动新建一个名为"文档1"的文档，在【常用】工具栏中单击【保存】按钮，将其保存为名为"购销合同"的文档，如图4-22所示。

　　(2) 单击 Windows 任务栏上的输入法图标，在弹出的快捷菜单中选择【微软拼音输入法】命令，如图4-23所示。

 提示

　　当用户打开输入法(按 Ctrl+Space 组合键)后，可以按 Ctrl+Shift 组合键在不同的输入法之间进行切换。

图 4-21　需要输入的文本　　　　　　　图 4-22　重命名文档

(3) 在插入点处直接输入"购销合同"，然后按 Home 键，将插入点移至该行的行首。

(4) 按空格键，将文本"购销合同"移至该行的中间位置，如图 4-24 所示。

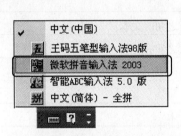

图 4-23　选择输入法　　　　　　　图 4-24　输入"粮食订购合同"

(5) 按 End 键，将插入点移至该行的末尾，然后按 Enter 键，将插入点移至下一行的中间位置。

(6) 按 Home 键，将插入点移至该行的行首，继续输入所需要的文本，最终效果如图 4-21 所示。

④.3.2　选取文本

用户在对文本进行操作之前首先要选取或选中操作的对象。选定对象就是将对象以反相显示或突出显示。选取文本既可以使用鼠标，也可以使用键盘，还可以结合鼠标和键盘进行选取。

1. 使用鼠标选取文本

鼠标可以轻松地改变插入点的位置，因此使用鼠标选取文本十分方便。

- 拖动选取：将鼠标指针定位在起始位置，按下鼠标左键不放，向目的位置移动鼠标光标选取文本。
- 单击选取：将鼠标光标移到要选定行的左侧空白处，当鼠标光标变成⌀形状时，单击鼠标即可选取该行的文本内容。
- 双击选取：将鼠标光标移到文本编辑区左侧，当鼠标光标变成⌀形状时，双击，即可选取该段的文本内容；将鼠标光标定位到词组中间或左侧，双击即可选取该单字或词。
- 三击选取：将鼠标光标定位到要选取的段落中，三击鼠标可选中该段的所有文本内容；将鼠标光标移到文档左侧空白处，当鼠标变成⌀形状时，三击鼠标即中选中文档中所有内容。

2. 使用键盘选择文本

使用键盘上相应的快捷键，同样可以选取文本。利用快捷键选取文本内容的功能如表 4-1 所示。

表 4-1　选取文本的快捷键及功能

快　捷　键	功　　能
Shift+→	选取光标右侧的一个字符
Shift+←	选取光标左侧的一个字符
Shift+↑	选取光标位置至上一行相同位置之间的文本
Shift+↓	选取光标位置至下一行相同位置之间的文本
Shift+Home	选取光标位置至行首
Shift+End	选取光标位置至行尾
Shift+PageDowm	选取光标位置至下一屏之间的文本
Shift+PageUp	选取光标位置至上一屏之间的文本
Ctrl+Shift+Home	选取光标位置至文档开始之间的文本
Ctrl+Shift+End	选取光标位置至文档结尾之间的文本
Ctrl+A	选取整篇文档

3. 结合鼠标和键盘选择文本

使用鼠标和键盘结合的方式不仅可以选取连续的文本，也可以选择不连续的文本。

- 选取连续的较长文本：将插入点定位到要选取区域的开始位置，按住 Shift 键不放，再移动鼠标光标至要选取区域的结尾处，单击，并释放 Shift 键即可选取该区域之间的所有文本内容。

◎ 选取不连续文本：选取任意一段文本，按住 Ctrl 键，再拖动鼠标选取其他文本，即可同时选取多段不连续的文本。

◎ 选取整篇文档：按住 Ctrl 键不放，将鼠标光标移到文本编辑区左侧空白处，当鼠标光标变成形状时，单击即可选取整篇文档。

◎ 选取矩形文本。将插入点定位到开始位置，按住 Alt 键不放，再拖动鼠标即可选取矩形文本。

④.3.3　复制文本

在文档中经常需要重复输入文本的情况，此时可以使用复制已有文本的方法来快速输入相同的文本以节省时间、提高工作效率。文本的复制是指将要复制的文本移动到其他的位置，而原版文本仍然保留在原来的位置。

进行复制文本的方法有以下几种：

◎ 选取需要复制的文本，选择【编辑】|【复制】命令，把插入点移到目标位置，然后选择【编辑】|【粘贴】命令。

◎ 选取需要复制的文本，按 Ctrl+C 快捷键，把插入点移到目标位置，然后按 Ctrl+V 快捷键。

◎ 选取需要复制的文本，在【常用】工具栏上单击【复制】按钮 ，把插入点移到目标位置，单击【粘贴】按钮 。

◎ 选取需要复制的文本，按下鼠标右键拖动到目标位置，释放鼠标会弹出一个快捷菜单，从中选择【复制到此位置】命令。

◎ 选取需要复制的文本，右击，从弹出的快捷菜单中选择【复制】命令，把插入点移到目标位置，右击，从弹出的快捷菜单中选择【粘贴】命令。

【例 4-4】使用不同的方法在文档 "购销合同" 中，进行复制操作，效果如图 4-25 所示。

(1) 启动 Word 2003，打开文档 "购销合同"，将插入点定位在倒数第 3 行文本行首，然后拖动鼠标选择文本 "法定代表人：＿＿＿＿＿＿(盖章)"，如图 4-26 所示。

(2) 选择【编辑】|【复制】命令，或在【常用】工具栏上单击【复制】按钮 。

💡 **提示**-----------------------------------

　　用户还可以使用鼠标结合键盘来进行复制操作，具体方法：选取需要复制的文本后，同时按住 Ctrl 键和鼠标左键，将文本拖动到目标位置后释放按键即可。

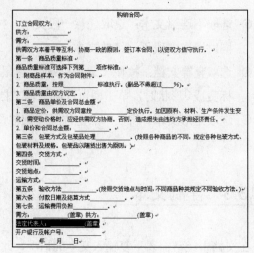

图 4-25 复制操作　　　　　　　　图 4-26 选取文本

(3) 把插入点定位在文本"法定代表人：＿＿＿＿＿(盖章)"之后，然后选择【编辑】|【粘贴】命令，或在【常用】工具栏上单击【粘贴】按钮，就可以将所选取的文本复制到该处，如图 4-27 所示。

(4) 将插入点定位在倒数第 2 行的文本"开户银行及账户号：＿＿＿＿＿"之前，然后拖动鼠标选择文本"开户银行及账户号：＿＿＿＿＿"，按 Ctrl+C 快捷键，或右击该文本，从弹出的快捷菜单中选择【复制】命令，如图 4-28 所示

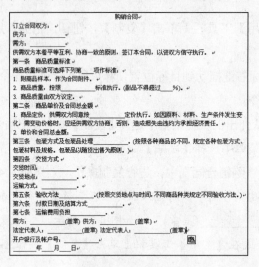

图 4-27 复制文本　　　　　　　　图 4-28 选择【复制】命令

(5) 把插入点定位在文本"开户银行及账户号：＿＿＿＿＿"之后，按 Ctrl+V 快捷键，或右击，从弹出的快捷菜单中选择【粘贴】命令，将所选取的文本复制到该处，结果如图 4-25 所示。

④.3.4 移动文本

移动文本是指将当前位置的文本移到另外的位置，在移动的同时，原来位置上的原版文本被删除。移动文本的操作与复制文本类似，唯一的区别在于，移动文本后，原位置的文本消失，而复制文本后，原位置的文本仍在。移动文本有以下几种方法：

◎ 选取需要复制的文本，选择【编辑】|【剪切】命令，把插入点移到目标位置，选择【编辑】|【粘贴】命令。

◎ 选取需要复制的文本，按 Ctrl+X 快捷键，把插入点移到目标位置，按 Ctrl+V 快捷键。

◎ 选取需要复制的文本，在【常用】工具栏上单击【剪切】按钮，把插入点移到目标位置，单击【粘贴】按钮。

◎ 选取需要复制的文本，按下鼠标右键拖动到目标位置，释放鼠标，系统会弹出一个快捷菜单，从中选择【称动到此位置】命令。

◎ 选取需要复制的文本，右击，从弹出的快捷菜单中选择【剪切】命令，把插入点移到目标位置，右击，从弹出的快捷菜单中选择【粘贴】命令。

【例4-5】使用不同的方法在文档【购销合同】中，进行移动操作，效果如图 4-29 所示。

(1) 启动 Word 2003，打开文档"购销合同"。将插入点定位第 3 行的文本"供需双方本着平等互利、协商一致的原则，签订本合同，以资双方信守执行。"之前，然后拖动鼠标选择以上文本，如图 4-30 所示。

(2) 选择【编辑】|【剪切】命令，或在【常用】工具栏上单击【剪切】按钮。

计算机 基础与实训教材系列

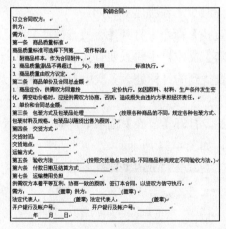

图 4-29　移动操作

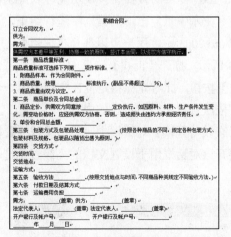

图 4-30　选择文本

(3) 将插入点定位在倒数第 5 行的文本"第七条　运输费用负担＿＿＿＿＿＿。"之后，按下 Enter 键，另起一行创建新段落。选择【编辑】|【粘贴】命令，或在【常用】工具栏上单击【粘贴】按钮，就可以将所选择的文本移动到该处，如图 4-31 所示。

(4) 将插入点定位在中间文本"(副品不得超过____%)"之前，然后拖动鼠标选择该处文本，按 Ctrl+X 快捷键，或在该文本上右击，从弹出的快捷菜单中选择【剪切】命令，如图 4-32 所示。

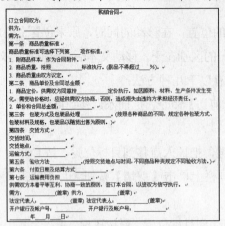

图 4-31　移动文本　　　　　　　　　　　图 4-32　选择【剪切】命令

(5) 将插入点定位在该行文本的"商品质量"之后，然后按 Ctrl+V 快捷键，或右击，从弹出的快捷菜单中选择【粘贴】命令，同样可实现移动文本的操作，删除该行最后的句号，最后效果如图 4-29 所示。

④.3.5　查找和替换文本

Word 2003 提供的查找和替换功能可以快速搜索文字、词语和句子，并且可以使用替换功能一次性对文本中重复出现的错别字进行纠正，从而减少工作强度和时间。

在 Word 2003 中，用户可以选择【编辑】|【查找】命令，打开【查找与替换】对话框，如图 4-33 所示，打开【查找】选项卡，在【查找内容】文本框中输入要查找的内容，单击【查找下一处】按钮，此时光标将定位在文档中第一个查找到的目标处。多次单击【查找下一处】按钮，可依次查找文档中对应的内容。

在【查找与替换】对话框中，单击【替换】标签，打开【替换】选项卡，单击【高级】按钮，可展开该对话框用于设置文档的高级查找选项，如图 4-34 所示。

图 4-33　【查找】选项卡　　　　　　　　　图 4-34　设置查找的高级选项

【查找和替换】对话框中各选项的功能如下。

- ◉ 【查找内容】文本框：用来输入要查找的文本内容。

- ◉ 【替换为】文本框：用来输入要替换的文本内容。

- ◉ 【搜索】下拉列表框：用来选择文档的搜索范围。选择【全部】选项，将在整个文本中进行搜索；选择【向下】选项，可从插入点处向下进行搜索；选择【向上】选项，可从插入点处向上进行搜索。

- ◉ 【区分大小写】复选框：选中该复选框，可在搜索时区分大小写。

- ◉ 【全字匹配】复选框：选中该复选框，可在文档中搜索符合条件的完整单词，而不搜索长单词中的一部分。

- ◉ 【使用通配符】复选框：选中该复选框，可搜索输入【查找内容】文本框中的通配符、特殊字符或特殊搜索操作符。

- ◉ 【同音(英文)】复选框：选中该复选框，可搜索与【查找内容】文本框中文字发音相同但拼写不同的英文单词。

- ◉ 【查找单词的所有形式(英文)】复选框：选中该复选框，可将【查找内容】文本框中的英文单词的所有形式替换为"替换为"文本框中指定单词的相应形式。

- ◉ 【区分全/半角】复选框：选中该复选框，可在查找时区分全角与半角。

- ◉ 【格式】按钮：单击该按钮，将在弹出的下一级子菜单中设置查找文本的格式，例如字体、段落及制表位等。

- ◉ 【特殊字符】按钮：单击该按钮，在弹出的下一级子菜单中可选择要查找的特殊字符，如段落标记、省略号及制表符等。

- ◉ 【不限定格式】按钮：若设置了查找文本的格式，单击该按钮可取消查找文本的格式设置。

替换功能不但可以查找文档中的需要替换的内容，还能将其替换成新的文本内容。替换的方法查找类似的，下面将以实例对其进行介绍。

【例 4-6】在文档"购销合同"中，将文本"账户号"替换成"账户"。

(1) 启动 Word 2003，打开文档"购销合同"。

(2) 选择【编辑】|【替换】命令，打开【查找和替换】对话框中的【替换】选项卡。

(3) 在【查找内容】文本框中输入"账户号"，在【替换为】文本框中输入"账户"，如图 4-35 所示。

(4) 单击【替换】按钮，在文本中高亮显示查找到的第 1 处文本"账户号"，单击【替换】按钮，系统将自动将其替换，并继续查找下一处文本(如图 4-36 所示)，如果不需要替换该处文本，单击【查找下一处】按钮。

> 💡 **提示**
>
> 单击【替换】按钮只替换当前选定的内容；单击【全部替换】按钮，可以将该文档中所有符合查找条件的文本进行替换。

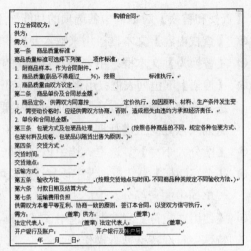

图 4-35 【替换】选项卡 图 4-36 替换第一处文本

(5) 当完成对所有文本的搜索后，系统将提示用户搜索并替换完成替换，如图 4-37 所示。

图 4-37 信息提示框

知识点

在图 4-35 中，按 Esc 键可取消正在进行的查找。单击【高级】按钮将打开【搜索选项】栏和【查找】栏，用户可在该栏中对查找对象格式等信息进行限制，以缩小查找范围。

④.4 格式化文本

在 Word 文档中，文字是组成段落的最基本因素，任何文档都是从段落文本开始进行编辑的。在输入文本内容后，可以对相应的段落文本进行格式化设置，从而使文档更加美观。

④.4.1 设置文本格式

在 Word 中，文档经过编辑、修改成为一篇通顺的文章，但为了使文章格式更加美观、条理更加清晰，通常还需要对文本样式进行设置。而设置的文本样式包括字体、字号、颜色、字形和字符间距等。

1. 设置字体

字体是指文字的外观，Word 2003 提供了多种可用的字体，默认字体为【宋体】。使用【格式】工具栏的【字体】下拉列表框可以很方便地进行设置。

除此之外，【字体】对话框中同样具有完成【格式】工具栏中所有字体设置的功能。选择【格式】|【字体】命令，即可打开【字体】对话框，在该工具栏上可以进行相关设置。

【例 4-7】将文档"购销合同"的标题字体设为隶书，将文本"第一条"～"第七条"的字体设置为黑体，效果如图 4-38 所示。

(1) 启动 Word 2003，打开文档【购销合同】。

(2) 选择标题，在【格式】工具栏中，单击【字体】下拉列表框，选择【隶书】选项，如图 4-39 所示。

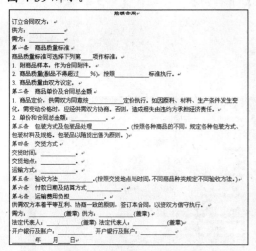

图 4-38 设置字体后的效果

图 4-39 设置标题字体

(3) 选择正文中文本"第一条"～"第七条"，选择【格式】|【字体】命令，打开【字体】对话框，如图 4-40 所示。

(4) 打开【字体】选项卡，在【中文字体】下拉列表框中选择【楷体】选项，如图 4-41 所示，单击【确定】按钮，完成文本字体设置，效果如图 4-38 所示。

图 4-40 【字体】对话框

图 4-41 设置正文字体

2. 设置字号

字号是指文字的大小，设置字号通常用于突出文档某些重要内容或统一文档格式。下面将以实例来介绍设置字号的方法。

【例4-8】将文档"购销合同"的标题字号设为【一号】，将正文中的字号设为12，效果如图4-42所示。

(1) 启动 Word 2003，打开文档"购销合同"。

(2) 选择标题，在【格式】工具栏中单击【字号】下拉列表框，选择【一号】选项，如图4-43所示。

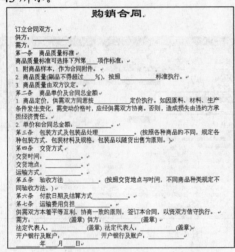

图4-42 设置字号后的效果

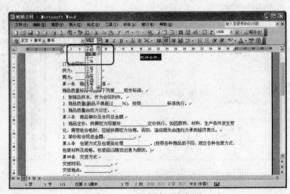

图4-43 设置标题字号

(3) 选择正文部分，选择【格式】|【字体】命令，打开【字体】对话框，切换至【字体】选项卡，在【字号】下拉列表框中选择12选项(如图4-44所示)，单击【确定】按钮，完成文本字体设置，效果如图4-42所示。

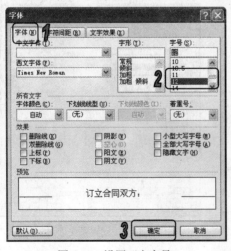

图4-44 设置正文字号

💡 **提示**

Word 2003有两种字号表示方法，一种是中文标准，用一号、二号等表示，最大是初号，最小是八号；一种是西文标准，用5、5.5等表示，最小为5。

3. 设置字形及颜色

字形指文档中文字的格式，包括文本的常规显示、加粗显示、倾斜显示及加粗和倾斜显示。在报刊文章中常常通过设置字形和颜色来突出重点，使文档看起来更生动、醒目。

【例4-9】将文档"购销合同"的标题文本颜色设为红色，将文本"(盖章)"设为加粗、倾斜，效果如图4-45所示。

(1) 启动 Word 2003，打开文档"购销合同"。

(2) 选择标题，在【格式】工具栏中，单击【字体颜色】按钮 <u>A</u> 右侧的小三角按钮，在弹出的下拉列表中选择【红色】色块，效果如图4-46所示。

(3) 选择文本"(盖章)"，在【格式】工具栏中，单击【加粗】按钮 <u>B</u> 和【倾斜】按钮 <u>I</u>，使文本加粗并倾斜显示，效果如图4-45所示。

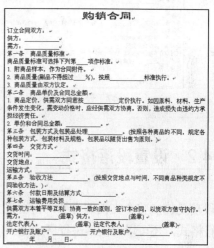

图 4-45　设置字形及颜色后的效果　　　　图 4-46　设置标题颜色

 知识点

在打开的【字体】对话框的【字体】选项卡中，用户也可以对文本字形和字体颜色进行设置。方法：在【字形】和【字体颜色】下拉列表中选择相应的选项即可。

4. 设置字符间距

字符间距是指文档中字与字之间的距离。在通常情况下，文本以标准间距显示，这样的字符间距适用于绝大多数文本。但有时为了创建一些特殊的文本效果，需要将扩大或缩小字符间距。

【例4-10】在文档【购销合同】中，将标题缩放80%，字间距加宽1.5磅，位置降低5磅，效果如图4-47所示。

(1) 启动 Word 2003，打开文档"购销合同"，选择标题，然后选择【格式】|【字体】命令，打开【字体】对话框。

(2) 打开【字符间距】选项卡，在【缩放】下拉列表框中选择 80%选项；在【间距】下拉列表框中选择【加宽】选项，在【磅值】微调框中输入"1.5 磅"；在【位置】下拉列表框中选择【降低】选项，在【磅值】微调框中输入"5 磅"，如图 4-48 所示。

(3) 单击【确定】按钮完成设置，效果如图 4-47 所示。

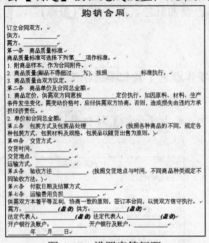

图 4-47　设置字符间距

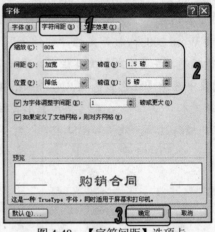

图 4-48　【字符间距】选项卡

④.4.2　设置段落格式

段落是构成整个文档的骨架，它由正文、图表和图形等加上一个段落标记构成。除了对文本进行格式，还可以对段落进行格式化。段落的格式化包括设置段落对齐、段落缩进以及段落间距等。

1. 设置段落对齐

段落对齐指文档边缘的对齐方式，包括两端对齐、居中对齐、左对齐、右对齐和分散对齐。

◉ 两端对齐：默认设置，两端对齐时文本左右两端均对齐，但如果段落最后不满一行的文字右边是不对齐的。

◉ 左对齐：文本左边对齐，右边参差不齐。

◉ 右对齐：文本右边对齐，左边参差不齐。

◉ 居中对齐：文本居中排列。

◉ 分散对齐：文本左右两边均对齐，而且每个段落的最后一行不满一行时，将拉开字符间距使该行文本均匀分布。

用户可以通过单击【格式】工具栏上的相应按钮来设置段落对齐方式，也可以通过【段落】对话框来设置。通过【格式】工具栏设置段落格式最快捷，因此最为常用。

【例 4-11】在文档"购销合同"中，将标题设为居中对齐，正文设为两端对齐，日期设为右对齐，效果如图 4-49 所示。

(1) 启动 Word 2003，打开文档 "购销合同"，将插入点定位在标题文本中，在【格式】工具栏中单击【居中】按钮，将标题设为居中对齐，效果如图 4-50 所示。

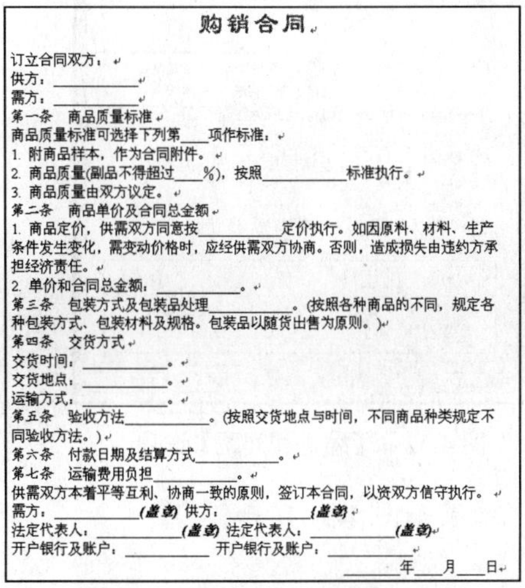

图 4-49　段落对齐后的效果　　　　　　　　图 4-50　标题居中

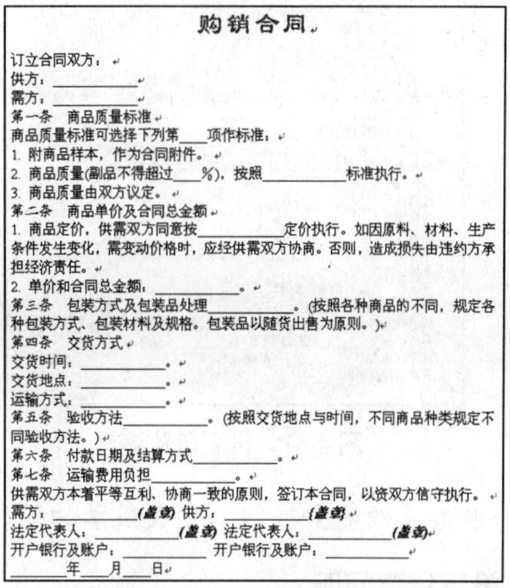

计算机基础与实训教材系列

(2) 选中正文部分，在【格式】工具栏中单击【两端对齐】按钮，将正文设为两端对齐。

(3) 选中日期处的文本，在【格式】工具栏中单击【右对齐】按钮，将日期文本设为右对齐，效果如图 4-49 所示。

2. 设置段落缩进

段落缩进是指段落中的文本与页边距之间的距离。Word 2003 中共有 4 种格式：左缩进、右缩进、悬挂缩进和首行缩进。

◉ 左缩进：设置整个段落左边界的缩进位置。

◉ 右缩进：设置整个段落右边界的缩进位置

◉ 悬挂缩进：设置段落中除首行以外的其他行的起始位置。

◉ 首行缩进：设置段落中首行的起始位置。

通常情况下，通过水平标尺可以快速设置段落的缩进方式及缩进量，但是不精确。而通过【段落】对话框可以更精确地设置段落缩进量。选择【格式】|【段落】命令，打开【段落】对话框，在该对话框中可以进行相关选项的设置。

【例 4-12】在文档 "购销合同" 中，将正文的首行缩进 2 个字符，效果如图 4-51 所示。

(1) 启动 Word 2003，打开文档 "购销合同"。

(2) 选中文档中的正文部分，然后选择【格式】|【段落】命令，打开【段落】对话框，单击【缩进和间距】标签，打开【缩进和间距】选项卡，在【特殊格式】下拉列表框中选择【首行缩进】选项，在【度量值】微调框中输入 "2 字符"，如图 4-52 所示。

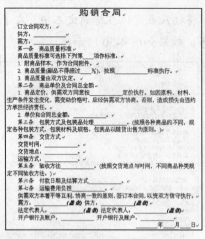

图 4-51　设置段落缩进

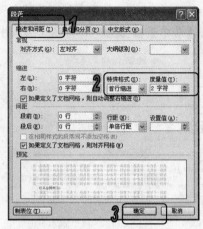

图 4-52　【缩进和间距】选项卡

(3) 单击【确定】按钮，完成段落的缩进设置，效果如图 4-51 所示。

3. 设置段落间距

段落间距是指段落与段落之间的距离。段落间距的设置包括文档行间距与段间距的设置。行间距决定段落中各行文本之间的垂直距离。Word 2003 中默认的行间距值是单倍行距，用户可以根据需要重新设置。段间距决定段落前后空白距离的大小，在 Word 2003 中同样可以根据需要重新设置。

【例 4-13】在文档"购销合同"中，将日期文本设为 1.5 倍行距，将正文倒数 3 行前、段后距设为 0.5 行，效果如图 4-53 所示。

(1) 启动 Word 2003，打开文档"购销合同"。

(2) 选中日期文本，然后选择【格式】|【段落】命令，打开【段落】对话框，打开【缩进和间距】选项卡，在【行距】下拉列表框中选择【1.5 倍行距】选项，如图 4-54 所示。

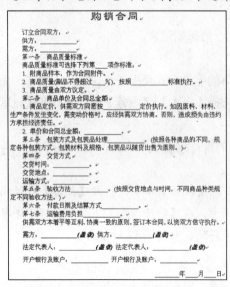

图 4-53　设置段落间距

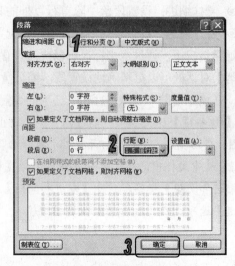

图 4-54　设置行距

(3) 单击【确定】按钮，日期文本的效果如图 4-55 所示。

(4) 选中倒数 3 行正文，然后选择【格式】|【段落】命令，打开【段落】对话框。打开【缩进和间距】选项卡，在【段前】和【段后】微调框中分别输入"0.5 行"，如图 4-56 所示。

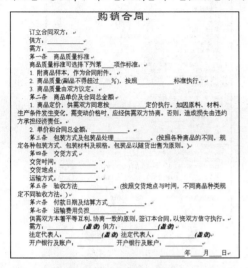

图 4-55　设置行距后的效果

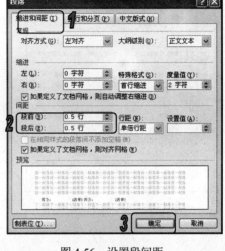

图 4-56　设置段间距

(5) 单击【确定】按钮，完成设置，效果如图 4-53 所示。

4.5　设置项目符号和编号

为了使文章的内容条理更清晰，需要使用项目符号或编号对文本进行标识。使用项目符号和编号列表，可以对文档中并列的项目进行组织，或者将顺序的内容进行编号。

4.5.1　添加项目符号和编号

Word 2003 提供了自动添加项目符号和编号的功能。在以"1."、"(1)"、"a"等字符开始的段落中按 Enter 键，下一段起始处将会自动对应出现"2."、"(2)"、"b"等字符。

另外，用户也可以在输入文本之后，选中要添加项目符号的段落，在【格式】工具栏上单击【项目符号】按钮，将自动在每一段落前面添加项目符号；单击【编号】按钮，将以"1."、"2."、"3."的形式编号。

【例 4-14】在文档"购销合同"中，为段落"第一条"和"第四条"下面的并列项目添加项目符号和编号。

(1) 启动 Word 2003，打开文档"购销合同"。

(2) 选中"第一条"下面的并列项目，删除项目前的数字和符号，然后在【格式】工具栏上单击【项目编号】按钮，为并列项目添加项目编号，效果如图 4-57 所示。

(3) 选中"第四条"下面的并列项目，在【格式】工具栏上单击【项目符号】按钮 ，为其添加项目编号，最终效果如图 4-58 所示

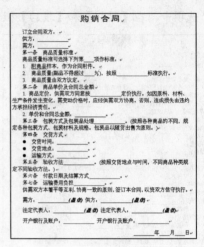

图 4-57　添加项目编号　　　　　　图 4-58　添加项目符号

④.5.2　自定义项目符号和编号

Word 2003 还提供了其他 6 种标准的项目符号和编号，并且允许自定义项目符号样式和编号。下面以实例来介绍自定义项目符号或编号的方法。

【例 4-15】在文档"购销合同"中，为段落"第四条"下面的并列项目添加自定义的特殊符号，效果如图 4-59 所示。

(1) 启动 Word 2003，打开文档"购销合同"。

(2) 选中"第四条"下面的项目符号段落，然后选择【格式】|【项目符号和编号】命令，打开【项目符号和编号】对话框，选择一种星型项目符号，如图 4-60 所示。

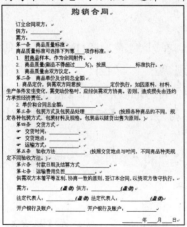

图 4-59　自定义项目符号和编号

图 4-60　【项目符号和编号】对话框

(3) 单击【自定义】按钮，打开【自定义项目符号列表】对话框，如图 4-61 所示。

(4) 单击【字符】按钮，打开【符号】对话框，在其中选择需要的项目符号，如图 4-62 所示。

图 4-61　【自定义项目符号列表】对话框

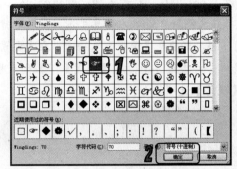

图 4-62　【符号】对话框

(5) 单击【确定】按钮，返回到【自定义项目符号列表】对话框。

(6) 单击【确定】按钮，所选择的段落将添加自定义项目符号，效果如图 4-59 所示。

④.6　设置段落边框和底纹

使用 Word 编辑文档时，为了让文档更加吸引人，有时需要为文字和段落添加边框和底纹，以增加文档的生动性。

④.6.1　设置边框

边框可以用来强调或美化文档内容，Word 2003 提供了多种边框供用户选择。选择【格式】|【边框和底纹】命令，打开【边框和底纹】对话框，切换至【边框】项卡，如图 4-63 所示。在【设置】选项区域提供了 5 种边框样式，从中可选择所需的样式；在【线型】列表框中列出了多种不同的线条样式，从中可选择所需的线型；在【颜色】和【宽度】下拉列表框中，可以为边框设置所需的颜色和相应的宽度；在【应用于】下拉列表框中，可以设定边框应用的对象，如文字或者段落。

图 4-63　【边框】选项卡

知识点

在【边框】选项卡的【应用于】下拉列表框中选择【文字】选项，可以对每一行文字添加边框。

【例 4-16】在文档【购销合同】中，为段落添加宽度为 3 磅的三维边框，效果如图 4-64 所示。

(1) 启动 Word 2003，打开文档"购销合同"。

(2) 选择正文倒数 3 行双方信息文本，然后选择【格式】|【边框和底纹】命令，打开【边框和底纹】对话框，切换至【边框】选项卡，在【设置】选项区域中选择【三维】选项，在【线型】列表框中选择一种虚线线型，在【宽度】下拉列表框中选择【3 磅】选项，在【应用于】下拉列表中选择【段落】选项，如图 4-65 所示。

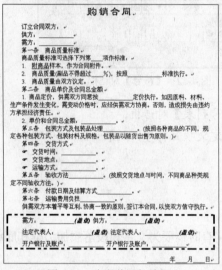

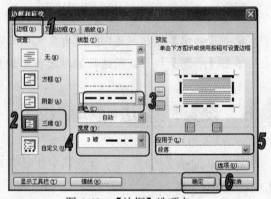

图 4-64　为段落添加边框　　　　　图 4-65　【边框】选项卡

(3) 单击【确定】按钮，完成边框设置，效果如图 4-64 所示。

知识点

对段落进行边框设置时，如果需要删除段落一边的边框，在【预览】选项区域中单击要删除的边框即可。

④.6.2　设置底纹

要设置底纹，只需在【边框和底纹】对话框中选择【底纹】选项卡，在其中对填充的颜色和图案等进行设置。

【例 4-17】在文档"购销合同"中，为边框文本添加灰色 10%的底纹，效果如图 4-66 所示。

(1) 启动 Word 2003，打开文档"购销合同"。

(2) 选择边框内的文本，然后选择【格式】|【边框和底纹】命令，打开【边框和底纹】对话框，单击【底纹】标签，打开【底纹】选项卡，在【样式】下拉列表框中选择【10%】选项，如

图 4-67 所示。

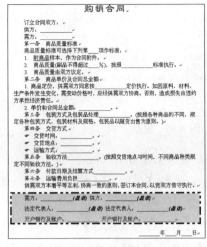

图 4-66　添加底纹

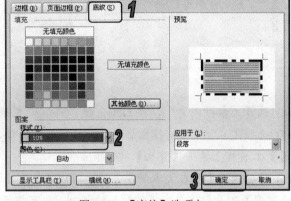

图 4-67　【底纹】选项卡

(3) 单击【确定】按钮, 即可为段落添加底纹, 效果如图 4-66 所示。

知识点

在页面中添加边框和底纹与在段落中添加边框和底纹的效果相似, 只需在【边框和底纹】对话框中, 打开【页面边框】选项卡, 在该选项卡中进行边框相应设置; 打开【底纹】选项卡, 在该选项卡中进行底纹的相应设置。

④.7　上机练习

本章主要介绍了文本的编辑以及设置文本格式和段落格式。下面通过两个上机实例来练习这两个主要部分的内容。

④.7.1　编辑"通知"

输入文本是 Word 2003 中最基本的操作。输入文本之后, 需要对文本进行必要的编辑操作。本练习通过编辑"通知"来熟悉文本的输入、选择、复制、移动、删除、查找和替换等操作。

(1) 启动 Word 2003, 新建一个名为"通知"的文档, 并输入文本, 如图 4-68 所示。

(2) 将插入点定位在正文开始处的"全体"文本之后, 然后拖动鼠标选择文本"员工", 右击, 从弹出的快捷菜单中选择【复制】命令, 或按 Ctrl+C 快捷键。

(3) 将插入点定位在文本"各位"之后, 然后右击, 从弹出的快捷菜单中选择【粘贴】命令, 或按 Ctrl+V 快捷键, 将所选择的文本复制到该处, 如图 4-69 所示。

图 4-68　输入文本　　　　　　　　　　图 4-69　复制文本

(4) 选择文本"同志"，按 Delete 键，将该文本删除，效果如图 4-70 所示。

(5) 选择文本"中五一律由公司统一组织集体用餐，"，选择【编辑】|【剪切】命令，或在【常用】工具栏上单击【剪切】按钮 。

(6) 将插入点定位在文本"在公司大门口集合出发，"之后，选择【编辑】|【粘贴】命令，或在【常用】工具栏上单击【粘贴】按钮 ，即可将所选择的文本移动到该处，如图 4-71 所示。

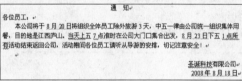

图 4-70　删除文本　　　　　　　　　　图 4-71　移动文本

(7) 选择【编辑】|【替换】命令，打开【查找和替换】对话框中的【替换】选项卡。

(8) 在【查找内容】文本框中输入"五"，在【替换为】文本框中输入"午"，如图 4-72 所示。

(9) 单击【替换】按钮，在文本中以高亮显示查找到的第一处文本"五"，单击【替换】按钮，系统将自动将其替换，并继续查找下一处文本。如果不替换该处文本，可直接单击【查找下一处】按钮。

(10) 当完成对所有文本的搜索后，系统将提示用户搜索完成，最终效果如图 4-73 所示。

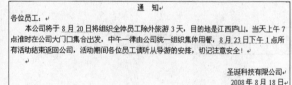

图 4-72　【替换】选项卡　　　　　　　　图 4-73　显示最终效果

4.7.2　制作"畅优 7 天"大挑战

创建一个名为"畅优 7 天"大挑战的文档，练习设置字符、段落、项目符号及边框和底纹等操作，文档的最终效果如图 4-74 所示。

(1) 启动 Word 2003，新建一个名为"畅优 7 天"大挑战的文档，并输入文本，如图 4-75 所示。

图 4-74　制作"畅优 7 天"大挑战

图 4-75　输入文本

计算机 基础与实训教材系列

(2) 选择标题，在【格式】工具栏的【字体】下拉列表框中选择【隶书】选项；在【字号】下拉列表框中选择【一号】选项；单击【字体颜色】按钮 A 右侧的小三角按钮，从弹出的列表中选择【红色】色块；单击【加粗】按钮 B ，将标题设置为粗体；单击【居中】按钮 ，将其设置为居中对齐，效果如图 4-76 所示。

(3) 选择【格式】|【段落】命令，打开【段落】对话框，切换至【缩进和间距】选项卡，在【行距】下拉列表框中选择【1.5 倍行距】选项，在【段前】和【段后】微调框中分别输入"0.5 行"，如图 4-77 所示。

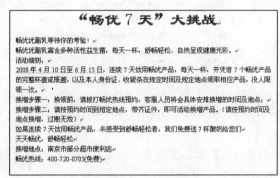

图 4-76　设置标题字体

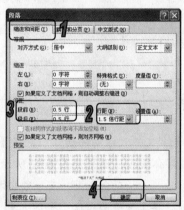

图 4-77　设置标题段落

(4) 单击【确定】按钮，至此，完成标题的格式化操作。

(5) 选择第 7~第 9 行文本，在【格式】工具栏的【字号】下拉列表框中选择【小四】选项，如图 4-78 所示。

(6) 参照步骤(3)，为第 7~第 9 行文本格式化设置。

(7) 选择文本"换增步骤一"和"换增步骤二"，然后选择【格式】|【边框和底纹】命令，

打开【边框和底纹】对话框中的【底纹】选项卡，为其添加 10%的灰色底纹(如图 4-79 所示)，文本效果如图 4-80 所示。

(8) 选择文本“活动细则：”和下侧的一段文本，在【格式】工具栏中，单击【字体颜色】按钮右侧的小三角按钮，从弹出的列表中选择【红色】色块，设置字体颜色为红色，如图 4-81 所示。

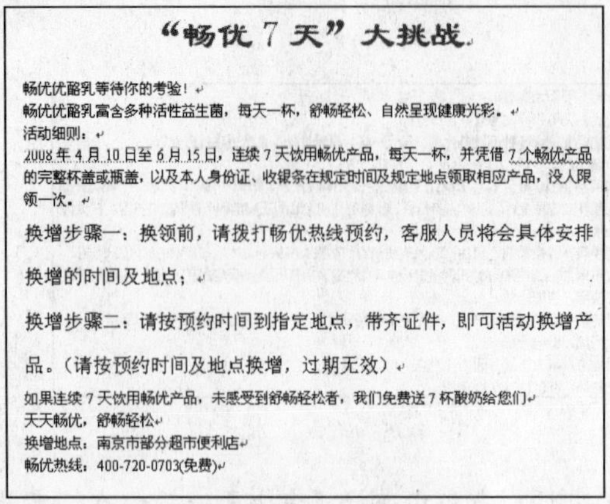
“畅优 7 天”大挑战

畅优优酪乳等待你的考验！
畅优优酪乳富含多种活性益生菌，每天一杯，舒畅轻松、自然呈现健康光彩。
活动细则：
2008 年 4 月 10 日至 6 月 15 日，连续 7 天饮用畅优产品，每天一杯，并凭借 7 个畅优产品的完整杯盖或瓶盖，以及本人身份证、收银条在规定时间及规定地点领取相应产品，没人限领一次。
换增步骤一：换领前，请拨打畅优热线预约，客服人员将会具体安排换增的时间及地点；
换增步骤二：请按预约时间到指定地点，带齐证件，即可活动换增产品。（请按预约时间及地点换增，过期无效）
如果连续 7 天饮用畅优产品，未感受到舒畅轻松者，我们免费送 7 杯酸奶给您们
天天畅优，舒畅轻松
换增地点：南京市部分超市便利店
畅优热线：400-720-0703(免费)

图 4-78　设置字号

图 4-79　【边框和底纹】对话框

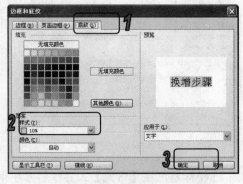

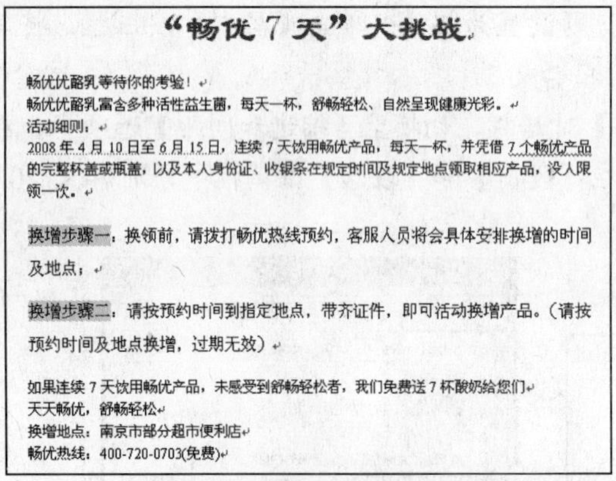
“畅优 7 天”大挑战

畅优优酪乳等待你的考验！
畅优优酪乳富含多种活性益生菌，每天一杯，舒畅轻松、自然呈现健康光彩。
活动细则：
2008 年 4 月 10 日至 6 月 15 日，连续 7 天饮用畅优产品，每天一杯，并凭借 7 个畅优产品的完整杯盖或瓶盖，以及本人身份证、收银条在规定时间及规定地点领取相应产品，没人限领一次。
换增步骤一：换领前，请拨打畅优热线预约，客服人员将会具体安排换增的时间及地点；
换增步骤二：请按预约时间到指定地点，带齐证件，即可活动换增产品。（请按预约时间及地点换增，过期无效）
如果连续 7 天饮用畅优产品，未感受到舒畅轻松者，我们免费送 7 杯酸奶给您们
天天畅优，舒畅轻松
换增地点：南京市部分超市便利店
畅优热线：400-720-0703(免费)

图 4-80　添加 10%的底纹

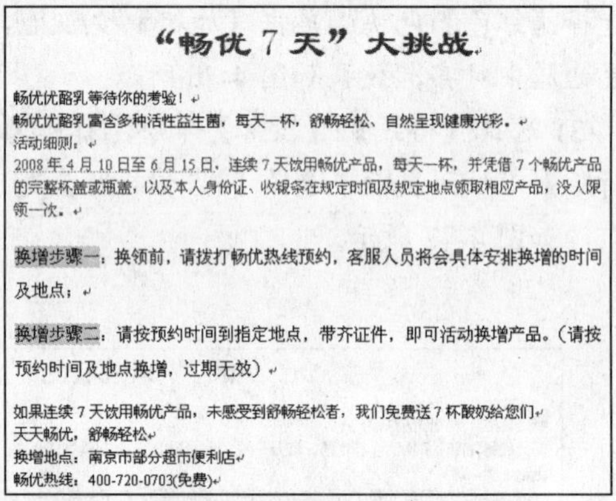
“畅优 7 天”大挑战

畅优优酪乳等待你的考验！
畅优优酪乳富含多种活性益生菌，每天一杯，舒畅轻松、自然呈现健康光彩。
活动细则：
2008 年 4 月 10 日至 6 月 15 日，连续 7 天饮用畅优产品，每天一杯，并凭借 7 个畅优产品的完整杯盖或瓶盖，以及本人身份证、收银条在规定时间及规定地点领取相应产品，没人限领一次。
换增步骤一：换领前，请拨打畅优热线预约，客服人员将会具体安排换增的时间及地点；
换增步骤二：请按预约时间到指定地点，带齐证件，即可活动换增产品。（请按预约时间及地点换增，过期无效）
如果连续 7 天饮用畅优产品，未感受到舒畅轻松者，我们免费送 7 杯酸奶给您们
天天畅优，舒畅轻松
换增地点：南京市部分超市便利店
畅优热线：400-720-0703(免费)

图 4-81　设置红色字体

(9) 选择文本“活动细则：”，在【格式】工具栏的【字号】下拉列表框中选择【小二】选项，设置字体大小，效果如图 4-82 所示。

(10) 选择“活动细则：”下一段文本，在【格式】工具栏的【字体】下拉列表框中选择【楷书】选项，将字体设为楷体，如图 4-83 所示。

知识点

除了使用【格式】工具栏进行字体样式的设置外，还可以通过【字体】对话框来对文本字体进行设置。方法：选择文本后，选择【格式】|【字体】命令，打开【字体】对话框，在该对话框中对字体进行相关设置即可。

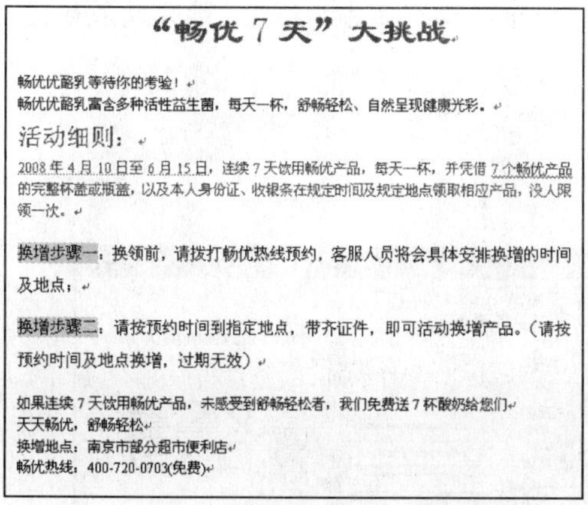

图 4-82　设置数字的字号　　　　　　　图 4-83　设置部分文本为楷体

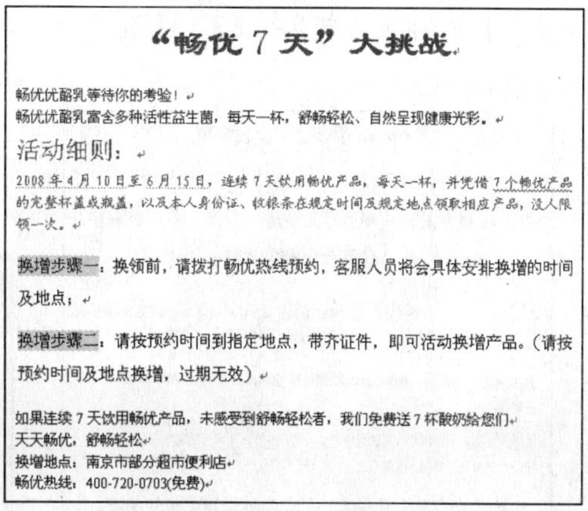

(11) 选中第 1~第 2 行文本、"如果连续 7 天饮用畅优产品，未感受到舒畅轻松者，我们免费送 7 杯酸奶给您们"和"天天畅优，舒畅轻松"文本，在【格式】工具栏的【字号】下拉列表框中选择【小二】选项；单击【加粗】按钮 **B**，将所选文本设为粗体；单击【倾斜】按钮 *I*，将其设为斜体；单击【字体颜色】按钮 **A**，将其设置为【绿色】，单击【居中】按钮，将其设置为居中对齐，如图 4-84 所示。

(12) 将鼠标光标定位在"活动细则："段，选择【格式】|【段落】命令，打开【段落】对话框的【缩进和间距】选项卡，在【特殊格式】下拉列表框中选择【首行缩进】选项，在【度量值】微调框中输入"2 字符"；在【行距】下拉列表框中选择【1.5 倍行距】选项，如图 4-85 所示。

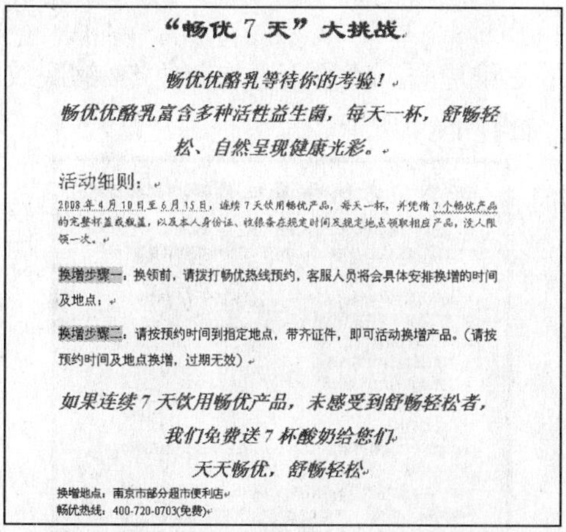

图 4-84　设置正文中的部分字体格式　　　　图 4-85　设置正文中的部分段落格式

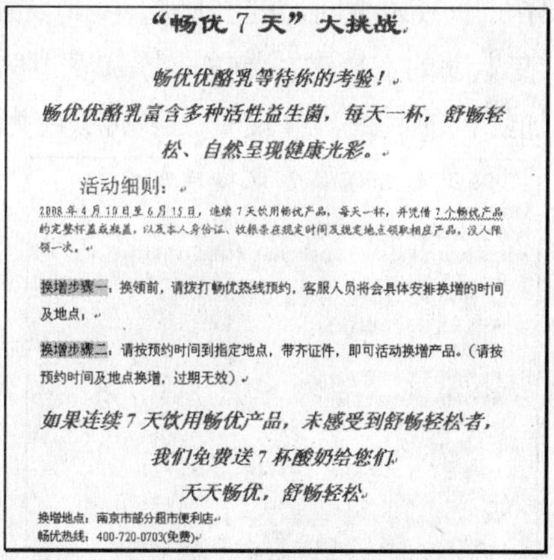

(13) 选中"活动细则："段，在【常用】格式工具栏中单击【格式刷】按钮，选中最后两段文本，复制格式，如图 4-86 所示。

(14) 选中所有的段落，选择【格式】|【边框和底纹】命令，打开【边框和底纹】对话框的【边框】选项卡。

(15) 在【设置】选项区域中选择【三维】选项，在【颜色】下拉列表框中选择【海绿色】，在【宽度】下拉列表框中选择【3 磅】选项(如图 4-87 所示)，为段落添加边框，最终效果如图 4-87 所示。

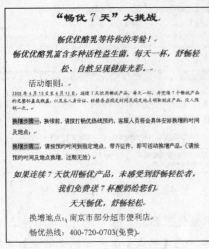

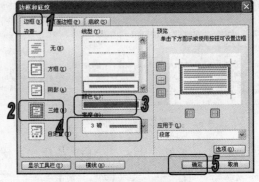

图 4-86　复制格式　　　　　　　　　图 4-87　设置边框

(16) 在工具栏上单击【保存】按钮，将制作的"畅优 7 天"大挑战文档保存。

4.8　习题

1. 新建一个 Word 文档并输入公告内容，设置标题的字体为隶书，字号为一号，正文的字体为宋体，字号为小四，并参照图 4-88 设置其他格式。

2. 在上题的文档中，给文本添加宽度为 3 磅的三维边框，给段落添加灰色 5%的底纹，给文字添加红色的底纹，并设置文字的颜色为白色，如图 4-89 所示。

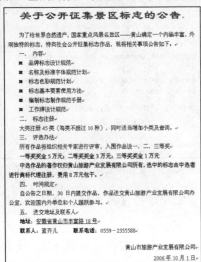

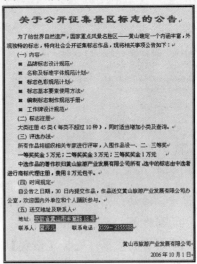

图 4-88　输入公告内容　　　　　　　　图 4-89　格式化设置公告

Word 2003 办公高级操作

学习目标

在文档中适当地插入一些表格、图形和图片，不仅会使文档显得生动有趣，还能帮助读者更快地理解其中的内容。此外，一篇文档制作完成后，用户可以进行相应的页面布局设置，使其更加美观。

本章重点

- ⊙ 使用表格
- ⊙ 图文混排
- ⊙ 设置页面布局

5.1 使用表格

表格是日常工作中一项非常重要的表达方式。在编辑文档时，为了更形象地说明问题，常常需要在文档中创建各种表格。

5.1.1 创建表格

表格的基本单元称为单元格，它是由许多行和列的单元格组成的一个综合体。在 Word 2003 中可以使用多种方法来创建表格，例如按照指定的行、列插入表格和绘制不规则表格。

1. 使用工具栏创建表格

使用【常用】工具栏上的【插入表格】按钮▦，可以直接在文档中插入表格。方法：将光标定位在需要插入表格的位置，然后在【常用】工具栏上单击【插入表格】按钮▦，将弹出如图 5-1 所示的网格框。在网格框中，拖动鼠标左键确定要创建表格的行数和列数，然后单击，即可完成一个规则表格的创建，如图 5-2 所示的即为创建一个 2×3 表格的效果图。

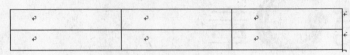

图 5-1　插入表格网格框　　　　　　　　　　图 5-2　自动创建的 2×3 表格

2. 使用对话框创建表格

使用【插入表格】对话框来创建表格，可以在建立表格的同时设定列宽并自动套用格式。具体方法：选择【表格】|【插入】|【表格】命令，打开【插入表格】对话框，如图 5-3 所示。

在【插入表格】对话框的【行数】和【列数】文本框中可以输入表格的行数和列数；选中【固定列宽】单选按钮，可在其后的文本框中指定一个具体的值来表示创建表格的列宽；单击【自动套用格式】按钮，将打开如图 5-4 所示的【表格自动套用格式】对话框，从中可以选择一种表格样式。

图 5-3　【插入表格】对话框　　　　　　　　图 5-4　【表格自动套用格式】对话框

3. 自由绘制表格

在实际应用中，行与行之间以及列与列之间都是等距的规则表格很少，在多数情况下，还需要创建各种栏宽、行高都不等的不规则表格。在 Word 2003 中，通过【表格和边框】工具栏可以创建不规则的表格，如图 5-5 所示。

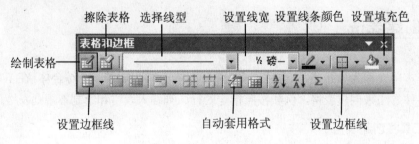

图 5-5　【表格和边框】工具栏

【例 5-1】创建一个"厂商资料表"文档，使用【插入表格】对话框在该文档中插入表格。

(1) 启动 Word 2003，新建文档"厂商资料表"。在插入点处输入标题"厂商资料表"，设置其格式为方正准圆简体、二号、加粗、红色、居中，如图 5-6 所示。

(2) 将插入点定位在标题的下一行，选择【表格】|【插入】|【表格】命令，打开【插入表格】对话框，在【列数】和【行数】文本框中分别输入 4 和 16。

(3) 单击【确定】按钮，关闭对话框，在文档中将插入一个 4×16 的规则表格，如图 5-7 所示。

图 5-6　设置标题

图 5-7　插入表格

⑤.1.2　编辑表格

表格创建完成后，还需要对其进行编辑修改操作，如添加文本、插入行和列、删除行和列、合并和拆分单元格等，以满足用户不同的需要。

1. 在表格中选择对象

对表格进行格式化之前，首先要选定表格编辑对象，然后才能对表格进行操作。选定表格编辑对象的鼠标操作方式见表 5-1。

表 5-1　表格编辑对象的选取

选 取 区 域	操 作 说 明
一个单元格	移动鼠标到该单元格左边的选择区变成箭头 ↗ 时，单击
整行	移动鼠标到表格左边的该行选择区变成箭头 ↗ 时，单击
整列	移动鼠标到该列上边的选择区变成箭头 ↓ 时，单击
整个表格	移动鼠标到表格左上角图标 ⊞ 时，单击
多个连续单元格	沿被选区域左上角向右下拖拽鼠标
多个不连续单元格	选取第 1 个单元格后，按住 Ctrl 键不放，再分别选取其他单元格

 提示

在表格中，每个单元格就是一个独立的单位。对每个单元格的文本进行编辑操作，与对正文文本的操作基本相同。

2. 插入或删除行、列和单元格

在创建表格后，经常会遇到表格的行、列和单元格不够用或多余的情况。在 Word 2003 中，可以很方便地完成行、列和单元格的添加或删除操作，以使文档更加紧凑美观。

- 添加行、列和单元格：选择【表格】|【插入】菜单中的子命令，选择相应的选项，就可以为表格添加行、列、单元格。
- 删除行、列和单元格：选择【表格】|【删除】菜单中的子命令，选择相应的选项，就可以删除表格中指定的行、列、单元格。
- 合并单元格：选中需要合并的单元格，选择【表格】|【合并单元格】命令即可。
- 拆分单元格：选中需要拆分的单元格，选择【表格】|【拆分单元格】命令，在打开的"拆分单元格"对话框中设置行数和列数即可。

3. 调整表格的行高和列宽

创建表格时，表格的行高和列宽都是默认值，而在实际工作中常常需要随时调整表格的行高和列宽。在 Word 2003 中，可以使用多种方法调整表格的行高和列宽。

- 自动调整：将插入点定位在表格内，选择【表格】|【自动调整】菜单中的子命令，可以十分便捷地调整表格的行高与列宽。
- 使用鼠标拖动进行调整：将插入点定位在表格内，将鼠标指针移动到需要调整的边框线上，按下鼠标左键并拖动即可。
- 使用对话框进行调整：将插入点定位在表格内，选择【表格】|【表格属性】命令，在打开的【表格属性】对话框中进行设置。

【例5-2】在文档"厂商资料表"中，对表格进行编辑操作。

(1) 启动 Word 2003，打开文档"厂商资料表"。选择表格的第一行，选择【表格】|【合并单元格】命令，合并单元格。使用同样的方法，合并表格的第4、5、7、9、12、13、14 和 15 行单元格，如图 5-8 所示。

(2) 选择表格的第 16 行，选择【表格】|【删除】|【行】命令，删除该行，如图 5-9 所示。

图 5-8　合并单元格　　　　　　　　图 5-9　　删除行

(3) 将输入点定位到第一个单元格，根据需要在表格中输入文本，最终效果如图 5-10 所示。

(4) 选择表格中第1~3行文本，在【表格和边框】工具栏中单击【中部居中】按钮，设置文本为中部居中，使用同样的方法为表格中的其他文本设置中部居中对齐，效果如图 5-11 所示。

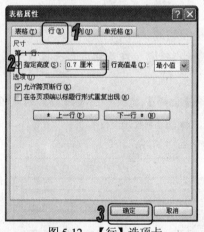

图 5-10 输入文本内容

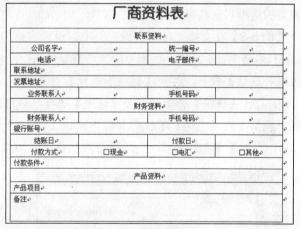

图 5-11 设置文本中部居中

(5) 将插入点定位在表格的第一行，选择【表格】|【表格属性】命令，打开【表格属性】对话框。切换至【行】选项卡，选中【指定高度】复选框，在其后的微调框中输入"0.7 厘米"，如图 5-12 所示。

(6) 单击【确定】按钮，指定行的高度。使用同样的方法，将第 7 和第 13 行的高度设为 0.7 厘米，将第 15 行的高度设为 1.5 厘米，如图 5-13 所示。

图 5-12 【行】选项卡

图 5-13 设置行的高度

 知识点

用户如果对行高(或列宽)的要求不是很精确，可以使用鼠标拖动调节行高(或列宽)的调整，进行行高调整时，待鼠标变成水平双箭头 ┿‖┾ 进行拖动；进行列宽调整时，待鼠标变成垂直双向箭头 ╪ 进行拖动。

(7) 打开【表格属性】对话框的【行】选项卡，选中【指定高度】复选框，在其后的微调框中输入 3，如图 5-14 所示。

(8) 单击【确定】按钮，指定表格的列宽。使用同样的方法，将第 3 列的宽度设为 3 厘米，最终效果如图 5-15 所示。

图 5-14 【列】选项卡

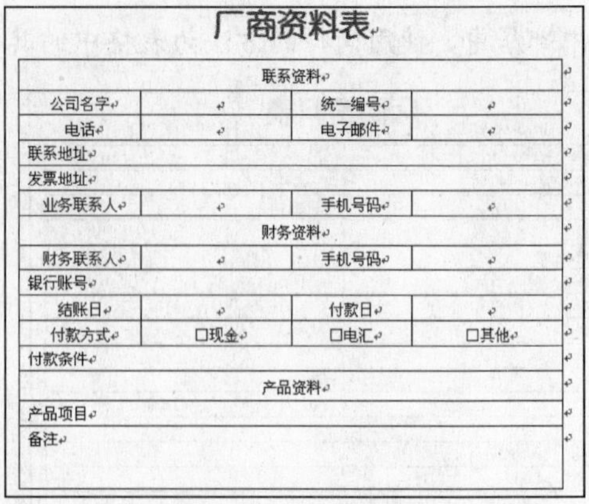

图 5-15 设置列的高度

⑤.1.3 美化表格

在表格编辑后，通常还需要进行一定的修饰操作，使其更加美观。默认情况下，Word 会自动设置表格使用 0.5 磅的单线边框。此外，用户还可以使用【边框和底纹】对话框，重新设置表格的边框和底纹来美化表格。

【例5-3】在文档"厂商资料表"中，设置表格的边框和底纹。

(1) 启动 Word 2003，打开文档"厂商资料表"，将鼠标指针定位在表格中，选择【格式】|【边框和底纹】命令，打开【边框和底纹】对话框。

(2) 打开【边框】选项卡，在【设置】选项区域中选择【全部】选项，在【线型】列表框中选择双线型，在【宽度】下拉列表框中选择【1 磅】选项，如图 5-16 所示。

(3) 单击【确定】按钮，完成边框线的设置，效果如图 5-17 所示。

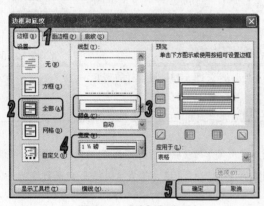

图 5-16 【边框】选项卡

图 5-17 设置边框

(4) 选中第 1、第 7 和第 13 行，然后选择【格式】|【边框和底纹】命令，打开【边框和底纹】对话框，打开【底纹】选项卡，在【图案】选项区域的【样式】下拉列表框中选择 15%选项，如图 5-18 所示。

(5) 单击【确定】按钮，完成底纹的设置，效果如图 5-19 所示。

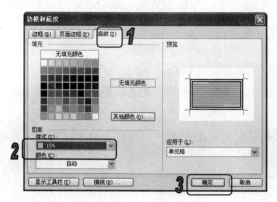

图 5-18　【底纹】选项卡

图 5-19　设置底纹

5.2　图文混排

图文混排是 Word 2003 的主要特色之一，在文档中插入各种图形，如自选图形、艺术字和图片等，可以起到美化文档的作用。

5.2.1　插入自选图片

Word 2003 包含一套可以手工绘制的现成图形，例如，直线、箭头、流程图、星与旗帜及标注等，这些图形称为自选图形。使用 Word 2003 提供的绘图工具，可以在文档中绘制这些自选图形。

使用【绘图】工具栏上的【自选图形】按钮，可以绘制出各种图形及标志。在【绘图】工具栏上单击【自选图形】按钮，将弹出一个菜单，在其中选择一种图形类型，即可弹出子菜单，如图 5-20 所示。根据需要选择菜单上相应的图形按钮，在文档中拖动鼠标就可以绘制出对应的图形。

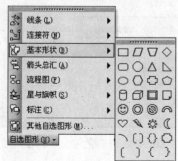

图 5-20　自选图形菜单

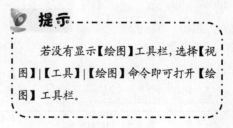

提示

若没有显示【绘图】工具栏，选择【视图】|【工具】|【绘图】命令即可打开【绘图】工具栏。

绘制完自选图形后，需要对其进行编辑。右击自选图形，从弹出的快捷菜单中选择【设置自选图形格式】命令，打开【设置自选图形格式】对话框，可以在该对话框中对自选图形的大小、颜色与线条以及版式等进行设置。

【例5-4】新建文档"宣传"，插入自选图形，并对其进行编辑操作。

(1) 启动 Word 2003，新建一个名为"宣传"的文档。

(2) 在【绘图】工具栏上单击【自选图形】按钮，从弹出的菜单中选择【基本形状】|【折角形】命令，如图 5-21 所示。

(3) 按 Esc 键关闭打开的画布框。将鼠标指针移到文档绘制区内，按住鼠标左键不放，拖动鼠标绘制折角形图形，如图 5-22 所示。

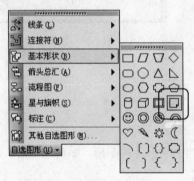

图 5-21　选择折角形

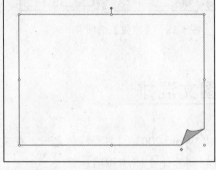

图 5-22　绘制折角形图形

(4) 在【绘图】工具栏上单击【矩形】按钮，将鼠标指针移到折角形内，按住 Shift 键和鼠标左键不放，在文档中拖动鼠标绘制矩形，如图 5-23 所示。

(5) 右击折角形，从弹出的菜单中选择【设置自选图形格式】命令，打开【设置自选图形格式】对话框。

(6) 打开【颜色与线条】选项卡，在【填充】选项区域的【颜色】下拉列表框中选择【天蓝色】选项，在【线条】选项区域的【颜色】下拉列表框中选择【黑色】选项，如图 5-24 所示。

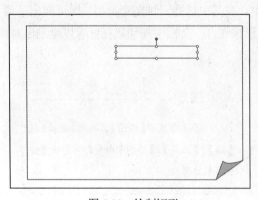

图 5-23　绘制矩形

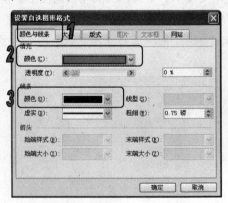

图 5-24　【颜色与线条】选项卡

(7) 打开【大小】选项卡，在【高度】和【宽度】微调框中分别输入"10 厘米"和"15 厘米"

(如图 5-25 所示)，然后单击【确定】按钮。

(8) 使用同样的方法，将矩形的填充颜色设置为玫瑰色，线条颜色设置为黑色，线条粗细设置为 1 磅，效果如图 5-26 所示。

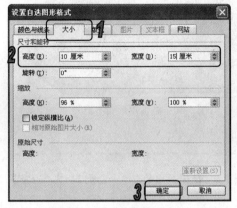

图 5-25　【大小】选项卡

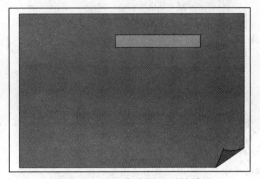

图 5-26　设置自选图形后的效果

(9) 右击矩形图形，从弹出的快捷菜单中选择【添加文字】命令，在矩形中出现的插入点处输入文字"Windows XP 基础知识"，并将该文字设置为五号、加粗、居中、阴影，如图 5-27 所示。

(10) 右击矩形，从弹出的快捷菜单中选择【设置自选图形格式】命令，打开【设置自选图形格式】对话框。

(11) 打开【文本框】选项卡，将左、上、右和下的内部边距都设置为"0 厘米"，如图 5-28 所示。

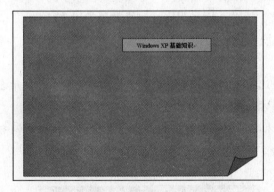

图 5-27　输入文字

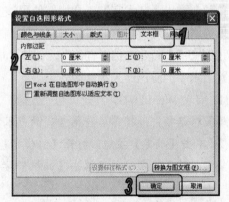

图 5-28　【文本框】选项卡

(12) 单击【确定】按钮，完成矩形的设置。

(13) 选中矩形，使用复制和粘贴命令，将其复制到适当的位置，效果如图 5-29 所示。

(14) 在复制的对象中重新输入文本，并且调整矩形的位置和大小，效果如图 5-30 所示。

计算机 基础与实训教材系列

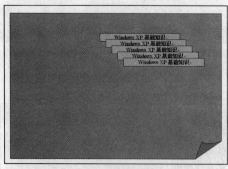

图 5-29 复制矩形

图 5-30 编辑矩形文本框

知识点

　　选择多个自选图形后，在【绘图】工具栏上单击【绘图】按钮，从弹出的菜单中选择【对齐或分布】命令的子命令，可以设置自选图形的对齐或分布方式。

⑤.2.2　插入艺术字

　　Word 2003 提供了艺术字功能，可以把文档的标题以及需要特别突出的地方用艺术字显示出来，从而使文章更生动、醒目。

　　在 Word 2003 中，单击【绘图】工具栏上的【插入艺术字】按钮，或者选择【插入】|【图片】|【艺术字】命令，打开【艺术字库】对话框即可在文档中插入艺术字。选中艺术字，系统自动会弹出【艺术字】工具栏。使用该工具栏上的相应工具，可以设置艺术字的样式、填充效果等属性，还可以对艺术字进行大小调整、旋转、添加阴影或三维效果等操作。

　　【例 5-5】新建文档"宣传"，创建"电脑办公核心知识"和"重点学习"艺术字，并重新设置艺术字的颜色、大小和版式。

　　(1) 启动 Word 2003，打开文档"宣传"。选择【插入】|【图片】|【艺术字】命令，打开【艺术字库】对话框，选择第 4 行第 2 列的艺术字样式，如图 5-31 所示。

　　(2) 单击【确定】按钮，打开【编辑"艺术字"文字】对话框，在【字体】下拉列表框中选择【华文新魏】选项，并且单击【加粗】按钮，并输入文字，如图 5-32 所示。

图 5-31　【艺术字库】对话框

图 5-32　【编辑"艺术字"文字】对话框

(3) 单击【确定】按钮，关闭对话框，就可以将艺术字插入到文档中，如图 5-33 所示。

(4) 使用同样的方法，创建艺术字"电脑办公核心知识"，效果如图 5-34 所示。

图 5-33 艺术字效果

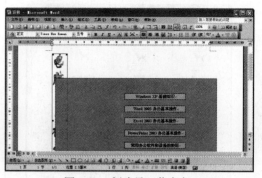
图 5-34 创建另一艺术字

(5) 选中艺术字"电脑办公核心知识"，在【艺术字】工具栏中单击【设置艺术字格式】按钮，打开【设置艺术字格式】对话框。

(6) 打开【颜色与线条】选项卡，在【填充】选项区域的【颜色】下拉列表框中选择【填充效果】选项，如图 5-35 所示。

(7) 系统自动打开【填充效果】对话框，打开【渐变】选项卡，在【颜色】选项区域中选中【双色】单选按钮，并设置颜色 1 为玫瑰色，颜色 2 为白色；在【底纹样式】选项区域中选中【斜上】单选按钮，如图 5-36 所示。

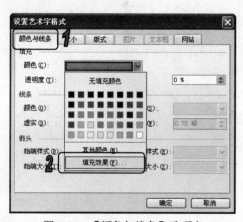
图 5-35 【颜色与线条】选项卡

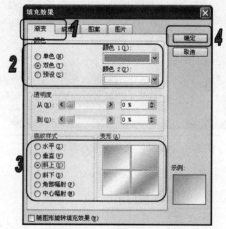
图 5-36 【渐变】选项卡

提示

如图 5-36 所示的【填充效果】对话框的【变形】选项区域中，列出 4 种不同的【斜上】底纹样式的形状，用户可以根据自己的需要选择不同的形状。默认情况下，系统自动选择第一种形状。

(8) 单击【确定】按钮，返回到【设置艺术字格式】对话框，打开【版式】选项卡，选择【浮于文字上方】选项，如图 5-37 所示。

(9) 单击【确定】按钮，完成设置艺术字的编辑，调整艺术字位置后的效果如图 5-38 所示。

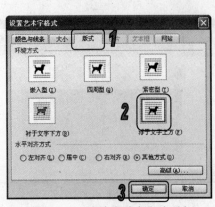

图 5-37　【颜色与线条】选项卡

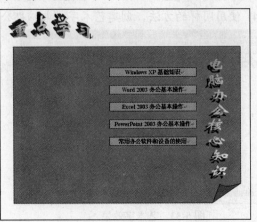

图 5-38　【渐变】选项卡

(10) 使用同样的方法，设置艺术字"重点学习"的版式和大小，并将其调整到适当的位置，效果如图 5-39 所示。

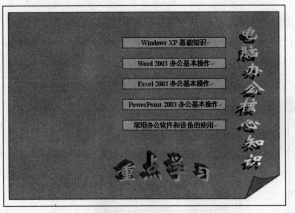

图 5-39　编辑艺术字【重点学习】

> **提示**
>
> 艺术字是图形对象，不能作为文本，在【大纲】视图中无法查看其文字效果，也不能像普通文本一样对其进行拼写检查。

⑤.2.3　插入图片

在文档中插入图片，可以使文档更加美观、生动。在 Word 2003 中，不仅可以插入系统提供的图片，还可以从其他程序或位置导入图片，也可以从扫描仪或数码相机中直接获取图片。

1. 插入剪贴画

Word 2003 附带的剪贴画库内容非常丰富，设计精美、构思巧妙，能够表达多种不同的主题，适合于制作各种文档。要插入剪贴画，可以选择【插入】|【图片】|【剪贴画】命令，打开【剪贴画】任务窗格，如图 5-40 所示。在任务窗格的【搜索文字】文本框中输入剪贴画的相关主题或文件名称后，单击【搜索】按钮，即可查找电脑与网络上的剪贴画文件。

图 5-40 【剪贴画】任务窗格

【例5-6】在文档"宣传"中，插入主题为"电脑"的剪贴画。

(1) 启动 Word 2003，打开文档"宣传"，然后将插入点定位在文档开始处，选择【插入】|【图片】|【剪贴画】命令，打开【剪贴画】任务窗格。

(2) 在【搜索文字】文本框中输入"电脑"，然后单击【搜索】按钮，在列表框中将显示主题中包含该关键字的所有剪刀贴画，如图 5-41 所示。

(3) 单击需要插入的剪贴画，将其插入文档。选中该剪贴画，在【图片】工具栏上单击【环绕方式】按钮，从弹出的菜单中选择【浮于文字上方】命令，调整图片位置后的效果如图 5-42 所示。

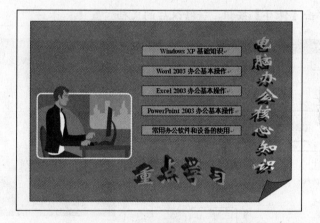

图 5-41 搜索剪贴画"电脑"　　　　图 5-42 插入剪贴画【电脑】

2. 插入来自文件的图片

选择【插入】|【图片】|【来自文件】命令，打开【插入图片】对话框，在其中选择图片文件，单击【插入】按钮即可将该图片插入到文档中。

【例5-7】在文档"宣传"中，插入电脑中的"办公"图片。

(1) 启动 Word 2003，打开文档"宣传"，然后将插入点定位文档中，选择【插入】|【图片】|【来自文件】命令，打开【插入图片】对话框。

(2) 在【查找范围】下拉列表框中选择目标路径，查找到图片后，然后选中要插入的图片，如图 5-43 所示。

(3) 单击【插入】按钮，就可以将图片插入到文档中，效果如图 5-44 所示。

图 5-43　【插入图片】对话框　　　　　　　　图 5-44　插入图片

(4) 选中插入的图片，在【图片】工具栏上单击【环绕方式】按钮，从弹出的菜单中选择【浮于文字上方】命令。

(5) 单击【图片】工具中的【设置图片格式】按钮，打开【设置图片格式】对话框，切换至【颜色和线条】选项卡，在【线条】选项区域中，设置图片线条颜色为玫瑰红，线条粗细为 3 磅，如图 5-45 所示。

(6) 单击【确定】按钮，完成图片编辑操作，调整图片位置，效果如图 5-46 所示。

(7) 单击【保存】按钮，将修改后的文档"宣传"保存。

图 5-45　编辑图片格式　　　　　　　　　图 5-46　编辑图片后的最终结果

⑤.3　设置文档页面

在很多情况下，字符和段落文本只会影响到某个页面的局部外观，影响文档外观的另一个重要因素是它的页面设置。页面设置包括页边距、纸张大小、页眉版式和页眉背景等。一般情况下，完成文档编辑后，打印之前，需要对该文档进行页面设置，以使整个文档的布局更加合理、美观。

⑤.3.1　设置页面大小

在编辑文档过中时，可以直接用标尺就可以快速设置页边距、版面大小等，但它并不是日常页面设置的最佳方法，因为这种方法精度不高。而使用【页面设置】对话框可以精确设置版面、装订线位置、页眉、页脚等内容。下面将以实例来介绍设置文档页面大小的方法。

【例 5-8】新建一个文档"Word 2003 新版式"，并对其页边距、纸张、版式等进行设置。

(1) 启动 Word 2003，自动生成一个"文档 1"的空白文档，将其以"Word 2003 新版式"为文件名保存在计算机中，如图 5-47 所示。

(2) 选择【文件】|【页面设置】命令，打开【页面设置】对话框，切换至【页边距】选项卡，在【上】微调框中输入"3 厘米"，在【下】、【左】和【右】微调框中输入"2.5 厘米"；在【方向】选项区域中选择【纵向】选项；在【多页】下拉列表框中选择【普通】选项，如图 5-48 所示。

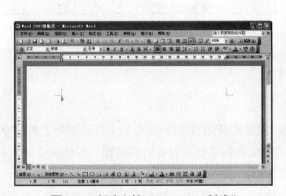

图 5-47　新建文档"Word 2003 版式"

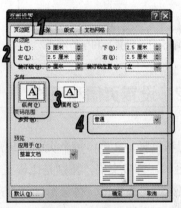

图 5-48　设置页边距

(3) 打开【纸张】选项卡，在【纸张大小】下拉列表框中选择 16K 选项，在【宽度】和【高度】微调框中分别输入"20 厘米"和"27 厘米"，如图 5-49 所示。

(4) 打开【版式】选项卡，在【页眉】和【页脚】微调框中分别输入"1.8 厘米"和"1.3 厘米"，如图 5-50 所示。

图 5-49　设置纸张大小

图 5-50　设置版式

(5) 打开【文档网格】选项卡，在【网格】选项区域中选择【指定行和字符网格】单选按钮；在【字符】选项区域中指定每行的字数为 40，跨度为 10.2 磅；在【行】选项区域中指定每页的行数为 40，跨度为 15.15 磅，如图 5-51 所示。

(6) 单击【确定】按钮，完成设置，效果如图 5-52 所示。

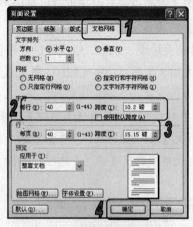

图 5-51　设置行和字符网格

图 5-52　设置页面大小

⑤.3.2　设置页眉和页脚

页眉和页脚是文档中每个页面的顶部、底部和两侧页边距(即页面上打印区域之外的空白空间)中的区域。许多文稿，特别是比较正式的文稿都需要设置页眉和页脚。得体的页眉和页脚，会使文稿显得更为规范，也会给读者带来方便。

页眉和页脚通常用于显示文档的附加信息，例如页码、时间和日期、作者名称、单位名称、徽标或章节名称等。Word 2003 提供了强大的文档页眉页脚设置功能，使用该功能可以给文档的每一页建立相同的页眉和页脚，也可以交替更换页眉和页脚，即在奇数页和偶数页上建立不同的页眉和页脚。

要在文档中添加页眉和页脚，只需要选择【视图】|【页眉和页脚】命令，激活页眉和页脚，就可以在其中输入文本、插入图形对象、设置边框和底纹等操作，同时打开【页眉和页脚】工具栏，如图 5-53 所示。

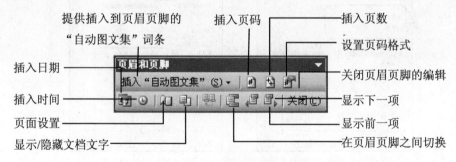

图 5-53　【页眉和页脚】工具栏

【例 5-9】为文档"Word 2003 新版式"的奇偶页创建不同的页眉和页脚。

(1) 启动 Word 2003, 打开文档"Word 2003 新版式", 选择【文件】|【页面设置】命令, 打开【页面设置】对话框的【版式】选项卡, 选中【奇偶页不同】复选框, 如图 5-54 所示, 然后单击【确定】按钮。

(2) 选择【视图】|【页眉和页脚】命令, 进入页眉和页脚编辑状态。

(3) 在偶数页页眉区选中段落标记符, 在【表格和边框】工具栏上单击【外侧框线】右侧的箭头按钮 ，从弹出的快捷菜单中, 选择【无框线】命令, 隐藏偶数页页眉的边框线, 如图 5-55 所示。

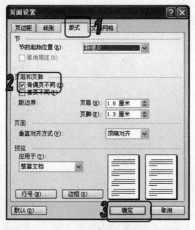
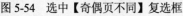

图 5-54　选中【奇偶页不同】复选框

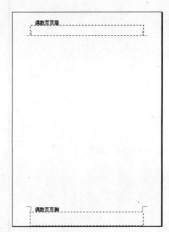

图 5-55　隐藏偶数页页眉的边框线

(4) 选择【插入】|【图片】|【来自文件】命令, 打开【插入图片】对话框, 插入图片。

(5) 右击所插入的图片, 从弹出的快捷菜单中选择【设置图片格式】命令, 打开【设置图片格式】对话框, 打开【版式】选项卡, 在【环绕方式】选项区域中选择【衬于文字下方】选项, 设置图片的环绕方式, 并调整图片至适当的位置, 如图 5-56 所示。

(6) 使用同样的方法, 插入其他图片, 结果如图 5-57 所示。

图 5-56　插入图片

图 5-57　插入其他图片

计算机 基础与实训教材系列

(7) 将插入点定位在偶数页页眉区，输入文本"计算机基础教程"，并设置字体为【楷体】，字号为【五号】。

(8) 选择【格式】|【段落】命令，打开【段落】对话框的【缩进和间距】选项卡，设置行距为最小值 16.6 磅。

(9) 使用相同的方法，为奇数页设置页眉页脚，其最终效果如图 5-58 所示。

图 5-58　为奇偶页创建不同的页眉页脚

 知识点

进入页眉和页脚编辑状态，将插入点定位在页眉(页脚)中，选定要删除的文字或图形，然后按空格键或 Delete 键，可以将其删除，同时整篇文档中相同的页眉和页脚都被删除。

⑤.3.3　插入和设置页码

启动 Word 2003，打开需要添加页码的文档，选择【插入】|【页码】命令，打开【页码】对话框，如图 5-59 所示。在该对话框的【位置】下拉列表框中，可以设置页码位置，如【页面顶端(页眉)】、【页面底端(页脚)】、【页面纵向中心】、【纵向内侧】、【纵向外侧】等；在【对齐方式】下拉列表框中，可以设置页码对齐方式，如【左侧】、【居中】、【右侧】、【内侧】和【外侧】等。设置好相关选项后，单击【确定】按钮，即可将页码插入到页面相应位置上。

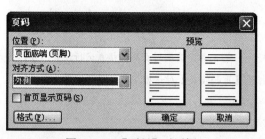

图 5-59　【页码】对话框

知识点

在【页眉和页脚】工具栏中，单击【插入页码】按钮，可以在页眉和页脚的插入点处插入页码。

提示

如果需要从第一页开始就显示页码，可选中【首页显示页码】复选框。一般情况下，首页不需要页码，因为首页往往是文档的概述；如果取消选择【首页显示页码】复选框，将从第 2 页开始显示页码，但首页仍计页码。

【例 5-10】在文档"Word 2003 新版式"中插入页码。

(1) 启动 Word 2003，打开文档"Word 2003 新版式"，选择【插入】|【页码】命令，打开【页码】对话框。

(2) 在【位置】下拉列表框中选择【页面底端(页脚)】选项，【对齐方式】下拉列表框中选择【外侧】选项。

(3) 单击【确定】按钮，即可插入页码，如图 5-60 所示。

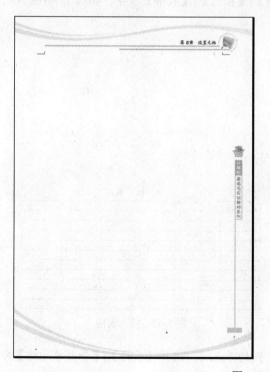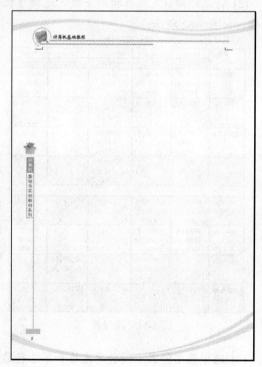

图 5-60　插入页码

提示

在文档中，如果需要使用不同于默认格式的页码，例如 i 或 a 等，需要对页码的格式进行设置，方法很简单，在【页码】对话框中，单击【格式】按钮，打开【页码格式】对话框。在该对话框中，用户可以根据自己的需要进行页码格式化设置。

5.4 上机练习

本章主要介绍了 Word 2003 中的一些办公高级操作，如使用表格、图文混排以及设置页面布局等，下面通过两个例子来练习本章中介绍的内容。

5.4.1 制作课程表

在 Word 2003 中，新建一个文档，使用表格样式制作如图 5-61 所示的“课程表”。

(1) 启动 Word 2003，新建一个文档“课程表”。在插入点处输入表格的标题“课程表”，设置其字体为隶书，字号为小二号，并将其设置为居中对齐。

(2) 将鼠标指针定位在标题下方，选择【表格】|【插入】|【表格】命令，插入 11×6 的规则表格，如图 5-62 所示。

课 程 表

星期 / 时间	Monday 星期一	Tuesday 星期二	Wednesday 星期三	Thursday 星期四	Friday 星期五
8:00~8:50	大学英文 (1~16 周 101 教室)	马哲 (3~14 周 301 教室)			邓小平理论 (3~14 周 301 教室)
9:00~9:50	大学英文 (1~16 周 101 教室)	马哲 (3~14 周 301 教室)			邓小平理论 (3~14 周 301 教室)
10:00~10:50	体育 (3~14 周)		高等数学 (1~16 周 303 教室)		
11:00~11:50	体育 (3~14 周)		高等数学 (1~16 周 303 教室)		
午 休					
2:00~2:50	高等数学 (1~16 周 303 教室)	计算机原理 (1~16 周 601 教室)			大学英文 (1~16 周 101 教室)
3:00~3:50	高等数学 (1~16 周 303 教室)	计算机原理 (1~16 周 601 教室)			大学英文 (1~16 周 101 教室)
4:00~4:50		计算机原理 (1~16 周 601 教室)		数据结构 (1~16 周 303 教室)	
5:00~5:50				数据结构 (1~16 周 303 教室)	

图 5-61 课程表

课 程 表

图 5-62 插入表格

(3) 选中第 1 行第 1 列的单元格和第 2 行第 1 列的单元格，选择【表格】|【合并单元格】命令，将它们合并为一个单元格。使用同样的方法，合并其他单元格，效果如图 5-63 所示。

(4) 选择【表格】|【绘制斜线表头】命令，打开【插入斜线表头】对话框，在【表头样式】

下拉列表框中选择【样式一】选项，在【行标题】文本框中输入“星期”，在【列标题】文本框中输入“时间”，在【字体大小】下拉列表框中选择【小五】选项，如图 5-64 所示。

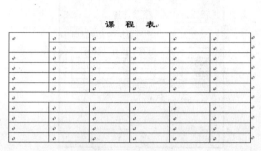

图 5-63　合并单元格

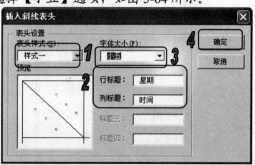

图 5-64　绘制表头

(5) 单击【确定】按钮，完成设置，效果如图 5-65 所示。

(6) 参照如图 5-61 所示，输入表格文本，然后选取全部内容并右击，从弹出的快捷菜单中选择【单元格对齐方式】|【中部居中】命令，设置文本中部居中对齐。

(7) 选取整个表格，分别选择【表格】|【自动调整】|【根据内容调整表格】命令和【根据窗口调整表格】命令，调整表格的列宽，效果如图 5-66 所示。

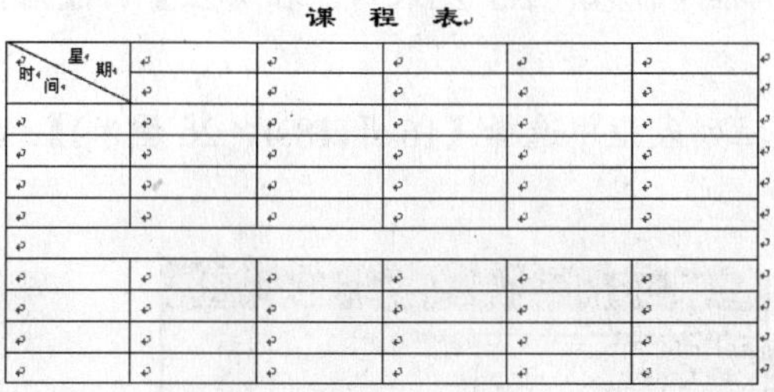

图 5-65　拆分单元格

课　程　表

星期 / 时间	Monday	Tuesday	Wednesday	Thursday	Friday
	星期一	星期二	星期三	星期四	星期五
8:00~8:50	大学英文 (1~16 周 101 教室)	马哲 (3~14 周 301 教室)			邓小平理论 (3~14 周 301 教室)
9:00~9:50	大学英文 (1~16 周 101 教室)	马哲 (3~14 周 301 教室)			邓小平理论 (3~14 周 301 教室)
10:00~10:50	体育 (3~14 周)		高等数学 (1~16 周 303 教室)		
11:00~11:50	体育 (3~14 周)		高等数学 (1~16 周 303 教室)		
午　休					
2:00~2:50	高等数学 (1~16 周 303 教室)	计算机原理 (1~16 周 601 教室)			大学英文 (1~16 周 101 教室)
3:00~3:50	高等数学 (1~16 周 303 教室)	计算机原理 (1~16 周 601 教室)			大学英文 (1~16 周 101 教室)
4:00~4:50		计算机原理 (1~16 周 601 教室)		数据结构 (1~16 周 303 教室)	
5:00~5:50				数据结构 (1~16 周 303 教室)	

图 5-66　调整表格列宽

(8) 将鼠标指针定位在表格内，选择【表格】|【表格自动套用格式】命令，打开【表格自动套用格式】对话框，从【表格样式】列表框中选择选择【精巧 1】选项，如图 5-67 所示。

(9) 单击【修改】按钮，打开【修改样式】对话框，在【字号】下拉列表框中选择【五号】选项，在【样式】下拉列表框中选择双线型，在【边框】下拉列表框中选择边框线，如图 5-68 所示。

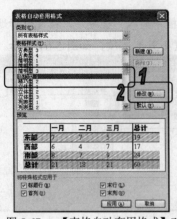

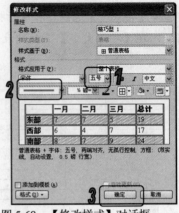

图 5-67　【表格自动套用格式】对话框　　　图 5-68　【修改样式】对话框

(10) 单击【确定】按钮，返回至【表格自动套用格式】对话框。

(11) 单击【应用】按钮，表格的最终效果如图 5-61 所示。

(12) 单击【保存】按钮，将文档【课程表】保存。

⑤.4.2　制作公司印笺

在 Word 2003 中，新建一个文档，制作公司印笺。

(1) 启动 Word 2003，自动生成一个"文档 1"的空白文档，将其以"公司印笺"为文件名保存。

(2) 选择【文件】|【页面设置】命令，打开【页面设置】对话框，打开【页边距】选项卡，在【上】微调框中输入"3 厘米"，在【下】微调框中输入"2.5 厘米"，在【左】、【右】微调框中均输入"1.5 厘米"，如图 5-69 所示。

(3) 打开【纸张】选项卡，在【纸张大小】下拉列表框中选择【16 开(18.4×26 厘米)】选项，如图 5-70 所示。

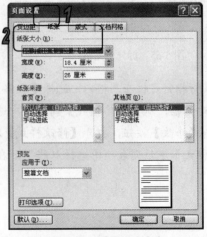

图 5-69　设置页边距　　　　　　　　图 5-70　设置纸张大小

(4) 打开【版式】选项卡，在【页眉】和【页脚】微调框中分别输入 2.5 厘米和 1.5 厘米，如图 5-71 所示。

(5) 单击【确定】按钮，完成页面设置，如图 5-72 所示。

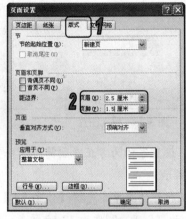

图 5-71　设置版式　　　　　　　　　　　　　图 5-72　设置页面大小

(6) 选择【视图】|【页眉和页脚】命令，进入页眉和页脚编辑状态，如图 5-73 所示。

(7) 在页眉区选中段落标记符，在【表格和边框】工具栏上单击【外侧框线】右侧的箭头按钮 ，从弹出的快捷菜单中选择【无框线】命令，隐藏页眉区的框线，效果如图 5-74 所示。

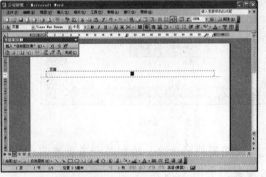

图 5-73　页眉和页脚编辑状态　　　　　　　　图 5-74　隐藏页眉框线

(8) 将插入点移动到页眉最左端，选择【插入】|【图片】|【来自文件】命令，打开【插入图片】对话框，选择【标签】图片，如图 5-75 所示。

(9) 单击【插入】按钮，将公司标签插入到页眉中，并将图片缩小为原来的 50%，单击【两端对齐】按钮，效果如图 5-76 所示。

 提示

精确缩小图片的方法很简单，右击该图片，从弹出的快捷菜单中选择【设置图片格式】命令，打开【设置图片格式】对话框，切换至【大小】选项卡，在【缩放】选项区域中，【高度】和【宽度】文本框中输入 50%即可。

图 5-75　【插入图片】对话框　　　　　　　　图 5-76　插入图片

(10) 在插入点输入文本"南京圣诞物品有限公司",设置字体为方正准圆简体,字号为小二,字体颜色为粉红色,对齐方式为分散对齐,如图 5-77 所示。

(11) 在【绘图】工具栏单击【自选图形】按钮,从打开的菜单中选择【线条】|【直线】命令,绘制一条水平直线,设置直线的颜色为蓝色,粗细为 2.5 磅,宽度为 12.15 厘米,如图 5-78 所示。

图 5-77　设置文本　　　　　　　　　　图 5-78　绘制水平直线

(12) 使用同样的方法,绘制另一条垂直直线,设置直线的颜色为蓝色,粗细为 2.5 磅,高度为 7.06 厘米,如图 5-79 所示。

(13) 将插入点定位在页脚处,在【绘图】工具栏中,单击【自选图形】按钮,从打开的菜单中选择【星与旗帜】|【上凸带形】命令,如图 5-80 所示。

 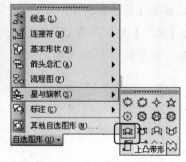

图 5-79　绘制垂直直线　　　　　　　　图 5-80　使用绘图工具

（14）在页脚处绘制一个上凸带形自选图形，并调整图形大小和位置，效果如图 5-81 所示。

（15）在自选图形中输入 "http:www.sdgoods.com"，并设置字体为华文新魏，字号为小三，居中对齐，如图 5-82 所示。

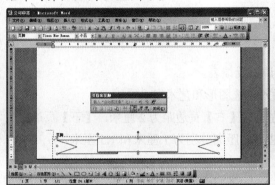
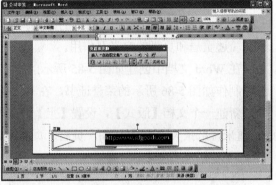

图 5-81　插入自选图形　　　　　　　　　图 5-82　设置自选图形中的文本

（16）在【页眉和页脚】工具栏中单击【关闭】按钮，退出页眉和页脚的编辑状态。

（17）选择【格式】|【背景】|【水印】命令，打开【水印】对话框，选中【图片水印】单选按钮，并单击【选择图片】按钮，将公司标签作为水印效果，如图 5-83 所示。

（18）单击【确定】按钮，完成的效果如图 5-84 所示。

（19）单击【保存】按钮，将文档【公司印笺】保存。

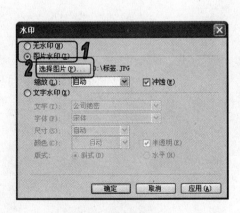

图 5-83　设置图片水印

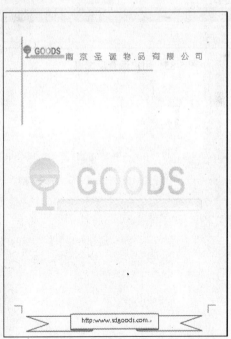

图 5-84　公司印笺

⑤.5 习题

1. 简述选定表格编辑对象的鼠标操作方式。

2. 简述在 Word 文档中插入图片的方法。

3. 简述页眉和页脚的定义及作用。

4. 在 Word 文档中创建如图 5-85 所示的用户调查反馈表。

5. 制作如图 5-86 所示的荣誉证书，在其中插入自选图形和艺术字。

6. 新建一个文档【版式】，设置【上】、【左】、【右】页边距为 2 厘米，【下】页边距为 1.5 厘米，纸张大小为 B5(JIS)，页眉、页脚距边界的距离分别为 1 厘米和 1.5 厘米。

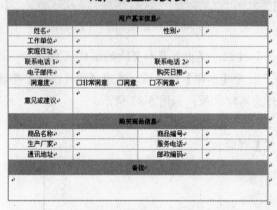

图 5-85　用户调查反馈表

图 5-86　制作版式

第6章

Word 2003 办公文档的编排处理

学习目标

对于书籍、手册等长文档，Word 2003 提供了许多便捷的操作方式及管理工具。例如，使用大纲视图组织文档，帮助用户清理文档思路；在文档中插入目录，便于用户参考和阅读；还可以在需要的位置插入批注表达意见等。

本章重点

- ◉ 长文档的编辑策略
- ◉ 使用书签
- ◉ 插入目录
- ◉ 插入批注

6.1 长文档编辑策略

Word 2003 本身提供一些处理长文档的编辑工具，例如，使用大纲视图方式查看和组织文档。

6.1.1 使用大纲查看文档

Word 2003 中的【大纲视图】就是专门用于制作提纲的视图模式，它以缩进文档标题的形式代表在文档结构中的级别。

选择【视图】|【大纲】命令或单击水平滚动条前的【大纲视图】按钮，即可切换到大纲视图模式，并自动打开【大纲】工具栏，如图 6-1 所示。通过该工具栏中的按钮，可以完成对大纲的创建与修改操作。

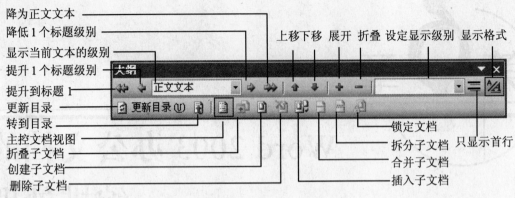

图 6-1 【大纲】工具栏

【例 6-1】将文档"圣诞有限公司员工手册"切换到大纲视图以查看结构。

(1) 启动 Word 2003,打开文档"圣诞有限公司员工手册"。选择【视图】|【大纲】命令,切换到大纲视图模式。

(2) 在【大纲】工具栏中的【显示级别】下拉列表框中选择【显示级别 2】选项,此时,视图上只显示到标题 2,标题 2 以后的标题都被折叠,如图 6-2 所示。

(3) 将鼠标指针移至标题 2 前的符号 ✛ 处,双击该符号即可展开其后的下属文本,如图 6-3 所示。

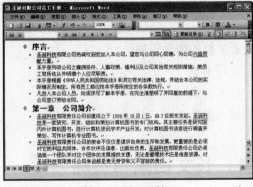

图 6-2 显示标题 2 　　　　　　　　　图 6-3 展开文档

(4) 将鼠标指针移动到文本"第一章　公司简介"前的符号 ✛ 处并双击,即可折叠该标题下的文本,如图 6-4 所示。

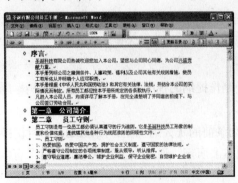

图 6-4 折叠文本

提示

在【大纲】工具栏上单击【展开】按钮 ✛,将展开下一级下属文本。

⑥.1.2　使用大纲组织文档

在创建的大纲视图中，可以对文档内容进行修改与调整。

1. 选择大纲内容

在大纲视图模式下的选择操作是进行其他操作的前提和基础，在此将介绍大纲的选择操作，下面讲述如何对标题和正文体进行选择。

- 选择标题：如果仅仅选择一个标题，并不包括它的子标题和正文，可以将鼠标光标移至此标题的左端选择条，当鼠标光标变成一个斜向上的箭头形状时，单击，即可选中该标题。
- 选择一个正文段落：如果仅选择一个正文段落，可以将鼠标光标移至此段落的左端选择条，当鼠标光标变成一个斜向上箭头的形状时，单击，或者单击此段落前的符号 ▫ ，即可选择该正文段落。
- 同时选择标题和正文：如果要选择一个标题及其所有的子标题和正文，则双击此标题前的符号 ✛ ；如果要选择多个连续的标题和段落，按住鼠标左键拖过选择条即可。

2. 更改文本在文档中的级别

文本的大纲级别并不是一成不变的，可以按需要对其实行升级或降级操作。

- 按一次 Tab 键，标题会降低一个级别；按一次 Shift+Tab 组合键，标题会提升一个级别。
- 在【大纲】工具栏中单击【提升】按钮 ⇐ 或【降低】按钮 ⇒ ，可以实现该标题层次级别的升或降；如果想要将标题降级为正文，单击【降为"正文文本"】按钮 ⇒ 即可。
- 按下 Alt+Shift+← 组合键，可将该标题的层次级别提高一级；按下 Alt+Shift+→ 组合键，可将该标题的层次级别降低一级。按下 Alt+Ctrl+1 或 2 或 3 键，可使该标题的级别达到 1 级或 2 级或 3 级。
- 用鼠标左键拖动符号 ✛ 或 ▫ 向左移或向右移来提高或降低标题的级别。按下鼠标左键拖动，在拖动的过程中，每当经过一个标题级别时，都有一条竖线和横线出现，如图 6-5 所示。如果要把该标题置于这样的标题级别，可在此时释放鼠标左键。

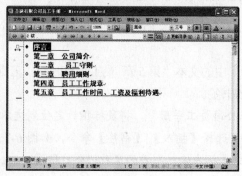

图 6-5　用鼠标拖动

知识点

当对一个标题进行升级或降级操作时，只有光标所在的标题或者选中的标题才会发生移动，而下属的标题不受影响，只有当选择了标题及其下属标题时，其下属的标题级别才会受影响；而正文则会随着它的标题级别的升降而发生移动。

3. 移动大纲标题

在 Word 2003 中既可以移动特定的标题到另一位置，也可以实现连同该标题下的所有内容一起移动。可以一次只移动一个标题，也可以一次移动多个连续的标题。

要移动一个或多个标题，首先选择要移动的标题内容，然后在标题上按下并拖动鼠标右键，可以看到在拖动过程中，有一虚竖线随之移动。移到目标位置后释放鼠标，弹出如图 6-6 所示的快捷菜单，选择【移动到此位置】命令，即可完成标题的移动。

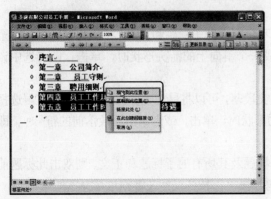

图 6-6　一次移动多个标题

知识点

如果要将标题及该标题下的内容一起移动，必须先将该标题折叠，然后再使用上述方法进行移动。如果在展开的状态下直接移动，将只移动标题而不会移动内容。

计算机基础与实训教材系列

6.2　使用书签

书签是指对文本加以标识和命名，用于帮助用户记录位置，从而使用户能快速地找到目标位置。在 Word 2003 中，可以使用书签命名文档中指定的点或区域，以识别章、表格的开始处，或者定位需要工作的位置、离开的位置等。

6.2.1　添加书签

在 Word 2003 中，可以执行【插入】|【书签】命令，在文档的指定区域内插入若干个书签标记，以方便用户查阅文档中的相关内容。

【例 6-2】在文档"圣诞有限公司员工手册"中的文本"第 5 章 员工工作时间、工资及福利待遇"开始位置插入一个名为"公司待遇"的书签。

(1) 启动 Word 2003，打开文档"圣诞有限公司员工手册"，将鼠标指针定位到文本"第 5 章 员工工作时间、工资及福利待遇"开始位置，选择【插入】|【书签】命令，如图 6-7 所示。

(2) 在打开的【书签】对话框的【书签名】文本框中输入书签的名称"公司待遇"，如图 6-8 所示。

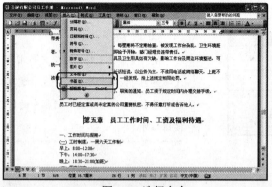

图 6-7　选择命令

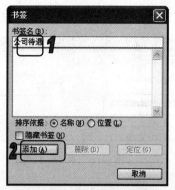

图 6-8　【书签】对话框

 知识点

　　书签的名称最长可达 40 个字符，可以包含数字，但数字不能出现在第一个字符中。此外，书签只是一种编辑标记，可以显示在屏幕上，但不能被打印出来。

　　(3) 输入完毕，单击【添加】按钮，将该书签添加到书签列表框中，如图 6-9 所示。

　　(4) 单击【保存】按钮，将修改过的文档保存。

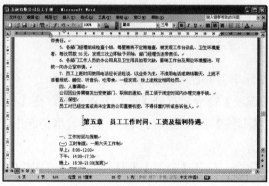

图 6-9　在文档中插入书签

提示

　　在插入书签时，可在插入点位置插入书签，也可选取一段文本后再添加书签。如果是为一个位置指定的书签，则该书签会以【I】标记显示；如果是为一段文本指定了书签，则该书签会以【[ ]】标记显示。

⑥.2.2　定位书签

　　添加了书签之后，用户可以使用书签定位功能来快速定位到书签位置。定位书签的方法有两种方法，利用【定位】对话框或【书签】对话框来定位书签。

　　【例 6-3】在文档"圣诞有限公司员工手册"中，使用【定位】对话框将插入点定位在书签"公司待遇"上。

　　(1) 启动 Word 2003，打开文档"圣诞有限公司员工手册"，选择【编辑】|【定位】命令，打开【查找与替换】对话框的【定位】选项卡。

　　(2) 在【定位目标】列表框中选择【书签】选项，在【请输入书签名称】下拉列表框中选择【公司待遇】选项，如图 6-10 所示。

计算机 基础与实训教材系列

(3) 单击【定位】按钮，此时，插入点将自动定位在书签所在的位置。

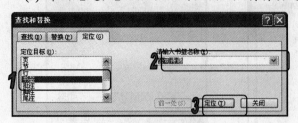

图 6-10 【定位】选项卡

> **知识点**
>
> 使用【书签】对话框来定位书签，在【书签】对话框的列表框中选择需要定位的书签名称，然后单击对话框中的【定位】按钮即可。

> **知识点**
>
> 在当前文档中移动包含有书签的内容，书签将随之移动；如果将含有书签的正文移到另一个文档中，并且另外文档中不包含与移动正文中书签名同名的书签，则书签会随正文一起移动到另一个文档中。此外，在同一文档中，复制含有书签的正文，那么书签仍将留在原处，被复制的正文中不包含书签；如果将一个文档含有书签的正文部分复制到另一个文档中，并且另一个文档中也不包含有该书签名同名的书签，则该书签会随文档一同被复制到另一个文档中。

6.2.3　编辑书签

书签的编辑操作主要包括隐藏书签、显示书签和删除书签等内容。

- 隐藏和显示书签。选择【工具】|【选项】命令，打开【选项】对话框，在【视图】选项卡的【显示】选项区域中，选中【书签】复选框就可以显示书签，取消选中【书签】复选框就可以隐藏书签。
- 删除书签。选择【插入】|【书签】命令，打开【书签】对话框，选择要删除的书签选项，然后单击【删除】按钮即可。

> **提示**
>
> 如果要将书签标记的内容一起删除，选择该标签和内容，然后按 Delete 键即可。

6.3　插入目录

在 Word 2003 中，可以对一个编辑和排版完成的稿件自动生成目录。目录的作用是列出文档中各级标题及每个标题所在的页码，编制完目录后，只需要单击目录中某个页码，就可以跳转到该页码所对应的标题。因此，目录可以帮助用户迅速查找文档中某部分的内容，同时有助于用户把握全文的结构。

6.3.1　创建目录

　　Word 有自动编制目录的功能。要创建目录，首先将插入点定位到要插入目录的位置，然后选择【插入】|【引用】|【索引和目录】命令，打开【索引和目录】对话框，在该对话框中进行相关设置即可。

　　【例6-4】在文档"圣诞有限公司员工手册"中，创建一个显示 2 级标题的目录。

　　(1) 启动 Word 2003，打开文档"圣诞有限公司员工手册"，将插入点定位在文本【序言】开始处，选择【插入】|【引用】|【索引和目录】命令，打开【索引和目录】对话框。

　　(2) 打开【目录】选项卡，在【显示级别】微调框中输入 2，如图 6-11 所示。

　　(3) 单击【确定】按钮，系统自动将目录插入到文档中，并将插入点定位文档开始处，在此输入"目录"，按下 Enter 键，效果如图 6-12 所示。

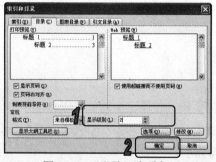

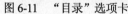

图 6-11　"目录"选项卡

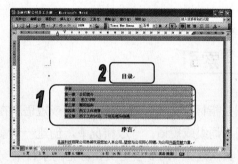

图 6-12　创建目录

 提示

　　制作完目录后，只需按住 Ctrl 键，再单击目录中的某个页码，就可以将插入点跳转到该页的标题处。

6.3.2　更新目录和删除目录

　　当创建了一个目录以后，如果要再次对源文档进行编辑，那么目录中的标题和页码都有可能发生变化，因此必须更新目录.

　　要更新目录，可以先选择整个目录，按下 Shift+F9 组合键，系统显示出 TOC 域，如图 6-13 所示。再次按下 F9 功能键，则打开如图 6-14 所示的【更新目录】对话框。

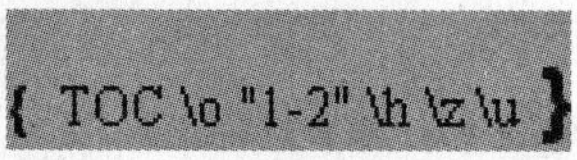

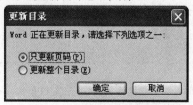

`{ TOC \o "1-2" \h \z \u }`

图 6-13　在文档中显示 TOC 域

图 6-14　【更新目录】对话框

如果只更新页码，而不需要更新已直接应用于目录的格式，可以选中【只更新页码】单选按钮；如果在创建目录以后，对文档作了具体修改，可以选中【更新整个目录】单选按钮，将更新整个目录。

通过上述操作，可以完成目录的自动更新操作。需要注意的是，这种目录的自动更新操作，必须将主文档和目录保存在同一文档中，并且目录与文档之间不能断开链接。

如果要删除目录，可以选中该目录，并按 Shift+F9 组合键，先将其切换到域代码方式，然后再选择整个域代码，按下 Delete 键即可。

 提示

> 如果要将整个目录文件复制到另一个文件中单独保存或者打印，必须要将其与原来的文本断开链接，否则在保存和打印时会出现页码错误。具体方法：选取整个目录后，按下 Ctrl+Shift+F9 键断开链接，取消文本下划线及颜色，即可正常进行保存和打印。

⑥4 索引

索引是指标记文档中的单词、词组或短语所在的页码。使用索引功能可以方便用户快速地查询单词、词组或短语。一般情况下，创建一个索引要分为以下两步：首先在文档中标记出索引条目；其次通知 Word 根据文档标记的条目来安排索引。

⑥.4.1 标记索引条目

在 Word 2003 中，可以使用【标记索引项】对话框对文档中的单词、词组或短语进行索引标记，方便以后查找这些内容。

【例6-5】在文档"圣诞有限公司员工手册"中，为文本"国家法定节假日"标记索引条目。

(1) 启动 Word 2003，打开文档"圣诞有限公司员工手册"，在文档中选择要标记索引条目的文本内容"国家法定节假日"。

(2) 选择【插入】|【引用】|【索引和目录】命令，打开【索引和目录】对话框，单击【索引】标签，打开【索引】选项卡，如图 6-15 所示。

(3) 在对话框中单击【标记索引项】按钮，打开【标记索引项】对话框，在【选项】选项区域中选中【当前页】单选按钮，将在索引项后跟索引项所在的页码，如图 6-16 所示。

 提示

> 在文本编辑状态下直接按 Alt+Shift+X 组合键，也可以打开【标记索引项】对话框。

图 6-15　【索引】选项卡

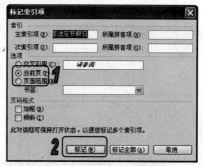

图 6-16　【标记索引项】对话框

(4) 单击【标记】按钮，就可以在 Word 文档中标记索引，效果如图 6-17 所示。

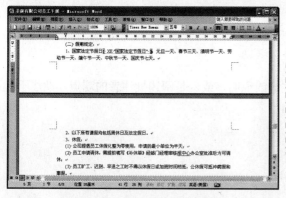

图 6-17　在文档中标记索引条目

提示

【标记索引项】对话框中提供了两级索引供用户进行标注。在【次级索引项】文本框后加一个冒号，就可以输入第三级索引文本，依次类推，Word 2003 最多支持 9 级标记索引。

⑥.4.2　创建索引

用户可以选择一种设计好的索引格式并生成最终的索引。一般情况下，Word 会自动收集索引项，并将它们按字母顺序排序，引用其页码，找到并且删除同一页上的重复索引，然后在文档中显示该索引。

【例 6-6】在文档"圣诞有限公司员工手册"中，为标记的索引条目创建索引文件，并在文档中显示该索引。

(1) 启动 Word 2003，打开文档"圣诞有限公司员工手册"，将插入点定位在文档的最后。

(2) 选择【插入】|【引用】|【索引和目录】命令，打开【索引和目录】对话框

(3) 打开【索引】选项卡，在【格式】下拉列表框中选择【正式】选项；在右侧的【类型】选区中选中【缩进式】单选按钮；在【栏数】文本框中输入数值 1；在【排序依据】下拉列表框中选择【笔划】选项，如图 6-18 所示。

(4) 设置完毕后，单击【确定】按钮。此时，在文档中将显示插入的所有索引信息，效果如图 6-19 所示，显示文本"国家法定节假日"在该文档的第 6 页上。

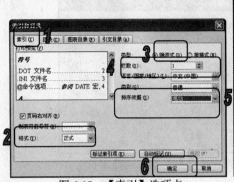

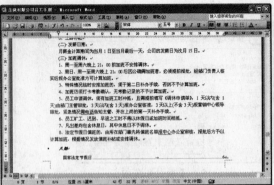

图 6-18 【索引】选项卡 　　　　　　　图 6-19 在文档中创建索引

6.5 插入批注

批注是指审阅者给文档内容加上的注解或说明，或者是阐述批注者的观点。批注不会影响文档的格式化，也不会随着文档一同打印。

6.5.1 添加批注

将插入点定位在要添加批注的位置或选中要添加批注的文本，选择【插入】|【批注】命令，在插入的批注框中添加批注内容即可。

【例 6-7】打开文档"圣诞有限公司员工手册"，在"序言"的文本"《中华人民共和国劳动法》"处插入批注。

(1) 启动 Word 2003，打开文档"圣诞有限公司员工手册"。

(2) 将插入点定位在"序言"的文本"《中华人民共和国劳动法》"处，选择【插入】|【批注】命令，系统自动插入一个红色的批注框，如图 6-20 所示。

(3) 在批注框中，输入该批注的正文，如在本例中输入文本"1994 年 7 月 5 日第八届全国人民代表大会常务委员会第八次会议通过。在中华人民共和国境内的企业、个体经济组织(以下统称用人单位)和与之形成劳动关系的劳动者，适用本法。"，如图 6-21 所示。

图 6-20 显示红色的批注框 　　　　　　　图 6-21 输入批注内容

⑥ 5.2　编辑批注

插入批注后，系统将自动打开【审阅】工具栏，如图 6-22 所示，通过它可以对批注进行编辑操作，下面介绍几种常用的编辑批注的操作方法。

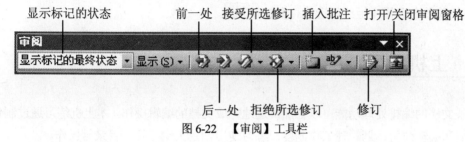

图 6-22　【审阅】工具栏

1. 显示或隐藏批注

在一个文档中可以添加多个批注，可以根据需要显示或隐藏文档中的所有批注，或只显示指定审阅者的批注。

要显示或隐藏批注，在【审阅】工具栏中单击【显示】按钮，从弹出的下拉菜单中选中或取消选中【批注】选项即可显示或隐藏批注。

提示

如果文档中有多个审阅读者，在显示批注时，可在【审阅者】命令的子命令中指定审阅者，仅指定审阅者显示的批注。

2. 设置批注格式

批注框中的文本格式，可以通过【格式】工具栏或相应的菜单命令进行设置，与普通文本的设置方法相同。

要设置批注框，可以在【审阅】工具栏中单击【显示】按钮，从弹出的下拉菜单中选择【选项】命令，如图 6-23 所示。打开【修订】对话框，在该对话框中对批注格式进行设置，如图 6-24 所示。

图 6-23　【显示】菜单命令

图 6-24　【修订】对话框

3. 删除批注

要删除文档中的批注，可以使用以下两种方法。

- 右击要删除的批注，从弹出的快捷菜单中选择【删除批注】命令。
- 将插入点定位在要删除的批注框中，在【审阅】工具栏中单击【显示】按钮，从弹出的下拉菜单中选择【拒绝所选修订】按钮 ⊗▾。

6.6 上机练习

使用长文档的编排处理功能可以更加快速地完成文档的编辑操作。本上机练习通过制作毕业论文大纲和编辑公司计划管理工作制度，练习使用创建大纲、插入目录等操作。

6.6.1 制作毕业论文大纲

计算机 基础与实训教材系列

在 Word 2003 的大纲视图中可以方便地制作大纲，最终效果如图 6-25 所示。

(1) 启动 Word 2003，新建一个空白文档，并命名为"毕业论文大纲"。

(2) 选择【视图】|【大纲】命令，切换到【大纲视图】模式。

(3) 在文档中输入大纲的 1 级标题"毕业论文"，在默认情况下，Word 会将所有的标题都格式化为内建格式标题。标题前面有一个减号，表示目前该标题下尚无任何正文或层次级别更低的标题，如图 6-26 所示。

图 6-25　最终效果

图 6-26　输入 1 级标题

(4) 按下 Enter 键，在文档的第 2 行输入大纲的 2 级标题"第一章　前言"，此时，Word 仍然默认为样式为【1 级】的标题段落，用户可以在【大纲】选项卡的【大纲工具】选项区域中，单击【降级】按钮 ➡，将第 2 行内容降为 2 级，如图 6-27 所示。

(5) 按下 Enter 键，在文档的第 3 行输入大纲的 2 级标题"第二章　需求分析"，此时 Word 仍然默认为样式为【2 级】的标题段落。

(6) 按下 Enter 键，在文档的第 4 行输入大纲的 3 级标题"2.1　需求分析"，此时 Word 默认为样式为【2 级】的标题段落，用户可以在【大纲】选项卡的【大纲工具】选项区域中，单击【降级】按钮 →，将第 3 行内容降为【3 级】，如图 6-28 所示。

图 6-27　输入 2 级标题　　　　　　　　　　图 6-28　输入 3 级标题

(7) 使用同样方法输入大纲的其他标题内容。设置完毕后，创建后的大纲文档如图 6-25 所示。

⑥.6.2　公司计划管理工作制度

在 Word 2003 中使用插入目录功能，编辑文档"公司计划管理工作制度"。

(1) 启动 Word 2003，打开文档"公司计划管理工作制度"，将鼠标指针定位在"公司计划管理工作制度"的下一行，如图 6-29 所示。

(2) 选择【插入】|【引用】|【索引和目录】命令，打开【索引和目录】对话框，单击"目录"标签，打开【目录】选项卡，在【显示级别】微调框中输入2，如图 6-30 所示。

 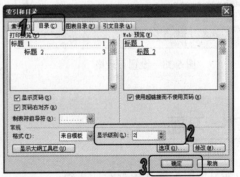

图 6-29　定位鼠标　　　　　　　　　　图 6-30　【目录】选项卡

(3) 单击【确定】按钮，系统自动将目录插入到文档中，如图 6-31 所示。

(4) 选中整个目录，按下 Ctrl+Shift+F9 组合键，断开链接，此时，文本将改变背景、颜色，并添加了下划线，如图 6-32 所示。

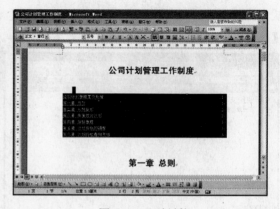

图 6-31　插入目录　　　　　　　　　　　　图 6-32　取消链接

(5) 在【格式】工具栏中，单击【下划线】按钮 $\underline{U}$ ▾，取消文本的下划线；单击【字体颜色】按钮 $\underline{A}$ ▾ 后面的三角按钮，从弹出的菜单中选择【自动】选项，将文本字体设置为黑色。

(6) 选中整个目录，对其进行字符和段落的格式化，效果如图 6-33 所示。

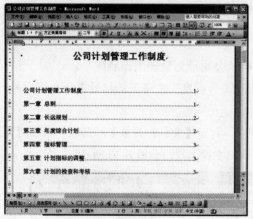

图 6-33　设置目录格

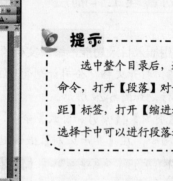

提示

选中整个目录后，选择【格式】|【段落】命令，打开【段落】对话框，单击【缩进和间距】标签，打开【缩进和间距】选项卡，在该选择卡中可以进行段落和间距的设置。

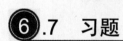.7　习题

1. 练习使用大纲视图查看长文档。
2. 练习在长文档中添加书签和插入目录及批注。

第7章

Excel 2003 办公基本操作

学习目标

制作电子表格并对其中的数据进行分析和处理，是现代办公的基本要求。Excel 2003 是目前市场上最强大的电子表格制作软件之一，它不仅具有强大的数据组织、计算、分析和统计功能，还可以通过图表、图形等多种形式对处理结果加以形象地显示，同时能够方便地与 Office 2003 的其他组件相互调用数据，实现资源共享。在使用 Excel 2003 制作表格前，掌握它的基本操作尤为重要。

本章重点

- ◉ 启动和退出 Excel 2003
- ◉ 工作簿的基本操作
- ◉ 工作表的基本操作
- ◉ 单元格的基本操作
- ◉ 数据的输入
- ◉ 设置单元格格式

7.1 Excel 2003 基本操作界面

Excel 2003 是专门用于制作电子表格、计算与分析数据以及创建报表或图表的软件。在使用该软件之前，必须先了解其启动和退出的方法、工作界面，以及一些常用术语的概述。

7.1.1 启动和退出 Excel

在学习 Excel 2003 前，首先应掌握启动和退出 Excel 2003 的方法。

1. 启动 Excel 2003

启动 Excel 2003 的方法有以下 4 种:

◉ 单击桌面上的【开始】按钮 ，弹出【开始】菜单，选择【所有程序】| Microsoft Office | Microsoft Office Excel 2003 命令，即可启动 Excel 2003，如图 7-1 所示。

◉ 在安装 Excel 2003 后，系统会自动在桌面添加其快捷图标，双击该图标即可启动 Excel 2003，如图 7-2 所示。

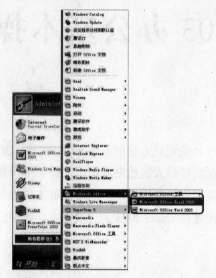

图 7-1　通过【开始】菜单启动 Excel　　　　图 7-2　通过快捷方式图标启动 Excel

◉ 安装 Excel 2003 后，系统会自动关联 Excel 文件，用户双击 Excel 文件，即可自动启动 Excel 2003，并在其中打开该文件，如图 7-3 所示。

◉ 拖动桌面的 Excel 2003 快捷方式图标至快速启动栏中，以后只需单击快速启动栏中的 Excel 按钮即可启动 Excel 2003，如图 7-4 所示。

图 7-3　双击关联文件启动 Excel　　　　　图 7-4　通过快速启动栏启动 Excel

2. 退出 Excel 2003

退出 Excel 2003 的常用方法有以下几种:

● 在 Excel 2003 的操作界面中选择【文件】|【退出】命令，如图 7-5 所示。
● 单击 Excel 2003 操作界面中标题栏右侧的【关闭】按钮⊠。
● 按下 Alt+F4 键。
● 双击标题栏左侧的⊠图标，或单击该图标，在弹出的快捷菜单中选择【关闭】命令，如图 7-6 所示。

图 7-5 选择【退出】命令 图 7-6 选择【关闭】命令

7.1.2 认识 Excel 工作界面

同以往版本相比，Excel 2003 的工作界面颜色更加柔和，更贴近于 Windows XP 操作系统，如图 7-7 所示。Excel 2003 的工作界面主要由菜单栏、工具栏、工作表格区、滚动条、状态栏和任务窗格等元素组成。

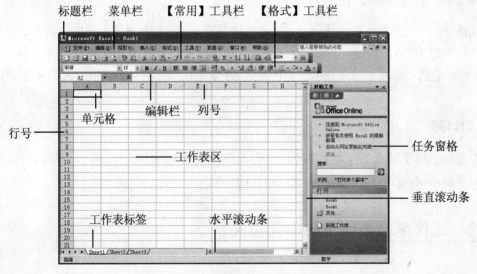

图 7-7 Excel 2003 工作界面

由于 Excel 2003 标题栏、菜单栏、工具栏、任务窗格、滚动条以及状态栏等部分与 Word 2003 中相应的部分的作用和操作方法完全相同，这里只针对 Excel 2003 中特有的组成部分进行介绍。

1．编辑栏

编辑栏位于工具栏的下侧，主要用来显示和编辑活动单元格中的数据或公式。编辑栏由名称文本框、工具按钮和编辑文本框 3 部分组成，如图 7-8 所示。

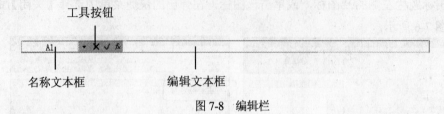

图 7-8　编辑栏

编辑栏的组成部分作用如下。

- 名称文本框：显示活动单元格的名称，如 A1。
- 工具按钮：包括【取消】按钮⊠、【插入】按钮☑和【插入函数】按钮*fx*。单击【取消】按钮可以取消当前正在编辑的内容；单击【插入】按钮可以确定编辑内容；单击【插入函数】按钮可以打开【插入函数】对话框，从中选择需要使用的函数。
- 编辑文本框：显示活动单元格中的内容，也可以在其中输入或修改内容。

2．工作表区

工作表区是 Excel 的工作平台，也是 Excel 工作界面的主体部分，它由单元格、行号、列号、工作标签和滚动条等部分组成，用于记录数据的区域，占据最大屏幕空间，所有与数据有关的信息都将存放在这张表中。

3．单元格、行号和列号

单元格是工作表最基本的组成部分，各单元格是通过行号和列号来标识的。其中，行号是指代窗口左侧的数字 1、2、3、4 等，而列号指代顶部的英文字母 A、B、C、D 等。每个单元格的位置都由它的行号和列号来表示，如单元格 A1 表示该单元格位于表格中的第 A 列的第一行。

4．工作标签

工作表标签用于显示工作表的名称，单击工作表标签将激活相应工作表。默认情况下，工作表标签显示 sheet1、sheet2 和 sheet3 3 个工作表。

⑦.1.3　工作簿、工作表与单元格关系

工作簿、工作表和单元格都是用户操作 Excel 的基本场所，它们之间是包含与被包含的关系。其中，单元格是存储数据的最小单位，工作表由多个单元格组成，而工作簿又包含一个或多个工作表，其关系如图 7-9 所示。

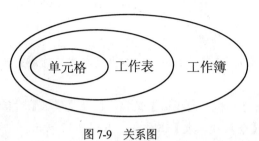

图 7-9　关系图

7.2　使用工作簿

在 Excel 2003 中，工作簿是保存 Excel 文件的基本单位，它的基本操作包括新建、保存、关闭、打开和保护等。

7.2.1　新建工作簿

在新建工作簿时，可以直接创建空白的工作簿，也可以根据模板来创建工作簿。

1. 新建空白工作簿

在 Excel 2003 中新建空白工作簿的方法有以下几种。

- 单击常用工具栏上的【新建空白文档】按钮 。
- 选择【文件】【新建】命令，即可在工作区右侧打开【新建工作簿】任务窗格，如图 7-10 所示。在【新建】选项区域中，单击【空白工作簿】链接。
- 按 Ctrl+N 快捷键。

新建的 Excel 空白工作簿如图 7-11 所示。

图 7-10　【新建工作簿】任务窗格

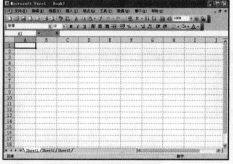

图 7-11　空白工作簿

2. 通过模板新建工作簿

Excel 2003 提供了多种类型的表格模板，通过这些模板可以快速新建各种具有专业表格样式的工作簿。

【例 7-1】 使用模板快速新建"个人预算表"工作簿。

(1) 打开 Excel 2003，在菜单栏中选择【文件】|【新建】命令，打开【新建工作簿】任务窗格。

(2) 在任务窗格的【模板】选项区域中单击【本机上的模板】链接，打开【模板】对话框。

(3) 打开【电子方案表格】选项卡，选择【个人预算表】工作簿，如图 7-12 所示。

(4) 单击【确定】按钮，即可新建一个"个人预算表"工作簿，如图 7-13 所示。

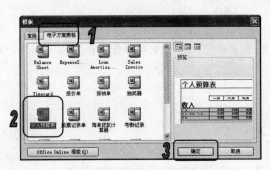

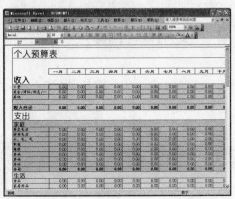

图 7-12　【模板】对话框　　　　　图 7-13　"个人预算表"工作簿

⑦.2.2　保存工作簿

在对工作簿进行操作时，有时会遇到一些意外情况，如突然断电、非正常退出等，这些意外情况会造成数据的丢失，因此养成良好的保存工作簿的习惯非常重要。

对于新创建的工作簿，单击【保存】按钮，或者选择【文件】|【保存】按钮，打开【另存为】对话框，指定文件名及保存路径，单击【保存】按钮，即可将工作簿保存到本地磁盘中，如图 7-14 所示。

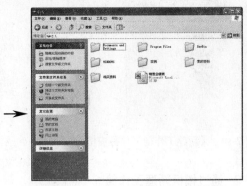

图 7-14　保存工作簿

对于已有工作簿，可以通过选择【文件】|【另存为】命令，打开【另存为】对话框，以其

他文件名保存该工作簿或以相同文件名保存在不同的位置。

7.2.3　关闭工作簿

在对工作簿中的工作表编辑完成以后，可以将工作簿关闭。如果工作簿经过了修改还没有保存，那么 Excel 在关闭工作簿时系统会询问用户是否保存现有的修改。在 Excel 2003 中，关闭工作簿主要有以下几种方法：

- 选择【文件】｜【关闭】命令。
- 单击工作簿右上角的【关闭】按钮。
- 按下 Ctrl+W 快捷键。
- 按下 Ctrl+F4 快捷键。

知识点

如果希望一次关闭所有打开的工作簿文件，可以按住 Shift 键，然后选择【文件】｜【关闭】命令。如果有些工作簿尚未保存，Excel 会询问是否保存对这些工作簿的修改。

7.2.4　打开工作簿

要对已经保存的工作簿进行浏览或编辑操作，首先要在 Excel 2003 中打开该工作簿。在菜单栏中选择【文件】｜【打开】命令或单击【常用】工具栏上的【打开】按钮都可以打开【打开】对话框，如图 7-15 所示。在对话框中选择要打开的工作簿文件，然后单击【打开】按钮即可打开该工作簿。

图 7-15　【打开】对话框

提示

在【我的电脑】中，双击工作簿文件，也可以打开启动 Excel 2003 并打开该工作簿。

7.2.5　保护工作簿

为了防止他人浏览、修改或删除工作簿及其工作表，可以对工作簿进行保护。Excel 2003

提供了各种方式限定用户查看或改变工作簿中数据的权限。通过打开或保存工作簿时输入密码的方式，可以对打开和使用工作簿数据的用户进行限制，还可以限制他人以只读方式打开工作簿。

【例 7-2】保护"个人预算表"工作簿的结构与窗口，并为"个人预算表"工作簿设置保护密码 123。

(1) 在 Excel 2003 中打开"个人预算表"工作簿。

(2) 在菜单栏中选择【工具】|【保护】|【保护工作簿】命令，打开【保护工作簿】对话框，选中【结构】与【窗口】两个复选框，然后在【密码】文本框中输入密码 123，如图 7-16 所示。

(3) 单击【确定】按钮，打开【确认密码】对话框，在【重新输入密码】文本框中再次输入密码 123，如图 7-17 所示。

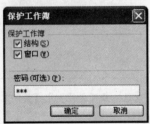 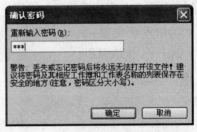

图 7-16　【保护工作簿】对话框　　　　图 7-17　【确认密码】对话框

(4) 单击【确定】按钮，即可通过密码防止他人调整"个人预算表"工作簿的结构与窗口。

 提示

若要再次修改工作簿，则要先撤销密码保护。在菜单栏中选择【工具】|【保护】|【撤销工作簿保护】命令，打开【撤销工作簿保护】对话框。在【密码】文本框中输入保护密码，然后单击【确定】按钮即可撤销对工作簿的保护。

7.3　使用工作表

在 Excel 2003 中，新建一个空白工作簿后，Excel 会自动在该工作簿中添加 3 个空工作表，并依次命名为 Sheet1、Sheet2 和 Sheet3，本节将介绍工作表的基本操作。

7.3.1　选择工作表

由于一个工作簿中往往包含多个工作表，因此在操作前需要选定工作表。选定工作表的常用操作包括以下 4 种：

- 要选择一张工作表，直接单击该工作表的标签即可，如图 7-18 所示为选择 Sheet2 工作表。

● 要选择相邻的工作表，首先选中第一张工作表标签，然后按住 Shift 键并单击其他相邻
工作表的标签即可。如图 7-19 所示为同时选择 Sheet1 与 Sheet2 工作表。

图 7-18　选择一张工作表

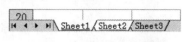

图 7-19　选择相邻工作表

● 要选择不相邻的工作表，首先选中第一张工作表，然后按住 Ctrl 键并单击其他任意一
张工作表标签即可。如图 7-20 所示为同时选择 Sheet1 与 Sheet3 工作表。

● 要选择工作簿中的所有工作表，右击任意一个工作表标签，在弹出的菜单中选择【选定
全部工作表】命令即可，如图 7-21 所示。

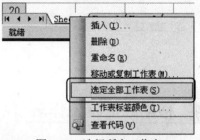

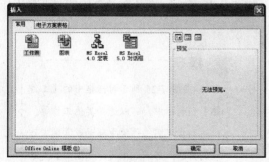

图 7-20　选择不相邻的工作表

图 7-21　选择所有工作表

7.3.2　插入工作表

如果工作簿中的工作表数量不够，用户可以在工作簿中插入工作表，不仅可以插入空白的
工作表，还可以应用模板插入带有样式的新工作表。

插入工作表最常用的方法有以下两种：

● 在菜单栏中选择【插入】|【工作表】命令，即可插入新的工作表。

● 右击工作表标签，从弹出的快捷菜单中选择【插入】命令，打开【插入】对话框，如图
7-22 所示。在对话框中选择【工作表】选项，然后单击【确定】按钮即可插入工作表。

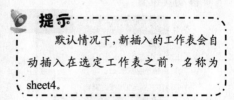

提示

默认情况下，新插入的工作表会自
动插入在选定工作表之前，名称为
sheet4。

图 7-22　【插入】对话框

⑦.3.3 重命名工作表

在 Excel 2003 中，工作表的默认名称为 Sheet1、Sheet2 等。为了便于记忆与使用，可以重新命名工作表，如图 7-23 所示。重命名工作表的常用方法有以下两种：

- 选定要重命名的工作表，在菜单栏中选择【格式】|【工作表】|【重命名】命令，则该工作表标签处于可编辑状态，在其中输入新的名称即可。
- 双击要重命名的工作表标签或右击标签，在弹出的菜单中选择【重命名】命令，均可设置工作表标签处于可编辑状态，然后输入新的名称即可。

图 7-23 重命名工作表

⑦.3.4 移动或复制工作表

在 Excel 2003 中，工作表的位置并不是固定的，为了操作需要，可以移动或复制工作表，以提高制作表格的效率。移动或复制工作表的方法有以下两种：

- 若只需要在同一个工作簿中移动工作表的位置，则选择工作表标签，然后将其拖动至目标位置即可，如图 7-24 所示；若是要在同一个工作簿中复制工作表，则在拖动工作表标签时按住 Ctrl 键即可。

图 7-24 移动工作表

- 选定要移动或复制的工作表，在菜单栏中选择【编辑】|【移动或复制工作表】命令，打开【移动或复制工作表】对话框，如图 7-25 所示，在该对话框中即可选择工作表并移动其位置。

图 7-25 【移动或复制工作表】对话框

> **提示**
>
> 在图 7-25 所示对话框中的【工作簿】列表框中，可以选择其他工作簿，以达到在不同工作簿中移动或复制工作表的目的；若不选中【建立副本】复选框，则执行移动操作。

⑦.3.5　删除工作表

对工作表进行编辑操作时，可以删除一些多余的工作表，从而方便用户对工作表进行管理，也可以节省系统资源。在菜单栏中选择【编辑】|【删除】命令，打开如图 7-26 所示的对话框，单击【删除】按钮即可删除选定的工作表。或者在要删除的工作表标签上右击，从弹出的快捷菜单中选择【删除】命令。

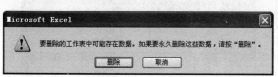

图 7-26　删除工作表

 提示

　　若删除的是空白工作表，则不会弹出如图 7-26 所示的对话框。

⑦.4　使用单元格

在 Excel 2003 中，绝大多数操作都是针对单元格来完成的。在向单元格中输入数据的过程中，需要对单元格进行选择、插入、合并、拆分、删除、移动和复制单元格等基本操作。

⑦.4.1　选定单元格

Excel 2003 是以工作表的方式进行数据运算和数据分析的，而工作表的基本单元是单元格。因此，在向工作表中输入数据之前，应该先选定单元格或单元格区域。

根据不同的情况有以下几种不同的选定方法。

- ◉ 选定一个单元格：将鼠标指针移到需选定的单元格上，单击，此时被选定的单元格边框显示为粗黑线，该单元格即为当前单元格。
- ◉ 选定多个单元格(即单元格区域)：单击区域左上角的单元格，按住鼠标左键并拖动鼠标到区域的右下角，然后释放鼠标左键即可。
- ◉ 选定不相邻的单元格区域：要选定多个不相邻的单元格区域，可单击并拖动鼠标选定第一个单元格区域，然后按住 Ctrl 键，使用鼠标选定其他单元格区域。
- ◉ 选定整行或整列：单击工作表中的行号或者列号。
- ◉ 选定整个工作表：单击工作表左上角行号和列标的交叉处，即全选按钮。

7.4.2 插入行、列与单元格

在 Excel 2003 中，在菜单中选择【插入】命令就可以在工作表中插入行、列或单元格。

【例7-3】在"销售业绩表"工作簿的"销售总额"工作表中插入第2行插入新行，在A3 处插入新的单元格。

(1) 在 Excel 2003 中打开"销售业绩表"工作簿的"销售总额"工作表，并选定第2行，如图 7-27 所示。

(2) 在菜单栏中选择【插入】|【行】命令，即可在第3行上方插入新行，如图 7-28 所示。

图 7-27 选定单元格区域

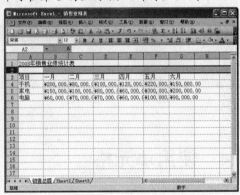
图 7-28 插入行

(3) 在工作表中选择 A3 单元格，然后在菜单栏中选择【插入】|【单元格】命令，打开【插入】对话框，选中【活动单元格右移】单选按钮，如图 7-29 所示。

(4) 单击【确定】按钮，即可在 A3 单元格处插入一个新的单元格，并将原位置的单元格依次右移，如图 7-30 所示。

图 7-29 【插入】对话框

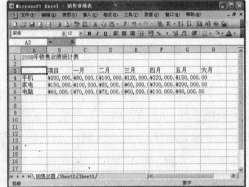
图 7-30 插入单元格

 提示

在 Excel 中，除使用菜单命令外，还可以使用鼠标来完成插入行、列、单元格或单元格区域的操作。首先选定行、列、单元格或区域，将鼠标指针指向右下角的区域边框，按住 Shift 键并向外进行拖动。拖动时，有一个虚框表示插入的区域。释放鼠标左键，即可插入虚框中的单元格区域。

⑦.4.3　删除行、列与单元格

可以将工作表的某些不需要的数据及其位置删除。这里的删除与按下 Delete 键删除单元格或区域内容不同，按 Delete 键仅清除单元格内容，其空白单元格仍保留在工作表中；而删除行、列、单元格或区域，其内容和单元格将一起从工作表中消失，空的位置由周围的单元格补充。

【例 7-4】删除【例 7-2】在"销售业绩表"工作簿的"销售总额"工作表中插入的 A3 单元格。

(1) 在 Excel 2003 中打开"销售业绩表"工作簿的"销售总额"工作表，并选定 A3 单元格。

(2) 在菜单栏中选择【编辑】|【删除】命令，打开【删除】对话框，选中【右侧单元格左移】单选按钮，如图 7-31 所示。

(3) 单击【确定】按钮即可删除 A3 单元格，并将其右边的单元格依次左移一个单元格位置，如图 7-32 所示。

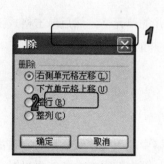

图 7-31　【删除】对话框

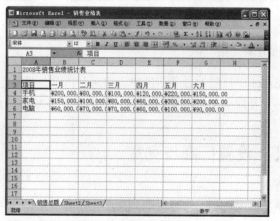

图 7-32　删除单元格

提示

　　若删除的是空单元格或空行、空列，则不会打开【删除】对话框。

⑦.4.4　合并与拆分单元格

使用 Excel 2003 制作表格时，为了使表格更加专业与美观，常常需要将一些单元格合并或者拆分。

1. 合并单元格

选择连续的单元格区域后，单击格式工具栏上的【合并及居中】按钮，可将选择的单元格区域合并为一个单元格。当用户对已输入数据的单元格进行合并时，系统将打开一个对话框，提示合并后的单元格中将只保留选择区域最左上角单元格中的数据。

【例7-5】合并"销售业绩表"工作簿的"销售总额"工作表中 A1：G2 区域中的单元格。

(1) 在 Excel 2003 中打开【销售业绩表】工作簿的【销售总额】工作表，选定 A1：G2 单元格区域，如图 7-33 所示。

(2) 单击格式工具栏上的【合并及居中】按钮![], 合并单元格后的效果如图 7-34 所示。

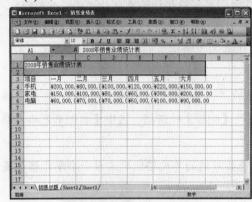

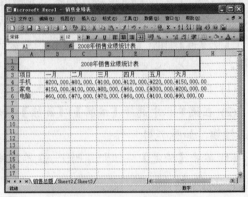

图 7-33　选择单元格区域　　　　　　　　　　　　　　图 7-34　合并单元格

2. 拆分单元格

在 Excel 中只能对合并后的单元格进行拆分，选中已合并的单元格，然后单击格式工具栏上的【合并及居中】按钮![]即可将已合并的单元格还原成合并前的效果。

⑦.4.5　设置行高与列宽

默认情况下，单元格行高和列宽都是固定的，而向单元格中输入文字或数据时，有的单元格中的文字只显示了一半；有的单元格中显示的是一串＃号，而在编辑栏中却能看见对应单元格的数据。其原因在于单元格的宽度或高度不够，不能将这些字符正确显示。因此，用户根据单元格的内容的不同，可以对工作表中的单元格高度和宽度进行适当的调整。

1. 通过菜单栏调整行高与列宽

通过【格式】菜单，对单元格行高与列宽进行设置的方法基本相同。使用菜单命令(选择【格式】|【行】|【行高】命令，或选择【格式】|【列】|【列宽】命令)，打开【行高】与【列宽】对话框，在其中可以精确地设置行高与列宽。

【例7-6】打开"销售业绩表"工作簿的"销售总额"工作表，设置第3～第6行的高度为18。

(1) 在 Excel 2003 中打开"销售业绩表"工作簿的"销售总额"工作表，在工作表中选定第3～第6行，如图 7-35 所示。

(2) 在菜单栏中选择【格式】|【行】|【行高】命令，打开【行高】对话框，在【行高】文本框中输入18，如图 7-36 所示。

图 7-35　选定行

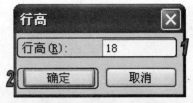

图 7-36　【行高】对话框

(3) 单击【确定】按钮，即可将所选定行的高度设置为 18，如图 7-37 所示。

图 7-37　精确调整行高

> **提示**
>
> 　　若在【格式】菜单栏中选择【行】|【最适合的行高】或【列】|【最适合的列宽】命令，Excel 2003 会根据单元格中的内容自动调整行高或列宽至适合大小。

计算机 基础与实训教材系列

2. 通过鼠标拖动调整行高与列宽大小

　　使用鼠标拖动的方式来调整单元格的行高和列宽是最简便的方法。将鼠标光标移动至行标或列标的间隔处，当光标形状变为 **十** 时，按住左键拖动鼠标，即可调整行高与列宽大小。

　　【例 7-7】打开"销售业绩表"工作簿的"销售总额"工作表，使用鼠标拖动调整 A～G 列的宽度。

　　(1) 在 Excel 2003 中打开"销售业绩表"工作簿的"销售总额"工作表。

　　(2) 将光标移动至 A 列标与 B 列标之间，当光标变为 **十** 形状时，按住鼠标左键，拖动鼠标，调整 A 列的宽度，如图 7-38 所示。

　　(3) 拖动鼠标至适当位置后，释放鼠标即可调整 A 列的宽度大小，如图 7-39 所示。

图 7-38　拖动鼠标调整列宽　　　　　　　　图 7-39　调整列宽后的效果

(4) 使用同样方法调整 B～G 列的宽度大小，完成后效果如图 7-40 所示。

图 7-40　调整其他列宽大小

7.5　输入数据

在工作表的单元格中输入数据是创建电子表格的开始。输入方法：首先选定单元格，然后再直接或通过编辑栏向其中输入数据。在 Excel 2003 中，单元格中可以输入的数据包括文本、数值、日期以及特殊符号等。

Excel 2003 中的文本通常指字符或任何数字和字符的组合。输入到单元格内的任何字符集，只要不被系统解释成数字、公式、日期、时间或者逻辑值，则 Excel 2003 一律将其视为文本。在 Excel 2003 中输入文本时，系统默认的对齐方式是单元格内靠左对齐。

在 Excel 工作表中，数值型数据是最常见、最重要的数据类型。而且，Excel 2003 强大的数据处理功能、数据库功能以及在企业财务、数学运算等方面的应用几乎都离不开数值型数据。输入的数据在单元格内采取右对齐的方式。

除了可以在工作表的单元格中插入数字、文本及日期等内容以外，还可以在单元格中插入特殊符号。特殊符号也是文本的一种，不同的是，大部分特殊符号都不能通过键盘直接输入。特殊符号包括以下几种类型：

◉ 部分中文标点符号，如省略号等。

◉ 数字序号，如带圈的数字序号等。

◉ 有些数学符号，如小于等于号≤等。

◉ 单位符号，如摄氏度℃等。

◉ 其他特殊符，如⊙、☆等。

在单元格中输入数值的方法与输入文本数据相同，下面以实例来介绍输入数据的方法。

【例 7-8】创建"企业来客登记"工作簿，并在其中输入表格中的基本数据。

(1) 在 Excel 2003 中创建一个新的工作簿，并将其命名为"企业来客登记"。

(2) 选择 A1 单元格，然后单击编辑栏，在插入点后输入表格标题"企业来客登记簿"，如图 7-41 所示。

(3) 按 Enter 键后，即可激活 A1 单元格中的文本，如图 7-42 所示。

图 7-41　在编辑栏中输入数据　　　　　　图 7-42　激活 A1 单元格中的文本

(4) 同样方法在 A2:E2 单元格区域中依次输入"编号"、"来客姓名"、"来客单位"、"事由"、"来访时间"及"重要度",完成后如图 7-43 所示。

(5) 选择 A3 单元格,然后单击编辑栏,在插入点后输入数字 1001,如图 7-44 所示。

图 7-43　输入文本内容　　　　　　　　　图 7-44　输入数值

(6) 在 B3:D3 单元格区域中依次输入文本"落叶"、"圣诞旅游集团"、"公司旅游事项商讨",完成后如图 7-45 所示。

(7) 调整工作表的列宽,使单元格中的内容可以完全显示,如图 7-46 所示。

图 7-45　输入数据　　　　　　　　　　　图 7-46　调整列宽

 提示

将光标移动至 C 列标与 D 列标之间,当光标变为 ✛ 形状时,按住鼠标左键,拖动鼠标,调整 C 列的宽度,设置列宽为 13.25。使用同样的方法拖到鼠标设置 D 列的列宽为 16.63。

(8) 选定 E3 单元格,然后在菜单栏中选择【格式】|【单元格】命令,打开【单元格格式】对话框。

(9) 打开【数字】选项卡,在【分类】列表框中选择【日期】选项,然后在【类型】列表框中选择一款日期样式,如图 7-47 所示,最后单击【确定】按钮返回工作表。

(10) 选定 E3 单元格,然后在编辑栏中输入日期 2008/7/7。

(11) 按 Enter 键,即可依照设置的日期样式激活 E3 单元格中的数据,如图 7-48 所示。

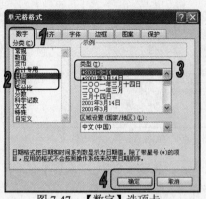

图 7-47　【数字】选项卡　　　　　图 7-48　在编辑栏中输入日期

(12) 选定 F3 单元格，然后单击编辑栏，并在菜单栏中选择【插入】|【符号】命令，打开【符号】对话框。

(13) 在【字体】下拉列表框中选择 Wingdings 选项，然后在下面的选项区域中选择五角星符号，如图 7-49 所示。

(14) 单击【插入】按钮即可将选定的符号插入到编辑栏中。使用同样的方法，在 D3 单元格中再次插入一个五角星符号，完成后如图 7-50 所示。

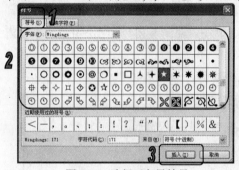

图 7-49　选择五角星符号　　　　　图 7-50　插入符号

💡 **提示**

在输入数据时，按 Shift+Tab 组合键可以向左激活与当前单元格相邻的单元格；按 Shift+Enter 组合键可以向上激活与当前单元格相邻的单元格。

⑦.6　编辑单元格数据

在表格中输入数据后，有时需要对其中的数据进行删除、更改、移动以及复制等操作。例如，在单元格中输入数据时发生了错误，或需要更改单元格中的数据，则需要对数据进行编辑，删除单元格中的内容，用新数据替换原数据，或者对数据进行一些小的变动。通过移动与复制操作可以达到快速输入相同数据的目的。

⑦.6.1 删除单元格数据

要删除单元格中的内容，先选中该单元格然后按 Delete 键即可。要删除多个单元格中的内容，使用下面的方法选取这些单元格，然后按 Delete 键即可。

- ◉ 在选取所有要删除内容的单元格时按住 Ctrl 键。
- ◉ 拖动鼠标指针经过要包括的单元格。
- ◉ 单击列或行的标题选取整列或整行。

当使用 Delete 键删除单元格中(或一组单元格)的内容时，仅是输入的数据从单元格中被删除，单元格的其他属性，如格式、注释等仍然保留。

如果要完全控制对单元格的删除操作，只使用 Delete 键是不够的，应该选择【编辑】|【清除】命令，在打开的子菜单中选择需要的命令，如图 7-51 所示。

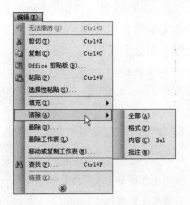

图 7-51 【清除】子菜单

> **提示**
>
> 【清除】子菜单中，各命令的含义如下。【全部】：彻底删除单元格中的全部内容、格式和批注；【格式】：只删除格式，保留单元格中的数据；【内容】：只删除单元格中的内容，保留其他所有的属性；【批注】：只删除单元格附带的注释。

⑦.6.2 更改单元格数据

在工作中，用户可能需要更改或替换单元格中的数据，当单击单元格使其处于活动状态时，单元格中的数据会自动被选择，一旦开始输入，单元格中原来的内容就会被新输入的内容所取代，如图 7-52 所示。

图 7-52 替换单元格内容

> **提示**
>
> 更改单元格内容时，并不会变动单元格原有的格式，如字体、大小、颜色、底纹等。

如果单元格中包含大量的字符或复杂的公式，而用户只想修改其中的一部分，那么可以按以下两种方法进行编辑：

◉ 双击单元格，或单击单元格后按 F2 键，然后在单元格中进行编辑。

◉ 单击，激活单元格，然后单击编辑栏，在编辑栏中进行编辑。

⑦.6.3 移动或复制单元格数据

在 Excel 中，不但可以复制整个单元格而且还可以复制单元格中的指定内容。例如，可以复制公式的计算结果而不复制公式，或者只复制公式。也可通过单击粘贴区域右下角的【粘贴选项】来变换单元格中要粘贴的部分。

1. 使用菜单命令

移动或复制单元格或区域数据的方法基本相同，选中单元格数据后，选择【编辑】|【剪切】或【复制】命令，然后单击要粘贴数据的位置，选择【编辑】|【粘贴】命令，即可将单元格数据移动或复制至新位置，复制的数据会在粘贴数据下面显示【粘贴选项】按钮，单击该按钮，将会打开【粘贴选项】快捷菜单，如图 7-53 所示。在该菜单中，确定如何将信息粘贴到文档中，而移动的数据下面将不显示【粘贴选项】按钮。

图 7-53 【粘贴选项】快捷菜单

> **提示**
>
> 还可以通过单击【剪切】按钮或【复制】按钮，然后单击【粘贴】按钮的方法来移动或复制单元格。

2. 使用拖动法

在 Excel 中，还可以使用鼠标拖动法来移动或复制单元格内容。要移动单元格内容，应首先单击要移动的单元格或选定单元格区域，然后将光标移至单元格区域边缘，光标变为常规状态后，拖动光标到指定位置并释放鼠标即可，如图 7-54 所示。

图 7-54 【粘贴选项】快捷菜单

> **提示**
>
> 若在拖动单元格时，按住 Ctrl 键可以复制单元格中的数据，这样在拖动后，原位置仍然保留原始数据。

7.7　自动填充

在制作表格时，经常要输入一些相同或有规律的数据。若手动依次输入，会占用大量时间。Excel 2003 针对这类数据提供了自动填充功能，可以极大地提高输入效率。

【例 7-9】在【企业来客登记】工作簿中，通过自动填充功能快速输入员工编号。

(1) 在 Excel 2003 中，打开【企业来客登记】工作簿，在其中选定要输入员工编号的 A3:A11 单元格区域。

(2) 在菜单栏中选择【编辑】|【填充】|【序列】命令，打开【序列】对话框。

(3) 在【序列产生在】选项区域中选中【列】单选按钮；在【类型】选项区域中选中【等差序列】单选按钮；在【步长值】文本框中输入 1，如图 7-55 所示。

(5) 单击【确定】按钮，即可在表格中自动填充来客编号，如图 7-56 所示。

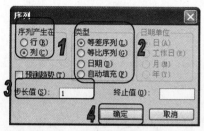

图 7-55　【序列】对话框

	A	B	C	D	E	F	G
1	企业来客登记						
2	编号	来客姓名	来客单位	来访事由	来访时间	重要度	
3	1001	落叶	圣诞旅游集团	公司旅游事项商讨	2008-7-7	★★	
4	1002						
5	1003						
6	1004						
7	1005						
8	1006						
9	1007						
10	1008						
11	1009						

图 7-56　自动填充来客编号

 知识点

在表格中选定一个单元格或单元格区域后，在其右下角会出现一个控制柄，当光标移动至其上时会变为+形状，拖动该控制柄即可实现数据的快速填充。使用控制柄不仅可以填充相同数据，还可以填充有规律的数据。

7.8　设置单元格格式

在 Excel 2003 中可以对单元格中输入的数据进行格式设置。用户可以通过使用【格式】工具栏或【单元格格式】对话框来设置单元格格式。

7.8.1　设置数据格式

默认情况下，数值格式是常规格式，当在工作表中输入数值时，数字以整数、小数方式显示。通过【格式】工具栏可以快速设置数值格式为货币模式、百分比模式以及千位分隔模式等。

此外，Excel 2003还支持更多的数值格式，如日期、时间、分数及会计专用等。要将表格中的数值设置为这些格式，需要选择【格式】|【单元格】命令，打开【单元格格式】对话框，切换至【数字】选项卡，在该选项卡中进行操作，如图7-57所示。

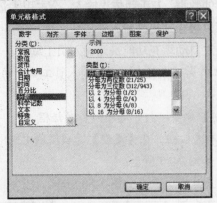

提示

除了使用Excel 2003中自带的数值格式外，在【数字】选项卡的【分类】列表框中选择【自定义】选项，可以自定义所需的数值格式。

图7-57 　【数字】选项卡

7.8.2　设置对齐方式

对齐是指单元格中的内容在显示时相对单元格上下左右的位置。默认情况下，单元格中的文本靠左对齐，数字靠右对齐，逻辑值和错误值居中对齐。此外，在【单元格格式】对话框的【对齐】选项卡中可以完成详细的对齐设置，如合并单元格、旋转单元格中的内容以及垂直对齐等，如图7-58所示。

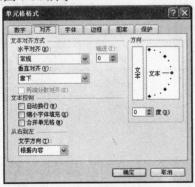

提示

对齐方式分为【水平对齐】与【垂直对齐】两种，在【格式】工具栏中默认的对齐方式为【水平对齐】方式。【垂直对齐】方式用来调整数据在单元格中的高低。

图7-58 　【对齐】选项卡

【例7-10】在"企业来客登记"工作簿中，设置除了【重要度】以外所有数据水平居中对齐，设置【重要度】数据左对齐，最后设置列标题单元格逆时针旋转5度。

(1) 在Excel 2003中打开"企业来客登记"工作簿。

(2) 选定表格中的所有单元格，然后在【格式】工具栏中单击【居中】按钮，即可设置居中对齐，如图7-59所示。

(3) 选定【重要度】数据所在的 F2:F11 单元格区域，然后在【格式】工具栏中单击【左对齐】按钮，即可设置其左对齐，如图 7-60 所示。

图 7-59　居中对齐　　　　　　　　　　　　　图 7-60　左对齐

(4) 选择列标题所在的 A2:F2 单元格区域，然后在菜单栏中选择【格式】|【单元格】命令，打开【单元格格式】对话框。

(5) 单击"对齐"标签，打开【对齐】选项卡，在选项卡的【方向】选项区域中的【度】文本框中输入 5，如图 7-61 所示。

(6) 单击【确定】按钮，即可设置列标题单元格逆时针旋转 5 度，调节单元格的列宽，效果如图 7-62 所示。

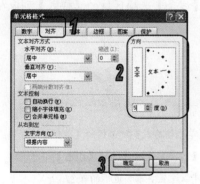

图 7-61　设置旋转度　　　　　　　　　　　　图 7-62　标题单元格效果

⑦.8.3　设置边框和底纹

使用边框和底纹，可以使工作表突出显示重点内容，区分工作表不同部分以及使工作表更加美观和易读。默认情况下，Excel 并不为单元格设置边框，工作表中的框线在打印时不显示出来。但一般情况下，用户在打印工作表或突出显示某些单元格时，都需要添加一些边框。使用底纹为特定的单元格加上色彩和图案，不仅可以突出显示重点内容，还可以美化工作表的外观。

在【单元格格式】对话框的【边框】选项卡中可以设置工作表的边框样式与类型，如图 7-63 所示，在【图案】选项卡中，可以分别设置工作表的底纹颜色和图案，如图 7-64 所示。

图 7-63 【边框】选项卡

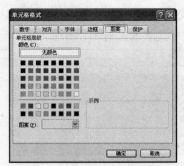

图 7-64 【图案】选项卡

【例 7-11】为"企业来客登记"工作簿中的表格添加外部与内部边框，并为整个表格添加淡蓝色底纹。

(1) 在 Excel 2003 中打开"企业来客登记"工作簿。

(2) 选定表格中的 A1:F11 单元格区域，然后在菜单栏中选择【格式】|【单元格】命令，打开【单元格格式】对话框。

(3) 单击【边框】标签，打开【边框】选项卡，在【预置】选项区域中单击【外边框】和【内部】按钮，在【边框】选项区域中可以预览边框效果；在【线条】选项区域的【样式】列表框中选择边框的线条样式，如图 7-65 所示。

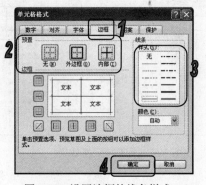

提示

打开【单元格格式】对话框的【边框】选项卡，在【线条】选项区域的【颜色】下拉列表框中可以设置要添加边框的颜色。

图 7-65 设置边框的线条样式

(4) 单击【确定】按钮，即可在选定表格区域中添加边框，如图 7-66 所示。

(5) 选定 A1:F11 单元格区域，然后在菜单栏中选择【格式】|【单元格】命令，打开【单元格格式】对话框的【图案】选项卡。在该选项卡中选择底纹颜色为淡蓝色，如图 7-67 所示。

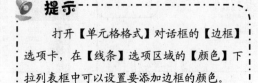

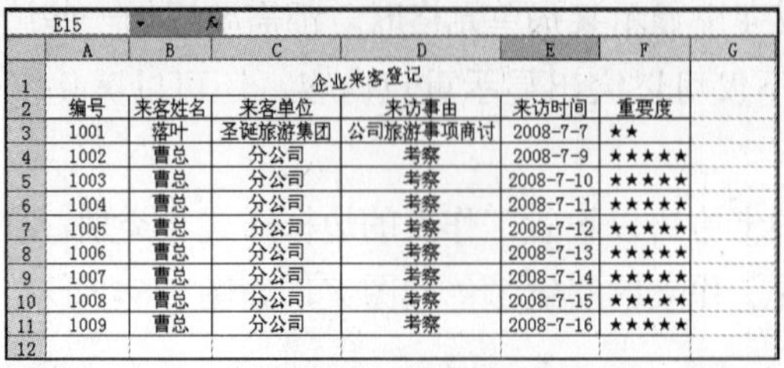

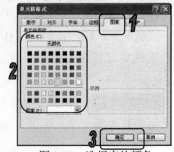

图 7-66 添加边框

图 7-67 选择底纹颜色

(6) 最后单击【确定】按钮，即可为表格添加淡蓝色底纹，如图 7-68 所示。

	A	B	C	D	E	F	G
1				企业来客登记			
2	编号	来客姓名	来客单位	来访事由	来访时间	重要度	
3	1001	落叶	圣诞旅游集团	公司旅游事项商讨	2008-7-7	★★	
4	1002	曹总	分公司	考察	2008-7-9	★★★★★	
5	1003	曹总	分公司	考察	2008-7-10	★★★★★	
6	1004	曹总	分公司	考察	2008-7-11	★★★★★	
7	1005	曹总	分公司	考察	2008-7-12	★★★★★	
8	1006	曹总	分公司	考察	2008-7-13	★★★★★	
9	1007	曹总	分公司	考察	2008-7-14	★★★★★	
10	1008	曹总	分公司	考察	2008-7-15	★★★★★	
11	1009	曹总	分公司	考察	2008-7-16	★★★★★	
12							

图 7-68　添加底纹

提示

切换【单元格格式】对话框的【图案】选项卡，在【图案】下拉列表框中可以为表格添加带有简单图形的底纹效果。

知识点

Excel 2003 提供了 17 种已设置好的格式，用户可直接套用所需的表格格式，方法：选择【格式】|【自动套用格式】命令，打开【自动套用格式】对话框，选择所需要的表格样式即可。

7.9　上机练习

通过本章的学习，用户应该掌握工作簿、工作表和单元格的使用方法，在单元格中输入和编辑数据的方法，从而创建最基本的数据表格。此外，用户还应掌握格式化单元格与工作表的方法，美化创建好的表格。本上机练习通过创建"员工考勤"工作簿与格式化工作表"员工考勤"来巩固本章所介绍的知识点。

7.9.1　制作"员工考勤"工作簿

在 Excel 2003 中创建"员工考勤"工作簿并输入基本数据。

(1) 打开 Excel 2003，单击常用工具栏上的【新建空白文档】按钮，新建一个名为"员工考勤"的工作簿，如图 7-69 所示。

(2) 双击 A1 单元格，进入编辑模式，在其中输入标题文本"员工考勤表"，完成后如图 7-70 所示。

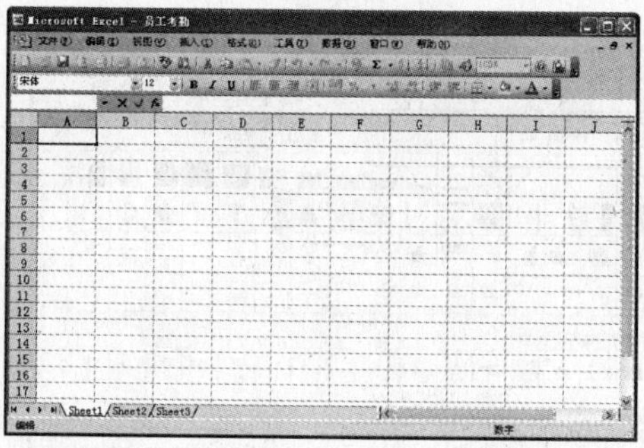

图 7-69　创建"员工考勤"工作簿

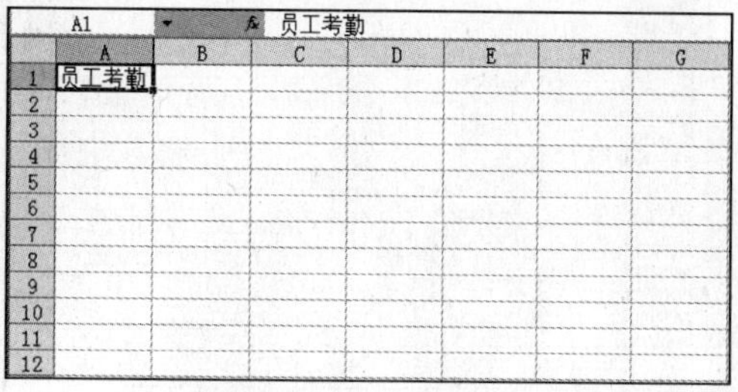

图 7-70　输入标题文字

(3) 同样方法在 A2、B2、D2、F2、H2 与 J2 单元格中依次输入"员工编号"、"星期一"、"星期二"、"星期三"、"星期四"与"星期五"，完成后如图 7-71 所示。

(4) 在 A3 单元格中输入数值数据 20080701，完成后如图 7-72 所示。

图 7-71　输入文本数据　　　　　　　　　图 7-72　输入数值数据

(5) 选择 A4 单元格，然后在菜单栏中选择【编辑】|【填充】|【序列】命令，打开【序列】对话框，在【序列产生在】选项区域中选中【列】单选按钮，在【类型】选项区域中选中【等差序列】单选按钮，然后在【步长值】文本框中输入 1，在【终止值】文本框中输入 20080715，如图 7-73 所示。

(6) 单击【确定】按钮即可在表格中自动填充员工编号，如图 7-74 所示。

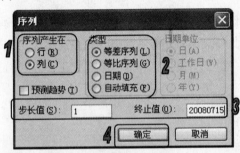

图 7-73　【序列】对话框　　　　　　　　图 7-74　自动填充数据

(7) 在 G18 单元格中输入注释文本"按时："，在 G19 单元格中输入"迟到："，在 G20 单元格中输入"早退："，在 G21 单元格中输入"旷工："，完成后如图 7-75 所示。

(8) 下面输入表格中的符号，在 G18 单元格中输入符号/；选择 G19 单元格然后在菜单栏中选择【插入】|【符号】命令，打开【符号】对话框，在【字体】下拉列表框中选择【普通文本】选项，然后在列表中选择空心正方形符号，如图 7-76 所示。

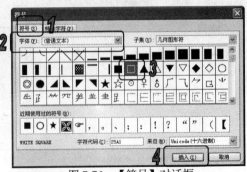

图 7-75　输入注释文本　　　　　　　　　图 7-76　【符号】对话框

(9) 单击【插入】按钮即可插入该符号，如图 7-77 所示。

(10) 使用同样的方法，在 G20 单元格中插入实心正方形符号，在 G21 插入实心棱形符号，至此完成【员工考勤】工作簿的制作，如图 7-78 所示。

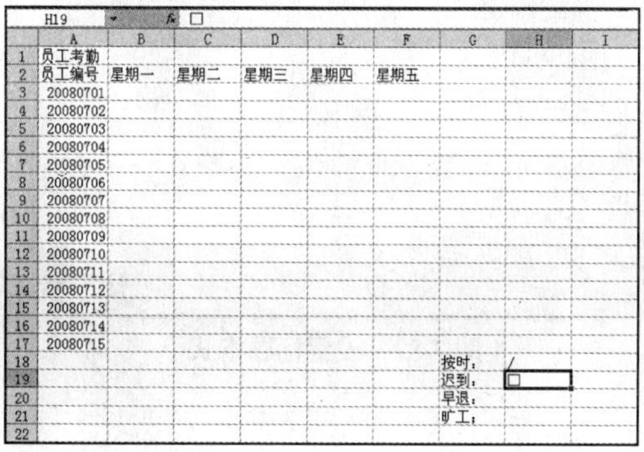

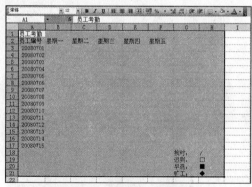

图 7-77　插入符号

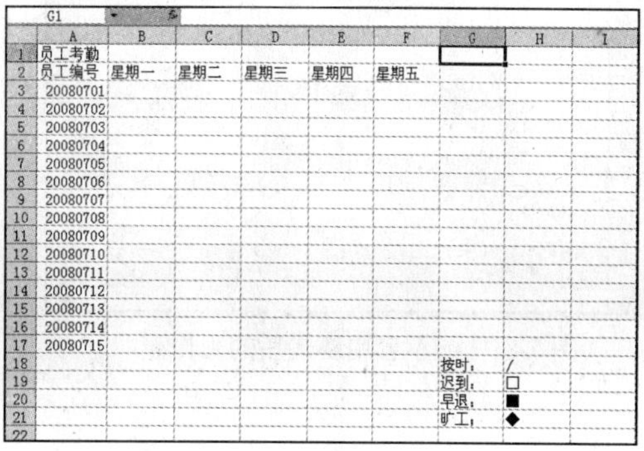

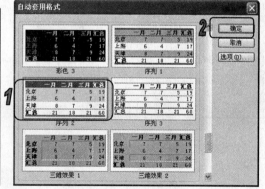

图 7-78　完成后的"员工考勤"

7 9.2　格式化工作表"员工考勤"

综合应用本章的知识点，格式化工作表"员工考勤"。

(1) 打开 Excel 2003，创建"员工考勤"，完成后如图 7-78 所示。

(2) 选定自动套用格式的单元格区域，如图 7-79 所示。

(3) 选择【格式】|【自动套用格式】命令，打开【自动套用格式】对话框，选择需要的表格样式如图 7-80 所示。

图 7-79　选定单元格区域

图 7-80　自动套用格式

(4) 单击【确定】按钮，完成自动套用格式，效果如图 7-81 所示。

(5) 选择 A1: H1 单元格，单击【格式】工具栏上的【合并及居中】按钮 ，设置标题样式，效果如图 7-82 所示。

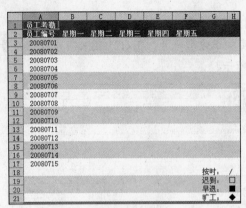

图 7-81　显示套用格式后的工作表

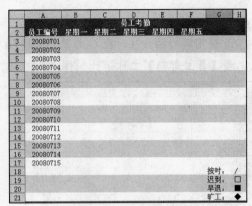

图 7-82　设置标题格式

7.10　习题

1. 使用模板创建"通讯录"工作簿，并设置保护工作簿的密码为 caoxzheni。

2. 创建一个"通讯录"工作簿，在第 E 列插入 1 新列，如图 7-83 所示。

3. 创建一个新的工作簿，并在其中输入如图 7-84 所示的各种数据。

4. 为习题 3 创建的工作簿中的表格添加外部与内部边框，并为整个表格添加淡蓝色底纹。

图 7-83　操作题 2

	钟山景区		
风景指数：	★★★★★		
交通指数：	★★		
住宿指数：	★★★		
	2007年12月22日		

图 7-84　操作题 3

Excel 2003 办公高级操作

学习目标

Excel 2003 不仅支持创建各种美观的电子表格，还具有强大的数据组织、计算、分析和统计功能，并可以通过图表、图形等多种形式形象地显示处理结果。本节将介绍使用公式与函数计算数据、建立数据清单、排序与筛选数据以及使用图表统计与分析数据的方法。

本章重点

- ◉ 了解常用运算符
- ◉ 应用公式
- ◉ 应用函数
- ◉ 建立数据清单
- ◉ 数据排序
- ◉ 数据筛选
- ◉ 分类汇总数据
- ◉ 创建图表

8.1 运算符

Excel 的一个主要功能是通过公式或函数对用户所需要的数据进行计算。公式是工作表中的数值计算等式，它遵循一个特定的语法或次序：最前面是等号【=】，后面是参与计算的数据对象和运算符。数据对象可以是常量数值、单元格或引用的单元格区域、标志、名称等。运算符用来连接要运算的数据对象，并说明进行了哪种公式运算，本节将介绍公式运算符的类型与优先级。

电脑办公自动化实用教程

8.1.1 运算符的类型

运算符是对公式中的元素进行特定类型的运算。Excel 2003 中包含了 4 种类型的运算符：算术运算符、比较运算符、文本运算符与引用运算符。

1. 算术运算符

如果要完成基本的数学运算，如加法、减法和乘法，连接数据和计算数据结果等，可以使用表 8-1 所示的算术运算符。

表 8-1　算术运算符

算术运算符	含　义	示　例
+(加号)	加法运算	2+2
−(减号)	减法运算或负数	2−1 或 −1
*(星号)	乘法运算	2*2
/(正斜线)	除法运算	2/2
%(百分号)	百分比	20%
^(插入符号)	乘幂运算	2^2

2. 比较运算符

使用表 8-2 所示的运算符可以比较两个值的大小。当用运算符比较两个值时，结果为逻辑值，满足运算符则为 TRUE，反之则为 FALSE。

表 8-2　比较运算符

比较运算符	含　义	示　例
=(等号)	等于	A1=B1
>(大于号)	大于	A1>B1
<(小于号)	小于	A1<B1
>=(大于等于号)	大于或等于	A1>=B1
<=(小于等于号)	小于或等于	A1<=B1
<>(不等号)	不相等	A1<>B1

3. 文本连接运算符

使用和号(&) 加入或连接一个或更多文本字符串以产生一串新的文本，表 8-3 为文本连接运算符的含义。

计算机基础与实训教材系列

-156-

表8-3　文本连接运算符

文本连接运算符	含　　义	示　　例
&(和号)	将两个文本值连接或串起来产生一个连续的文本值	如 "kb" & "soft"

4. 引用运算符

单元格引用是用于表示单元格在工作表上所处位置的坐标集。例如，显示在第 B 列和第 3 行交叉处的单元格，其引用形式为 B3。使用表 8-4 所示的引用运算符可以将单元格区域合并计算。

表8-4　引用运算符

引用运算符	含　　义	示　　例
:(冒号)	区域运算符，产生对包括在两个引用之间的所有单元格的引用	(A5:A15)
,(逗号)	联合运算符，将多个引用合并为一个引用	(SUM(A5:A15,C5:C15)
(空格)	交叉运算符产生对两个引用共有的单元格的引用	(B7:D7 C6:C8)

比如，A1＝B1＋C1＋D1＋E1+F1，如果使用引用运算符，就可以把这一运算公式写为：A1＝SUM(B1:F1)。

8.1.2　运算符优先级

如果公式中同时用到多个运算符，Excel 2003 将会依照运算符的优先级来依次完成运算。如果公式中包含相同优先级的运算符，例如公式中同时包含乘法和除法运算符，则 Excel 将从左到右进行计算。Excel 2003 运算符优先级见表 8-5 所示。

表8-5　运算符优先级

运　算　符	说　　明
:(冒号) (单个空格) ,(逗号)	引用运算符
－	负号
%	百分比
^	乘幂
* 和 /	乘和除
＋ 和 －	加和减
&	连接两个文本字符串(连接)
=＜＞＜=＞=＜＞	比较运算符

如果要更改求值的顺序，可以将公式中需要先计算的部分用括号括起来，例如，公式“＝8＋4*6”的值是32，因为Excel 2003按先乘除后加减的顺序进行运算，先将4与6相乘，然后再加上8，即得到结果32。若在公式上添加括号如“＝(6＋4)*5”，则Excel 2003先用6与4相加，再用结果乘以5，得到结果50。

8.2 应用公式

公式是对数据进行处理的表达式。在工作表中输入数据后，可通过Excel 2003中的公式对这些数据进行自动、精确、高速的运算处理。

8.2.1 公式的基本操作

在学习应用公式时，首先应掌握公式的基本操作，包括输入、修改、显示、复制以及删除等。下面将逐一介绍这些操作。

1. 输入公式

在Excel 2003中输入公式的方法与输入文本的方法类似，具体步骤：选择要输入公式的单元格，然后在编辑栏中直接输入＝号，后面输入公式内容，然后按Enter键即可将公式运算的结果显示在所选单元格中。

【例8-1】在“初一学生成绩统计表”工作表中的F3单元格中输入公式“=C3+D3+E3”。

(1) 在Excel 2003中打开“初一学生成绩统计表”工作表。

(2) 选择F3单元格，然后在编辑栏中输入公式“=C3+D3+E3”，如图8-1所示。

(3) 按Enter键或单击编辑栏上的☑按钮，即可在F3单元格中显示公式计算结果，如图8-2所示。

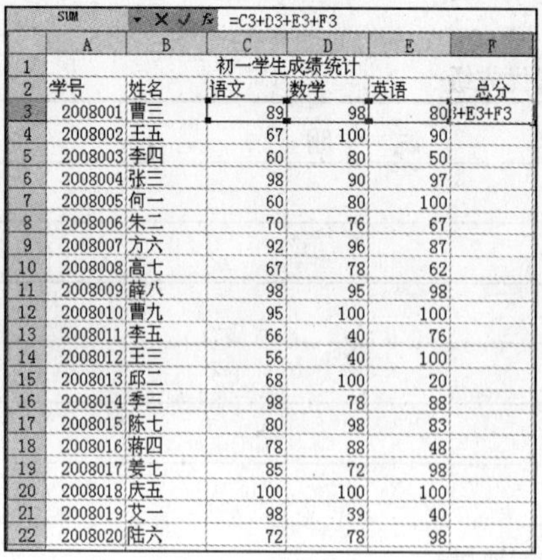

	A	B	C	D	E	F
1	初一学生成绩统计					
2	学号	姓名	语文	数学	英语	总分
3	2008001	曹三	89	98	80	3+E3+F3
4	2008002	王五	67	100	90	
5	2008003	李四	60	80	50	
6	2008004	张三	98	90	97	
7	2008005	何一	60	80	100	
8	2008006	朱二	70	76	67	
9	2008007	方六	92	96	87	
10	2008008	高七	67	78	62	
11	2008009	薛八	98	95	98	
12	2008010	曹九	95	100	100	
13	2008011	李五	66	40	76	
14	2008012	王三	56	40	100	
15	2008013	邱二	68	100	20	
16	2008014	季三	98	78	88	
17	2008015	陈七	80	98	83	
18	2008016	蒋四	78	88	48	
19	2008017	姜七	85	72	98	
20	2008018	庆五	100	100	100	
21	2008019	艾一	98	39	40	
22	2008020	陆六	72	78	98	

图8-1　输入公式

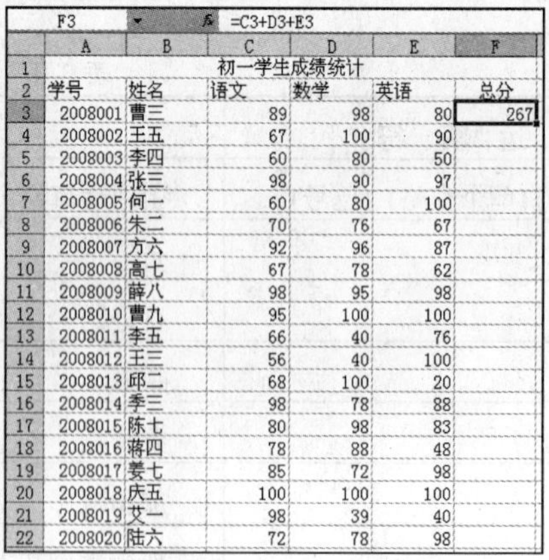

	A	B	C	D	E	F
1	初一学生成绩统计					
2	学号	姓名	语文	数学	英语	总分
3	2008001	曹三	89	98	80	267
4	2008002	王五	67	100	90	
5	2008003	李四	60	80	50	
6	2008004	张三	98	90	97	
7	2008005	何一	60	80	100	
8	2008006	朱二	70	76	67	
9	2008007	方六	92	96	87	
10	2008008	高七	67	78	62	
11	2008009	薛八	98	95	98	
12	2008010	曹九	95	100	100	
13	2008011	李五	66	40	76	
14	2008012	王三	56	40	100	
15	2008013	邱二	68	100	20	
16	2008014	季三	98	78	88	
17	2008015	陈七	80	98	83	
18	2008016	蒋四	78	88	48	
19	2008017	姜七	85	72	98	
20	2008018	庆五	100	100	100	
21	2008019	艾一	98	39	40	
22	2008020	陆六	72	78	98	

图8-2　显示公式计算结果

2. 修改公式

当调整单元格或输入错误的公式后，可以对相应的公式进行修改，具体方法：首先选择需要修改公式的单元格，然后在编辑栏中使用修改文本的方法对公式进行修改，最后按 Enter 键即可，此时单元格中的计算结果将根据公式的改变而改变。

3. 显示公式

在单元格中输入公式并按 Enter 键确认后，单元格中将显示通过该公式计算的结果，而公式本身则只在编辑栏的文本框中显示，为方便用户检查公式，可通过设置使工作表在显示公式内容与显示结果之间进行切换。

【例 8-2】在"初一学生成绩统计表"工作表中设置在"总分"单元格中显示公式。

(1) 在 Excel 2003 中打开"初一学生成绩统计表"工作表。

(2) 在菜单栏中选择【工具】|【选项】命令，打开【选项】对话框。单击【视图】标签，打开【视图】选项卡，在【窗口选项】选项区域中选中【公式】复选框，如图 8-3 所示。

(3) 单击【确定】按钮，在公式显示单元格中，如图 8-4 所示。

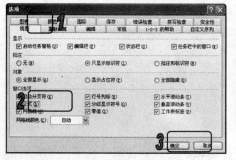

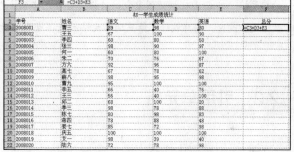

图 8-3　【视图】选项卡　　　　图 8-4　在单元格中显示公式

> **提示**
>
> 由于公式错误或者其他原因而导致计算结果出错，或者产生某些意外结果时，可以通过【例 8-2】的步骤来显示公式，查找出错的原因，从而更好地利用公式。

4. 复制公式

若要在其他单元格中输入与某个单元格格式相同的公式，可对该公式进行复制，省去了重复输入相同内容的操作，从而节省时间，提高工作效率。

【例 8-2】将"初一学生成绩统计表"工作表中 F3 单元格中的公式复制到 F3:F22。

(1) 在 Excel 2003 中打开"初一学生成绩统计表"工作表。

(2) 选择 F3 单元格，将光标移动至 F3 单元格的右下方，当光标变为＋形状时按住鼠标，并向下拖动至 F4:F22 单元格，如图 8-5 所示。

(3) 释放鼠标后，Excel 2003 自动复制公式至 F4:F22 单元格中，如图 8-6 所示。

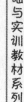

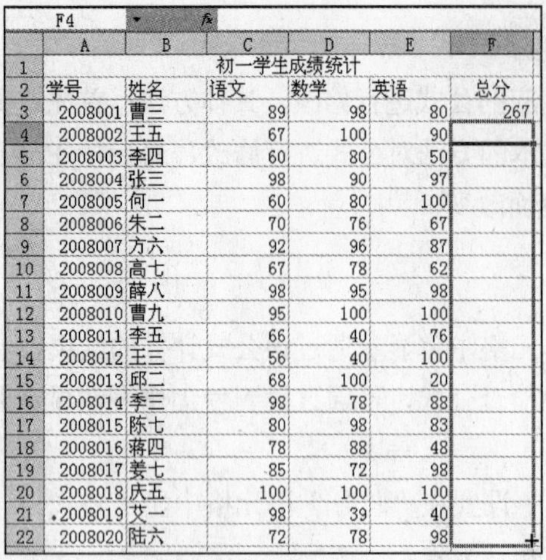

F4

	A	B	C	D	E	F
1	初一学生成绩统计					
2	学号	姓名	语文	数学	英语	总分
3	2008001	曹三	89	98	80	267
4	2008002	王五	67	100	90	
5	2008003	李四	60	80	50	
6	2008004	张三	98	90	97	
7	2008005	何一	60	80	100	
8	2008006	朱二	70	76	67	
9	2008007	方六	92	96	87	
10	2008008	高七	67	78	62	
11	2008009	薛八	98	95	98	
12	2008010	曹九	95	100	100	
13	2008011	李五	66	40	76	
14	2008012	王三	56	40	100	
15	2008013	邱二	68	100	20	
16	2008014	季三	98	78	88	
17	2008015	陈七	80	98	83	
18	2008016	蒋四	78	88	48	
19	2008017	姜七	85	72	98	
20	2008018	庆五	100	100	100	
21	2008019	艾一	98	39	40	
22	2008020	陆六	72	78	98	

图 8-5　选择要复制公式的单元格

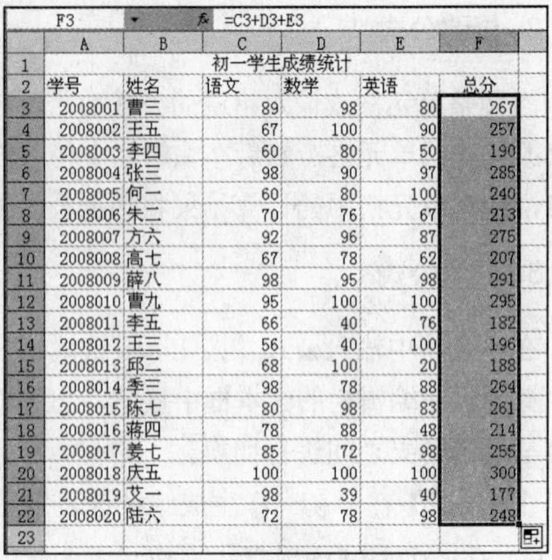

F3　=C3+D3+E3

	A	B	C	D	E	F
1	初一学生成绩统计					
2	学号	姓名	语文	数学	英语	总分
3	2008001	曹三	89	98	80	267
4	2008002	王五	67	100	90	257
5	2008003	李四	60	80	50	190
6	2008004	张三	98	90	97	285
7	2008005	何一	60	80	100	240
8	2008006	朱二	70	76	67	213
9	2008007	方六	92	96	87	275
10	2008008	高七	67	78	62	207
11	2008009	薛八	98	95	98	291
12	2008010	曹九	95	100	100	295
13	2008011	李五	66	40	76	182
14	2008012	王三	56	40	100	196
15	2008013	邱二	68	100	20	188
16	2008014	季三	98	78	88	264
17	2008015	陈七	80	98	83	261
18	2008016	蒋四	78	88	48	214
19	2008017	姜七	85	72	98	255
20	2008018	庆五	100	100	100	300
21	2008019	艾一	98	39	40	177
22	2008020	陆六	72	78	98	248
23						

图 8-6　复制单元格

提示

若要复制公式到同一表格中的其他不相邻的单元格或不在同一表格中的单元格中，可首先选择公式所在的单元格，按 Ctrl+C 快捷键复制，选择目标单元格后按 Ctrl+V 快捷键粘贴公式。若公式引用的单元格中的数据发生改变，则存放计算结果的单元格的数据也发生改变。

8.2.2　引用单元格

公式的引用是对工作表中的一个或一组单元格进行标识，它告诉公式使用哪些单元格的值。通过引用，可以在一个公式中使用工作表不同部分的数据，或在几个公式中使用同一单元格的数值。在 Excel 2003 中，引用单元格的常用方式包括相对引用、绝对引用与混合引用。

1. 相对引用

相对引用是指当前单元格与公式所在单元格的相对位置。默认设置下，Excel 2003 使用的都是相对引用。当改变公式所在单元格的位置时，引用也随之改变。如果多行或多列地复制公式，引用会自动调整。

【例 8-3】在“初一学生成绩统计表”工作表中，设置 C23 单元格中的公式为“=C3+C4+…+C20+C22”，将该公式相对引用到 D23 单元格。

(1) 在 Excel 2003 中打开“初一学生成绩统计表”工作表，在 A23 输入文字“各科总分：”，并合并 A23 和 B23 两单元格。

(2) 选择 C23 单元格，并在编辑栏中输入公式“=C3+C4…+C9+C10”，完成后如图 8-7 所示。

(3) 使用【例 8-2】中复制公式的方法，将 C23 单元格中的公式复制到 D23 单元格中，即可完成相对引用操作，如图 8-8 所示。

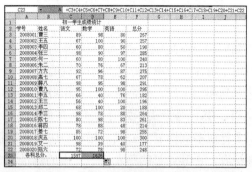

图 8-7　输入公式　　　　　　　　　图 8-8　相对引用公式

2. 绝对引用

绝对引用是指公式中单元格的精确地址，与包含公式的单元格的位置无关。它在列标和行号前分别加上美元符号$。例如，$A$5 表示单元格 A5 绝对引用，而$A$3:$C$5 表示单元格区域 A3:C5 绝对引用。

知识点

> 绝对引用与相对引用的区别：复制公式时，若公式中使用相对引用，则单元格引用会自动随着移动的位置发生相应的变化；若公式中使用绝对引用，则单元格引用不会发生变化。

【例 8-4】在"初一学生成绩统计表"工作表中，将 C23 单元格中的公式绝对引用至 D23 单元格。

(1) 在 Excel 2003 中打开【例 8-3】创建的"初一学生成绩统计表"工作表。

(2) 选择 C23 单元格，在编辑栏中选择所有公式，并按 F4 键将公式转换为绝对引用，然后按 Enter 键，如图 8-9 所示。

(3) 复制 C23 单元格中的公式至 D23 单元格，完成后如图 8-10 所示。此时，D23 单元格中的数据不是 D3:D23 单元格中的数据和，而仍然是 C23 单元格中的数据。

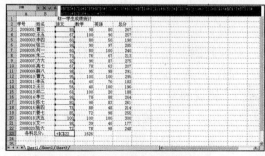

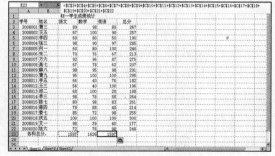

图 8-9　转换为绝对引用　　　　　　　图 8-10　转换为绝对引用

知识点

> 在编辑栏中选择公式后，利用 F4 键可以对其进行相对引用与绝对应用的切换。按一次 F4 键转换成绝对引用，继续按两次转换为不同的混合引用，再按一次还原为相对引用。

计算机 基础与实训教材系列

3. 混合引用

如果需要在复制公式时，只要求行或只有列保持不变，那么就需要使用混合地址引用。混合引用是指在一个单元格引用中，既有绝对单元格引用，也有相对单元格引用，即混合引用具有绝对列和相对行，或是绝对行和相对列。绝对引用列采用 $A1、$B1 等形式，绝对引用行采用 A$1、B$1 等形式。如果公式所在单元格的位置改变，则相对引用改变，而绝对引用不变。如果多行或多列地复制公式，相对引用自动调整，而绝对引用不作调整。例如，要制作一个九九乘法表，在其计算的单元格中使用的就是混合引用。

【例 8-5】在"初一学生成绩统计表"工作表中，将 C23 单元格中的公式混合引用至 F23 单元格。

(1) 在 Excel 2003 中打开【例 8-4】创建的"初一学生成绩统计表"工作表。

(2) 选择 C23 单元格，在编辑栏中将插入点移动至=号后，按 F4 键将插入点后的一个数据(即 C23 单元格中的数据)设置为绝对引用，然后按 Enter 键，如图 8-11 所示。

(3) 将 C23 单元格中的公式复制到 F23 单元格中，即可完成混合引用操作，如图 8-12 所示。F23 单元格所执行的公式相当于 "=F3+C4+C5+...+C21+C22"。

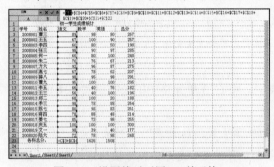

图 8-11　设置绝对引用 C3 单元格

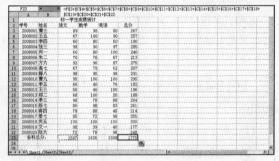

图 8-12　混合引用

8.3　应用函数

函数是 Excel 预设的内置公式，可以进行数学、文本或逻辑的运算，也可以查找工作表的信息。Excel 2003 将具有特定功能的一组公式组合在一起，形成了函数。与直接使用公式进行计算相比较，使用函数进行计算的速度更快，同时减少了错误的发生。

函数实际上也是公式，只不过它使用被称为参数的特定数值，按被称为语法的特定顺序进行计算。函数一般包含 3 个部分：等号、函数名和参数，如 "=SUM(A1:G10)"，此函数表示对 A1:G10 单元格区域内所有数据求和。

使用函数时，可以在单元格中直接输入，还可以使用【插入函数】对话框来输入。利用 Excel 2003 提供的【插入函数】对话框可以插入 Excel 自带的任意函数，如图 8-13 所示，在菜单栏中选择【插入】|【函数】命令，即可打开该对话框。

图 8-13　【插入函数】对话框

【例 8-6】在"初一学生成绩统计表"工作表中，删除"各科总分"一行，在 G2 单元格中输入"平均分"，使用函数计算每个同学的平均分。

(1) 在 Excel 2003 中打开"初一学生成绩统计表"工作表，将"各科总分"一行删除并撤销合并单元格，然后在 G2 输入文字"平均分"，如图 8-14 所示。

(2) 选择 G3 单元格，选择【插入】|【函数】命令，打开【插入函数】对话框，在【选择函数】列表框中选择 AVERAGE 选项，如图 8-15 所示。

图 8-14　编辑工作表

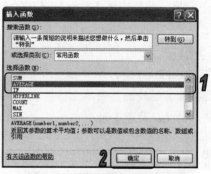

图 8-15　选择 AVERAGE 函数

(3) 单击【确定】按钮，打开【函数参数】对话框，在 Number1 文本框中输入单元格区域 C3:D3，如图 8-16 所示。

(4) 单击【确定】按钮，在 G3 单元格中显示平均分，复制公式，得出其他学生的平均分，最终结果如图 8-17 所示。

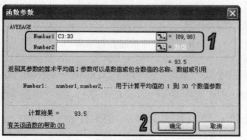

图 8-16　【函数参数】对话框

图 8-17　显示平均分

8.4 建立数据清单

数据清单是指包含一组相关数据的一系列工作表数据行。Excel 2003 在对数据清单进行管理时，一般把数据清单看作是一个数据库。数据清单中的行相当于数据库中的记录，行标题相当于记录名。数据清单中的列相当于数据库中的字段，列标题相当于数据序中的字段名。

创建数据清单时，可以用普通的输入方法向行列中逐个输入数据，但非常繁琐而且易于出错。使用记录单可以轻松地完成数据清单的创建和编辑。记录单是数据清单的一种管理工具，利用记录单可以方便地在数据清单中添加、显示、修改、删除和查找记录。

8.4.1 添加记录

计算机 基础与实训教材系列

由于 Excel 需要将工作表中数据的每一列作为一个字段，而在具有标题的工作表中，Excel 无法识别哪一行中包含列标志，因此在此类工作表中使用记录单时，需先选中除标题外其他带有数据的单元格，然后选择【数据】|【记录单】命令，打开记录单对话框，在该对话框中进行添加操作。

【例 8-7】在"初一学生成绩统计表"工作表中，添加一条新记录。

(1) 在 Excel 2003 中打开"初一学生成绩统计表"工作表。

(2) 选择除标题外的其他单元格区域 A2:G22，然后选择【数据】|【记录单】命令，打开如图 8-18 所示的【记录单】对话框。在此，可以单击【下一条】和【上一条】按钮，来显示其他记录。

(3) 单击【新建】按钮，打开如图 8-19 所示的对话框。

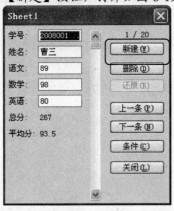
图 8-18　记录单

图 8-19　【新建】记录单

(4) 依次在【学号】、【姓名】、【语文】、【数学】和【英语】文本框中输入新记录的各项内容，如图 8-20 所示。按 Enter 键将该记录添加到工作表中。

(5) 单击【关闭】按钮关闭记录单，添加记录后的工作表效果如图 8-21 所示。

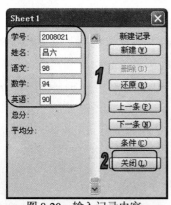

图 8-20　输入记录内容

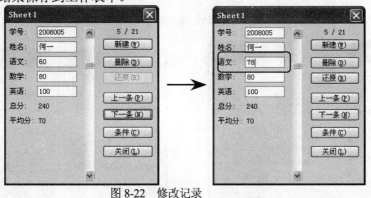

图 8-21　显示新记录

⑧.4.2　修改记录

　　如果用户要修改记录中的某个数据，可以直接在单元格中进行修改，也可以在记录单对话框中进行修改。具体方法：在打开的记录单对话框中，单击【下一条】和【上一条】按钮找到需要修改的记录后，在对应的记录内容文本框中进行修改，如图 8-22 所示，修改完毕后，按Enter 键将修改结果保存到工作表中。

图 8-22　修改记录

⑧.4.3　删除记录

　　删除记录的方法：在记录单对话框中找到需要删除的记录，单击右侧的【删除】按钮 ，此时系统自动打开如图 8-23 提示对话框，单击【确定】按钮即可删除记录，同时记录单将自动显示下一页记录，表格中的相应单元格及数据也被删除。

计算机 基础与实训教材系列

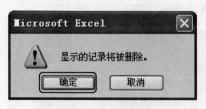

图 8-23　信息提示框

提示

如果用户误删了某记录，无法使用【撤销】按钮恢复原记录，必须重新添加该记录。

⑧.4.4　查找记录

当工作表中的记录或字段较多时，可使用查找的方法来定位所需记录。在记录单对话框右侧单击【条件】按钮，打开对应的对话框，在相应的字段文本框中输入搜索的关键字后按 Enter 键即可。下面以实例来介绍查找记录的方法。

【例 8-8】 在"初一学生成绩统计表"工作表中，查找英语为 100 的记录。

(1) 在 Excel 2003 中打开"初一学生成绩统计表"工作表。

(2) 选择除标题外的其他单元格区域 A2:G23，然后选择【数据】|【记录单】命令，打开记录单对话框。

(3) 单击【条件】按钮，在打开的对话框中设置查询条件，在【英语】文本框中输入 100，如图 8-24 所示。

(4) 按 Enter 键即可在记录单中查找并显示满足条件的记录，如图 8-25 所示。

图 8-24　设置查询条件

图 8-25　显示满足条件的第一条记录

(5) 单击【下一条】按钮，将显示满足条件的下一条记录，如图 8-26 所示。

(6) 查看完所有的记录后，单击【关闭】按钮，关闭记录单返回到工作表。

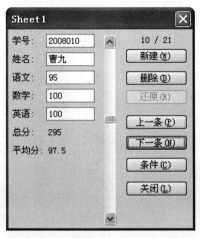

图 8-26　显示满足条件的下一条记录

> **提示**
>
> 　　使用记录单查找记录时，若查到若干个满足条件的记录，则在记录单中只显示多个记录中位于最前面的记录。

8.5　数据排序

　　数据排序是指按一定规则对数据进行整理、排列，这样可以为数据的进一步处理作好准备。Excel 2003 提供了多种对数据清单进行排序的方法，即可以按升序、降序的方式，也可以由用户自定义排序的方法。

8.5.1　数据的简单排序

　　对 Excel 中的数据清单进行排序时，如果按照单列的内容进行简单排序，直接使用工具栏中的【升序排序】按钮或【降序排序】按钮即可。

　　【例 8-9】在"初一学生成绩统计表"工作表中，按照英语成绩由高到低来排列数据记录。

　　(1) 在 Excel 2003 中打开"初一学生成绩统计表"工作表。

　　(2) 选定"英语"所在的 E3:E23 单元格区域，单击【常用】工具栏的【降序排】按钮，打开【排序警告】对话框。

　　(3) 在对话框中选中【扩展选定区域】单选按钮，然后单击【排序】按钮，如图 8-27 所示。此时即可按照英语成绩从高到低来排列数据记录，如图 8-28 所示。

> **提示**
>
> 　　若在【排序警告】对话框中选中【以当前选定区域排序】单选按钮，则单击【排序】按钮后，Excel 2003 只会将选定区域排序，而其他位置的单元格保持不变。

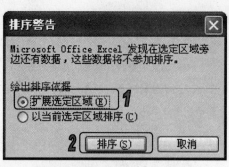

图 8-27　【排序警告】对话框　　　　　　图 8-28　简单排序

8.5.2　数据的高级排序

数据的高级排序是指按照多个条件对数据清单进行排序，这是针对简单排序后仍然有相同数据的情况进行的一种排序方式。如图 8-28 所示，经过简单排序后，有多个学生的英语成绩相同。若要准确排序，则还需为其添加一个排序条件。

【例 8-10】在"初一学生成绩统计表"工作表中，设置按英语成绩由高到低排列数据记录。当英语成绩相同时，再依照总分从高至低排列数据记录。

(1) 在 Excel 2003 中打开"初一学生成绩统计表"工作表。

(2) 选定单元格区域 A3:G23，然后在菜单栏中选择【数据】|【排序】命令，打开【排序】对话框。

(3) 在【主要关键字】下拉列表框中选择【英语】选项，然后选中【降序】单选按钮；在【次要关键字】下拉列表框中选择【总分】选项，然后选中【降序】单选按钮，如图 8-29 所示。

(4) 单击【确定】按钮，即可完成排序设置，效果如图 8-30 所示。

图 8-29　【排序】对话框　　　　　　图 8-30　多条件排序

⑧.5.3　创建自定义序列

通常情况下，系统预置的排序序列被保存在【选项】对话框的【自定义序列】选项卡中，用户可以根据需要随时调用。在 Excel 2003 中，用户可以创建自定义序列，以使其能够自动应用到需要的数据清单中。

【例 8-11】自定义序列姓名、学号及总分。

(1) 在 Excel 2003 中新建一个【自定义序列】工作簿，并在工作表中依次输入序列内容"学号"、"姓名"及"总分"，如图 8-31 所示。

(2) 选定所输入的内容，然后在菜单栏中选择【工具】|【选项】命令，打开【选项】对话框，单击【自定义序列】标签，打开【自定义序列】选项卡，如图 8-32 所示。

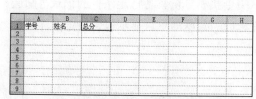

图 8-31　输入自定义序列的内容

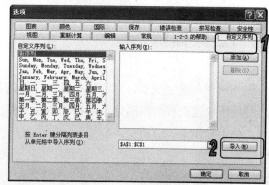

图 8-32　【自定义序列】选项卡

(3) 单击【导入】按钮，即可将选定的自定义排序内容添加至选项卡中，如图 8-33 所示。

(4) 单击【确定】按钮，即可保存自定义的序列。

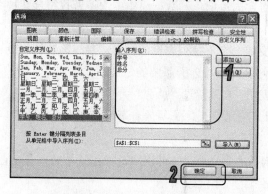

图 8-33　添加自定义序列

 提示

除使用例题介绍的方法外，还可以在【自定义序列】列表框中选择【新序列】选项，然后在【输入序列】文本区域中依次输入自定义的序列内容，最后单击【确定】按钮保存。

需要依据自定义排序次序对数据清单进行排序时，可打开【排序】对话框，在【主要关键字】中单击需要排序的列，然后单击【选项】按钮，打开【排序选项】对话框，如图 8-34 所示。在该对话框中的【自定义排序次序】下拉列表框中即可选择自定义序列。

电脑办公自动化实用教程

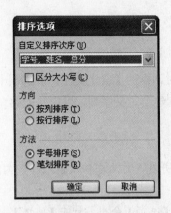

图 8-34 【排序选项】对话框

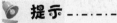提示

自定义排序顺序只能作用于【主要关键字】下拉列表框中指定的数据列。如果要使用自定义排序顺序对多个数据列排序，需要分别对每一列执行一次排序操作。

8.6 数据筛选

数据清单创建完成后，对它进行的操作通常是从中查找和分析具备特定条件的记录，筛选是一种用于快速查找数据清单中数据的方法。经过筛选后的数据清单只显示包含指定条件的数据行，供用户浏览、分析。

8.6.1 自动筛选

自动筛选是按选定内容筛选，它适用于简单条件的筛选。通常在一个数据清单的一个列中，有多个相同的值。自动筛选机制为用户提供了在包含大量记录的数据清单中快速查找符合某种条件的记录的功能。

使用自动筛选机制筛选记录时，字段名称将变成一个下拉列表框的框名，参与筛选的字段名称将变为蓝色。通过选择下拉列表框中的命令可以自动筛选所需要的记录。

【例 8-12】在"初一学生成绩统计表"工作表中，自动筛选"总分"大于 270 的数据记录。

(1) 在 Excel 2003 中打开"初一学生成绩统计表"工作表，选择除标题外的所有单元格区域 A3:G23。

(2) 在菜单栏中选择【数据】|【筛选】|【自动筛选】命令，工作表中的数据清单的列标题全部变成下拉列表框，在其中可以快速设置筛选条件，如图 8-35 所示。

(3) 在工作表 F 列标题【总分】下拉列表框中选择【自定义】选项，系统自动打开【自定义自动筛选方式】对话框。

(4) 在【显示行】选项区域的【总分】下拉列表框中选择【大于】选项，然后在其后的文本框中输入 270，如图 8-36 所示。

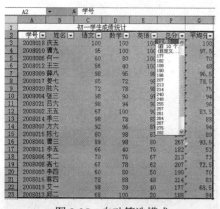

图 8-35 自动筛选模式

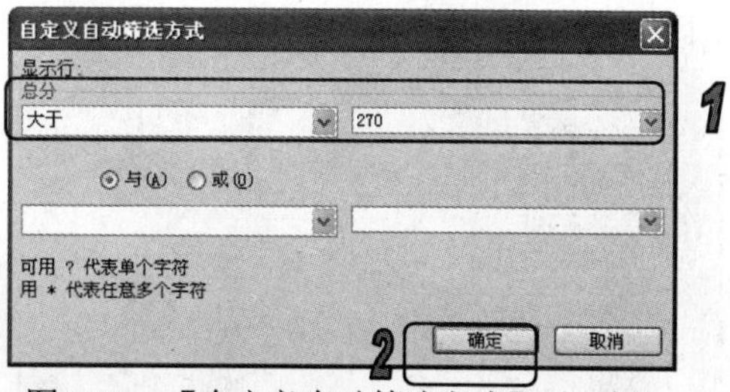

图 8-36 【自定义自动筛选方式】对话框

(5) 单击【确定】按钮，即可筛选出满足条件的记录，如图 8-37 所示。

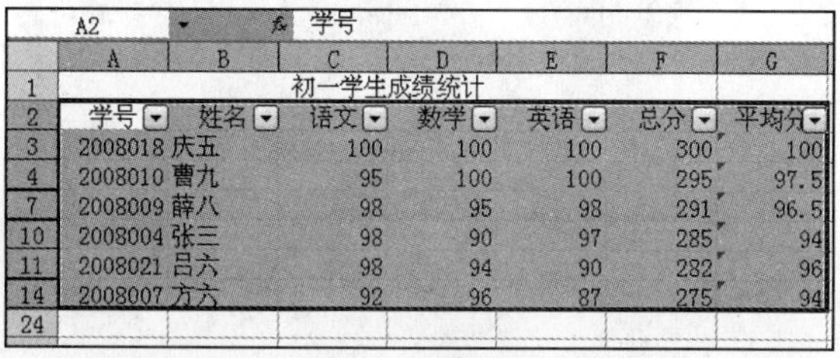

图 8-37 筛选记录

提示

若要再次显示被筛选掉的记录，在菜单栏中选择【数据】|【筛选】|【全部显示】命令即可。

提示

自动筛选数据时，在字段名称下拉列表框中选择【全部】命令，可以显示数据清单中的所有记录。

8.6.2 高级筛选

如果数据清单中的字段比较多，筛选的条件也比较多，自定义筛选就显得十分繁琐。对筛选条件较多的情况，可以使用高级筛选功能来处理。

使用高级筛选功能，必须先建立一个条件区域，用来指定筛选的数据所需满足的条件。条件区域的第一行是所有作为筛选条件的字段名，这些字段名与数据清单中的字段名必须完全一致。条件区域的其他行则输入筛选条件。需要注意的是，条件区域和数据清单不能连接，必须用一行空将其隔开。

【例 8-13】在"初一学生成绩统计表"工作表中，筛选出总分大于 270 并且英语大于 95 的学生成绩记录。

(1) 在 Excel 2003 中打开"初一学生成绩统计表"工作表，选择除标题外的所有单元格区域 A3:G23。

(2) 在 Sheet1 工作表的 E26:F27 单元格区域中输入筛选条件：在 F26 单元格中输入 ">95"、

计算机基础与实训教材系列

在 G27 单元格中输入 ">270"，完成后如图 8-38 所示。

(3) 在菜单栏中选择【数据】|【筛选】|【高级筛选】命令，打开【高级筛选】对话框，如图 8-39 所示。

图 8-38　输入筛选条件　　　　图 8-39　【高级筛选】对话框

(4) 单击【列表区域】文本框后的按钮，在工作表中选择 A2:G23 单元格区域，如图 8-40 所示，然后单击按钮返回到【高级筛选】对话框。

(5) 单击【条件区域】文本框后的按钮，在工作表中选择 E26:F27 单元格区域，如图 8-41 所示，然后单击按钮返回到【高级筛选】对话框。

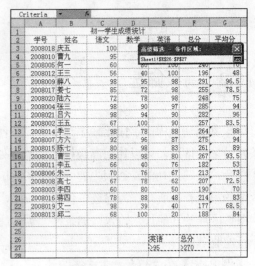

图 8-40　选择列表区域　　　　图 8-41　选择条件区域

(6) 单击【确定】按钮，即可按要求筛选出满足条件的数据记录，如图 8-42 所示。

		初一学生成绩统计				
A	B	C	D	E	F	G
学号	姓名	语文	数学	英语	总分	平均分
2008018	庆五	100	100	100	300	100
2008010	曹九	95	100	100	295	97.5
2008009	薛八	98	95	98	291	96.5
2008004	张三	98	90	97	285	94
				英语	总分	
				>95	>270	

图 8-42　使用高级筛选功能筛选数据

提示

若要再次显示高级筛选掉的记录，只需在菜单栏中选择【数据】|【筛选】|【全部显示】命令即可。

提示

若在【高级筛选】对话框中选中【选择不重复的记录】复选框，则当有多条记录满足筛选条件时，只显示其中一条记录。

⑧.7　分类汇总

分类汇总是对数据清单进行数据分析的一种方法。分类汇总对数据库中指定的字段进行分类，然后统计同一类记录的有关信息。统计的内容可以由用户指定，也可以统计同一类记录的记录条数，或对某些数值段求和、求平均值、求极值等。

⑧.7.1　分类汇总概述

Excel 2003 可自动计算数据清单中的分类汇总和总计值。当插入自动分类汇总时，Excel 将分级显示数据清单，以便为每个分类汇总显示和隐藏明细数据行。

若要插入分类汇总，需先将数据清单排序，以便将需要进行分类汇总的行组合到一起。然后为包含数字的列计算分类汇总。

如果数据不是以数据清单的形式来组织，或者只需单个的汇总，则可使用"自动求和"，而不是使用"自动分类汇总"。

1. 分类汇总的计算方法

分类汇总的计算方法有分类汇总、总计和自动重新计算。

- 分类汇总：Excel 使用 SUM 或 AVERAGE 等汇总函数进行分类汇总计算。在一个数据清单中可以一次使用多种计算来显示分类汇总。
- 总计：总计值来自于明细数据，而不是分类汇总行中的数据。例如，如果使用了 AVERAGE 汇总函数，则总计行将显示数据清单中所有明细数据行的平均值，而不是分类汇总行中汇总值的平均值。

◉ 自动重新计算：在编辑明细数据时，Excel 将自动重新计算相应的分类汇总和总计值。

2. 汇总报表和图表

当用户将分类汇总添加到清单中时，清单会分级显示，从而可以查看其结构。通过单击分级显示符号可以隐藏明细数据而只显示汇总的数据，这样就形成了汇总报表。

用户可以创建一个图表，该图表仅使用了包含分类汇总的清单中的可见数据。如果显示或隐藏分级显示清单中的明细数据，该图表也会随之更新以显示或隐藏这些数据。

3. 分类汇总应注意的事项

确保要分类汇总的数据为数据清单的格式：第一行的每一列都有标志，并且同一列中应包含相似的数据，在数据清单中不应有空行或空列。

8.7.2 创建分类汇总

Excel 2003 可以在数据清单中自动计算分类汇总及总计值，用户只需指定需要进行分类汇总的数据项、待汇总的数值和用于计算的函数(例如"求和"函数)即可。如果要使用自动分类汇总，工作表必须组织成具有列标志的数据清单。在创建分类汇总之前，用户必须先根据需要进行分类汇总的数据列对数据清单排序。

【例 8-14】在"初一学生成绩统计表"工作表中，在 H2 单元格创建"班级"列，并在其下的单元格输入学生对应的班级，然后以"班级"选项对英语平均分进行分类汇总。

(1) 在 Excel 2003 中打开"初一学生成绩统计表"工作表，选择 H2 单元格，在其中输入"班级"，在该列下的单元格中输入对应的班级名，如图 8-43 所示。

(2) 选择单元格区域 A2:H23，然后选择【数据】|【分类汇总】命令，打开【分类汇总】对话框。

(3) 在【分类字段】下拉列表框中选择要分类的字段，即选择【班级】选项；在【汇总方式】下拉列表中选择对汇总项进行的汇总的操作，即选择【平均分】选项；在【选定汇总项】列表框中选择要进行汇总的字段，即选中【英语】前的复选框，如图 8-44 所示。

图 8-43　创建班级

图 8-44　【分类汇总】对话框

(4) 单击【确定】按钮，分类汇总后的效果如图 8-45 所示。

(5) 单击分类汇总 ② 按钮或者单击 ➖，即可显示第二级分类汇总结果，如图 8-46 所示。

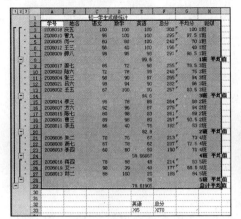

图 8-45　汇总结果

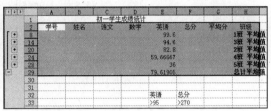

图 8-46　显示第二级分类汇总结果

 提示

要清楚分类汇总的结果，回到原来的显示状态，可选择进行分类汇总的单元格区域后，选择【数据】|【分类汇总】命令，打开【分类汇总】对话框，在该对话框中单击【全部删除】按钮，清除分类汇总。

8.8　创建图表

使用图标可以使工作表中单调的数值更加形象，使用户能直观地查看各个数据之间的比例关系，从而方便比较和分析。

8.8.1　插入图表

使用 Excel 2003 提供的图表向导，可以方便、快速地插入一个标准类型或自定义类型的图表，从而用户可以更直观地查看工作表中的数据。

【例 8-14】在"初一各班平均成绩汇总表"工作簿中插入柱形图以显示表格中的数据。

(1) 在 Excel 2003 中创建"初一各班平均成绩汇总表"工作簿，并在 Sheet1 工作表中创建如图 8-47 所示的表格。

(2) 选择单元格区域 A2:D7，然后在菜单栏中选择【插入】|【图表】命令，打开【图表向导-4 步骤之 1-图表类型】对话框，在【图表类型】列表框中选择【柱形图】选项，然后在对话框右边的【子图表类型】选项区域中选择【三维簇状柱形图】样式，如图 8-48 所示。

	A	B	C	D
1	初一各班平均成绩汇总			
2	班级	语文	数学	英语
3	1班	81.8	83	99.6
4	2班	84	86.8	94.6
5	3班	85	82	82.6
6	4班	65.67	78	59.67
7	5班	81.33	75.67	36

图 8-47　创建工作表

图 8-48　选择图标类型

（3）单击【下一步】按钮，打开【图表向导-4 步骤之 2-图表源数据】对话框，在该对话框中可以设置图表在工作表中的数据源，此处保持默认设置，如图 8-49 所示。

（4）单击【下一步】按钮，打开【图表向导-4 步骤之 3-图表选项】对话框，在【图表表题】文本框中输入"各班平均成绩"，如图 8-50 所示。

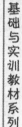

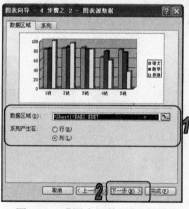

图 8-49　【图表源数据】对话框

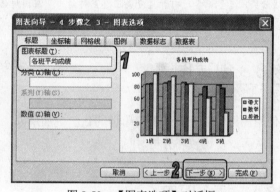

图 8-50　【图表选项】对话框

（5）单击【下一步】按钮，打开【图表向导-4 步骤之 4-图表位置】对话框，在【将图表】选项区域中，选中【作为其中的对象插入】单选按钮，然后在后面的下拉列表框中选择 Sheet1 工作表，如图 8-51 所示。

（6）单击【完成】按钮，创建完成所需要的图表，如图 8-52 所示。

提示

Excel 有两种类型的图表，嵌入式图表和图表工作表。嵌入式图表是将图表看作是一个图形对象，并作为工作表的一部分进行保存。它与工作表数据一起显示或打印一个或多个图表时使用，本书中主要介绍此类图表。图表工作表是工作簿中具有特定工作表名称的独立表格。该类工作表的具体说明请参考 Excel 的精通类书籍。

图 8-51　【图表位置】对话框

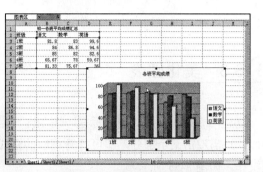

图 8-52　创建嵌入式图表

⑧.8.2　编辑图表

对于插入好的图表，还可以对其进行编辑操作，如改变图表类型、位置及大小等。

1. 改变图表类型

改变图表类型包括改变某个数据系列的图表类型和改变整个图表的图表类型，下面以改变整个图表的图表类型为例来介绍改变图表类型的方法。

【例 8-15】将【例 8-14】创建的"各班平均成绩"图表类型改为折线图。

(1) 在 Excel 2003 中打开"初一各班平均成绩汇总表"工作簿，并打开 Sheet1 工作表。

(2) 选中【各班平均成绩】整个图表，选择【图表】|【图表类型】命令，打开【图表类型】对话框，在【图表类型】列表框中选择【折线图】选项，然后在对话框右边的【子图表类型】选项区域中选择【折线图】样式，如图 8-53 所示。

(3) 单击【确定】按钮，修改类型后的图表如图 8-54 所示。

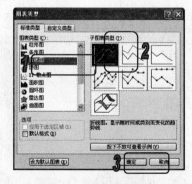

图 8-53　设置图表类型

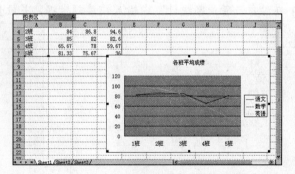

图 8-54　修改图表类型后的效果

2. 改变图表类型

用户可以对插入到工作表中的图表进行移动和改变大小等操作，方法：只需选中后拖动图表位置，鼠标变成双向箭头后缩小或扩大图表大小。此外，图表中的标题、图例和绘图区等组成部分也可移动或改变大小，操作方法类似。

⑧.8.3　美化图表

创建图表后，可以对图表标题、图表区及坐标轴等部分进行美化操作。各部分美化的方法类似，只需双击某个部分，即可打开相应的格式对话框，在相应的选项区下对图表进行各种美化操作，如图 8-55 所示。

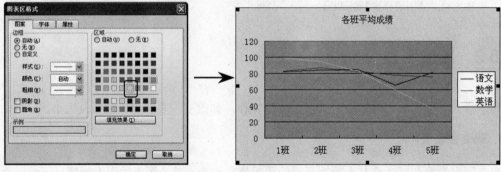

图 8-55　美化图表区

⑧.9　上机练习

本章介绍了使用 Excel 2003 进行办公的一些高级操作。本练习通过创建【每日营业额统计】来帮助用户巩固公式、函数的使用、数据排序和创建图表等操作。

(1) 打开 Excel 2003，创建名为"每日营业额统计"工作簿，如图 8-56 所示。

(2) 在"每日营业额统计"中输入销售额数据，并设置表格格式，效果如图 8-57 所示。

图 8-56　创建"每日营业额统计" 　　　　图 8-57　输入数据并设置表格格式

(3) 选定销售额所在的 C3:C8 单元格区域。在【常用】工具栏中单击【降序排序】按钮，打开【排序警告】对话框，选中【扩展选定区域】单选按钮，如图 8-58 所示。

(4) 单击【排序】按钮，即可设置依照销售额从高到低来排列数据记录，如图 8-59 所示。

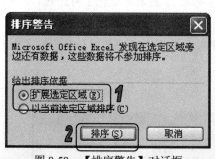

图 8-58 　【排序警告】对话框

图 8-59 　 简单排序

（5）总营业额等于各商品销售额的总和。选择 C9 单元格，然后在菜单栏中选择【插入】|【函数】命令，打开【插入函数】对话框。

（6）在【或选择类别】下拉列表框中选择【常用函数】选项，在【选择函数】列表框中选择 SUM 选项，如图 8-60 所示。

（7）单击【确定】按钮，打开【函数参数】对话框，在 SUM 选项区域的 Number1 文本框中输入 C3:C8，如图 8-61 所示。

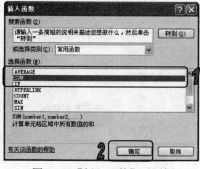

图 8-60 　【插入函数】对话框

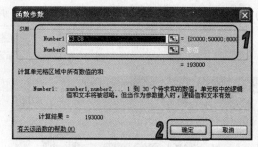

图 8-61 　【函数参数】对话框

（8）单击【确定】按钮，即可在 C9 单元格中计算出总营业额，如图 8-62 所示。

（9）选定 B2:C8 单元格区域，然后在菜单栏中选择【插入】|【图表】命令，打开【图表向导 -4 步骤之 1-图表类型】对话框，在【图表类型】列表框中选择【饼图】选项，然后在对话框右边的【子图表类型】选项区域中选择【分离型三维饼图】样式，如图 8-63 所示。

图 8-62 　 计算总销售额

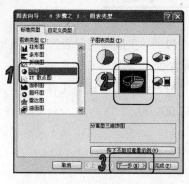

图 8-63 　【图表类型】对话框

(10) 单击【下一步】按钮，打开【图表向导-4 步骤之 2-图表源数据】对话框，在此保持默认设置，如图 8-64 所示。

(11) 单击【下一步】按钮，打开【图表向导-4 步骤之 3-图表选项】对话框，在【图表表题】文本框中输入"当日营业额(元)"，如图 8-65 所示。

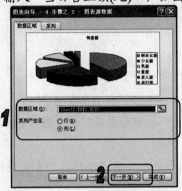

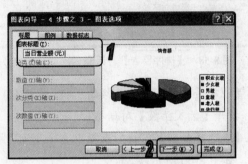

图 8-64 【图表源数据】对话框　　　　图 8-65 【图表选项】对话框

(12) 单击【下一步】按钮，打开【图表向导-4 步骤之 4-图表位置】对话框，选中【作为其中的对象插入】单选按钮，然后在后面的下拉列表框中选择要插入的工作表，如图 8-66 所示。

(13) 单击【完成】按钮，创建所需要的图表，并调整图表大小和位置后的效果如图 8-67 所示。

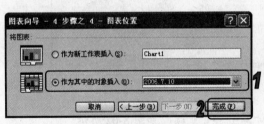

图 8-66 【图表位置】对话框　　　　图 8-67 调整图表后最终效果

8.10 习题

1. 对"初一学生成绩统计表"工作表每个人的成绩进行分类汇总。要求运用加法运算和求和函数两种方式。

2. 在"每日营业额统计"工作簿中，通过记录单修改"商品代号"为 100004 商品的"销售额"为 12 000.00。

第9章

PowerPoint 2003 办公
基本操作

学习目标

  PowerPoint 是一款专门用来制作演示文稿的软件。使用它可以制作出集文字、图形、图像、声音及视频等对象为一体的演示文稿，把学术交流、辅助教学、广告宣传以及产品演示等信息以更轻松、更高效的方式表达出来。本章将介绍 PowerPoint 2003 启动和退出、工作界面、视图模式和基本操作等内容。

本章重点

- ◉ PowerPoint 2003 的启动和退出
- ◉ PowerPoint 2003 的界面组成
- ◉ 创建和编辑幻灯片
- ◉ 插入对象

9.1   PowerPoint 2003 的基本操作界面

  PowerPoint 2003 是一款优秀的演示文稿制作软件。在开始学习使用 PowerPoint 2003 制作演示文稿之前，首先需要了解 PowerPoint 2003 的基本操作界面。

9.1.1   PowerPoint 2003 启动和退出

  当用户安装完 Office 2003(典型安装)之后，PowerPoint 2003 也将自动安装到系统中，这时用户就可以正常启动与退出 PowerPoint 2003。PowerPoint 2003 启动与退出可以通过多种方法来实现。下面将简单介绍 PowerPoint 2003 启动和退出最常规的操作方法。

1. PowerPoint 2003 的启动

选择【开始】|【所有程序】| Microsoft Office | Microsoft Office PowerPoint 2003 命令，即可启动程序，如图 9-1 所示。

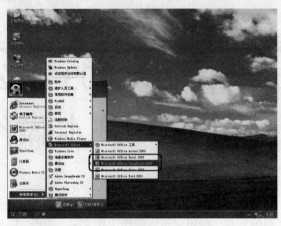

提示

如果用户在安装 Office 2003 时选择自定义安装，那么由于选择的组件不同，在图 9-1 中看到的子菜单项也会不同。此外，在 Windows 2000 以上的版本中，由于系统菜单会把不常用的菜单项自动隐藏，所以看到的菜单项也会有所不同。

图 9-1　常规启动

计算机基础与实训教材系列

2. PowerPoint 2003 的退出

PowerPoint 2003 可以通过 PowerPoint 2003 窗口右上角的【关闭】按钮✕来退出，也可以通过菜单命令来退出，具体方法如下。

- ◉ 右击标题栏，在弹出的快捷菜单中选择【关闭】命令。
- ◉ 在菜单栏上选择【文件】|【退出】命令。
- ◉ 双击标题栏上的【窗口控制】图标◙，或单击该图标，从弹出的快捷菜单中选择【关闭】命令。

⑨.1.2　PowerPoint 2003 界面简介

启动 PowerPoint 2003 应用程序后，用户将看到如图 9-2 所示的工作界面，该界面由标题栏、菜单栏、任务窗格、常用工具栏、工作区、视图切换区和状态栏等元素组成。

- ◉ 标题栏：标题栏位于窗口的顶端，是 PowerPoint 应用程序窗口的组成部分，用于显示当前应用程序名称和编辑的演示文稿名称。
- ◉ 菜单栏：位于标题栏的下方，包含了 PowerPoint 所有的控制功能，通过调用菜单中的命令，可以完成相应的任务。
- ◉ 任务窗格：最主要的优点是将常用对话框中的命令及参数设置以窗格的形式长时间显示在屏幕的右侧，可以节省大量查找命令的时间，从而提高工作效率。
- ◉ 工具栏：图形化的菜单命令，要执行某个命令，单击相应的按钮即可。
- ◉ 工作区：对幻灯片进行编辑或应用各种效果等操作的场所。

● 状态栏：状态栏位于窗口的最底端，显示当前演示文稿的常用参数及工作状态，如整个文稿的总页数、当前正在编辑的幻灯片的编号以及该演示文稿所用的设计模板名称等。

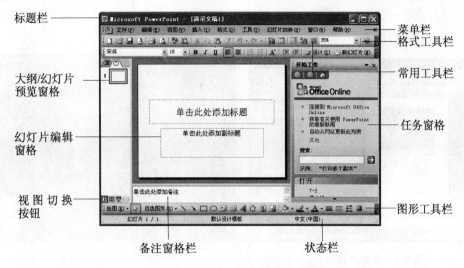

图 9-2　PowerPoint 2003 工作界面

⑨.1.3　PowerPoint 2003 视图模式

PowerPoint 2003 提供了【普通视图】、【幻灯片浏览视图】、【备注页视图】和【幻灯片放映】4 种视图模式，使用户在不同的工作条件下都能有一个舒适的工作环境。每种视图包含特定的工作区、功能区和其他工具。

● 普通视图：最常用的视图方式，可用于撰写或设计演示文稿，如图 9-3 所示。普通视图中主要包含大纲窗格(幻灯片预览窗格)、幻灯片编辑窗格、任务窗格和备注窗格 4 种窗格。

● 幻灯片浏览视图：以缩略图的形式显示所有幻灯片，如图 9-4 所示。在该视图方式下可以很容易地添加、删除或移动幻灯片以及设置每张幻灯片的动画切换方式。

图 9-3　普通视图

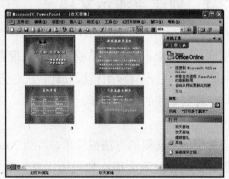

图 9-4　幻灯片浏览视图

◉ 备注页视图：可以很方便地添加备注信息，并能够对其进行修改和修饰，也可以插入图形等信息，如图 9-5 所示。

◉ 幻灯片放映视图：可以看到幻灯片的最终放映效果，如图 9-6 所示。按下 Esc 键即可退出放映并进行修改。

图 9-5　备注页视图

图 9-6　幻灯片放映视图

 知识点

　　用户还可以通过单击屏幕左下角的 🔲🔳🖳 图标切换当前的视图模式。单击 🔲 进入普通视图；单击 🔳 进入幻灯片浏览视图；单击 🖳 进入幻灯片放映视图并从当前幻灯片向后放映。此外，在 PowerPoint 中，按 F5 键可以进入幻灯片放映模式并从头开始放映；按 Shift+F5 键则可以从当前幻灯片开始向后放映。

⑨.2　创建演示文稿

在 PowerPoint 2003 中，可以使用多种方法来创建演示文稿。例如，创建空演示文稿、根据自定义模板、内容提示向导和现有模板创建演示文稿等。

⑨.2.1　创建空演示文稿

空演示文稿由不带任何模板设计、但带有布局格式的空白幻灯片组成，是最常用的建立演示文稿的方式。它没有应用模板设计、配色方案以及动画方案，用户可以在空白的幻灯片上设计出具有鲜明个性的背景色彩、配色方案、文本格式和图片等对象，创建具有个人特色的演示文稿。

创建空演示文稿的方法很简单，启动 PowerPoint 2003 后，程序将会自动创建一个名为【演示文稿 1】的空演示文稿；如果还需要新的空演示文稿，可以继续创建，其方法主要有以下两种。

◉ 单击【常用】工具栏上的【新建】按钮🗋。

● 选择【文件】|【新建】命令，打开【新建演示文稿】任务窗格，在【新建】选项区域中单击【空演示文稿】链接。

9.2.2　根据设计模板创建演示文稿

设计模板是预先定义好的演示文稿的样式、风格，包括幻灯片的背景、装饰图案、文字布局及颜色等，PowerPoint 2003 为用户提供了许多美观的设计模板，用户在设计演示文稿时可以先确定演示文稿的整体风格，然后进一步编辑修改。

【例 9-1】为创建演示文稿应用模板【欢天喜地】。

(1) 启动 PowerPoint 2003，新建一个空演示文稿。

(2) 选择【格式】|【幻灯片设计】命令，打开【幻灯片设计】任务窗格，如图 9-7 所示。

(3) 在【应用设计模板】列表框中拖动右侧的滚动条，并单击模板【欢天喜地】，该模板样式应用到当前的演示文稿中，如图 9-8 所示。

图 9-7　【幻灯片设计】任务窗格

图 9-8　应用模板后的幻灯片效果

9.2.3　根据内容提示向导创建演示文稿

内容提示向导提供了多种不同主题及结构的演示文稿示范，例如，培训、论文、学期报告以及商品介绍等。创建该类演示文稿的方法很简单，在【新建演示文稿】任务窗格的【新建】选项区域中单击【根据内容提示向导】链接即可。

【例 9-2】根据内容提示向导创建如图 9-9 所示的演示文稿效果。

(1) 启动 PowerPoint 2003，选择【文件】|【新建】命令，打开【新建演示文稿】任务窗格，在【新建】选项区域中单击【根据内容提示向导】链接，打开【内容提示向导】对话框，如图 9-10 所示。

图 9-9　完成设置后的幻灯片效果

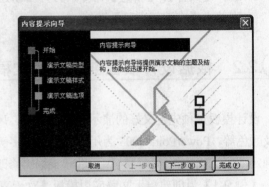

图 9-10　【内容提示向导】对话框

(2) 单击【下一步】按钮，在【选择将使用的演示文稿类型】选项区中单击【全部】按钮，并在对应的列表框中选择【论文】选项，如图 9-11 所示。

(3) 单击【下一步】按钮，在打开的对话框中保持选中【屏幕演示文稿】单选按钮，如图 9-12 所示。

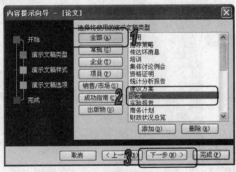

图 9-11　设置演示文稿类型

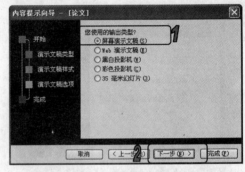

图 9-12　设置输入类型

(4) 单击【下一步】按钮，在打开对话框的【演示文稿标题】文本框和【页脚】文本框中输入如图 9-13 所示的文字。

(5) 单击【下一步】按钮，然后在打开对话框中单击【完成】按钮，即可完成演示文稿的创建，幻灯片效果如图 9-9 所示。

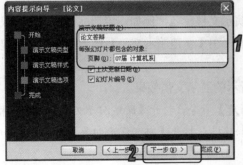

图 9-13　设置演示文稿选项

 提示

在该对话框中，选中【上次更新日期】复选框，表示在演示文稿中显示更新日期，并且每次打开后会自动更新最后一次修改该演示文稿的日期；选中【幻灯片编号】复选框，表示把演示文稿中的每张幻灯片的编号都显示在当前的幻灯片上。

⑨.2.4　根据现有演示文稿创建演示文稿

如果要在以前编辑的演示文稿的基础上创建新的演示文稿，在【新建演示文稿】任务窗格的【新建】选项区域中单击【根据现有演示文稿新建】链接，打开【根据现有演示文稿新建】对话框，在其中选择要使用的演示文稿即可，如图 9-14 所示。

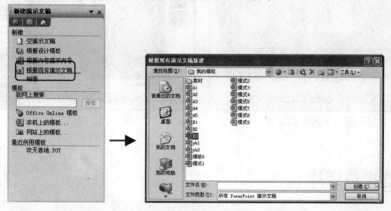

图 9-14　根据现有演示文稿创建

⑨.3　编辑幻灯片

在 PowerPoint 中，可以对幻灯片进行编辑操作。主要的编辑操作包括添加新幻灯片、选择幻灯片、复制幻灯片、切换幻灯片和删除幻灯片等。

⑨.3.1　添加幻灯片

在启动 PowerPoint 2003 应用程序后，PowerPoint 会自动建立一张空白幻灯片，而大多数演示文稿需要两张或更多的幻灯片来表达主题，这时就需要添加幻灯片。添加新的幻灯片主要有以下几种方法。

- ◉ 选择【插入】|【新幻灯片】命令。
- ◉ 单击【格式】工具栏上的【新幻灯片】按钮 ⬚新幻灯片(N)。
- ◉ 在普通视图中的【大纲】或【幻灯片】选项卡中，右击任意一张幻灯片，从弹出的快捷菜单中选择【新幻灯片】命令。
- ◉ 按 Ctrl+M 快捷键。

【例 9-3】在【例 9-1】创建的"欢天喜地"演示文稿中添加 3 张幻灯片。

(1) 启动 PowerPoint 2003，打开演示文稿"欢天喜地"。

(2) 选择【插入】|【新幻灯片】命令，插入一张新幻灯片，如图 9-15 所示。

(3) 单击【格式】工具栏上的【新幻灯片】按钮，添加另外 2 张幻灯片，效果如图 9-16 所示。

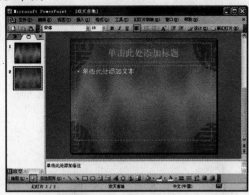
图 9-15　插入一张新幻灯片

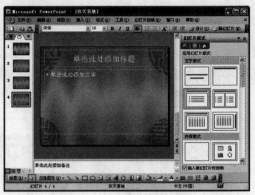
图 9-16　插入其他幻灯片

计算机 基础与实训教材系列

9.3.2　选择幻灯片

在 PowerPoint 中，用户可以一次选中一张或多张幻灯片，然后对选中的幻灯片进行操作。在普通视图中选择幻灯片的方法有如下几种。

- 选择一张幻灯片：无论是在普通视图还是在幻灯片浏览模式下，单击需要的幻灯片，即可选中该幻灯片。
- 选择编号相连的多张幻灯片：首先单击起始编号的幻灯片，然后按住 Shift 键，单击结束编号的幻灯片，此时同时选中多张幻灯片。
- 选择编号不相连的多张幻灯片：在按住 Ctrl 键的同时，依次单击需要选择的每张幻灯片，此时单击过的多张幻灯片同时被选中。在按住 Ctrl 键的同时再次单击已被选中的幻灯片，则该幻灯片被取消选择。

9.3.3　复制幻灯片

PowerPoint 支持以幻灯片为对象的复制操作。在制作演示文稿时，有时会需要两张内容基本相同的幻灯片。此时，可以利用幻灯片的复制功能，复制一张相同的幻灯片，然后再对其进行适当的修改。复制幻灯片的基本方法如下：

- 选中需要复制的幻灯片，在常用工具栏中单击【复制】按钮。
- 在需要插入幻灯片的位置单击，然后单击常用工具栏上的【粘贴】按钮。

知识点

用户可以同时选择多张幻灯片进行上述操作。Ctrl+C、Ctrl+V 快捷键同样适用于幻灯片的复制和粘贴操作。

⑨.3.4　移动幻灯片

如果需要调整当前演示文稿中的幻灯片的顺序，可以自行移动幻灯片。选中需要移动的幻灯片，选择【编辑】|【剪切】命令，或单击【常用】工具栏上的【剪切】按钮，在需要插入幻灯片的位置单击，然后选择【编辑】|【粘贴】命令，或单击【常用】工具栏上的【粘贴】按钮。

移动幻灯片后，PowerPoint 会对所有的幻灯片重新编号，因此从幻灯片的编号上无法查看哪张幻灯片被移动，只能通过幻灯片中的内容来进行区别。

知识点

在普通视图或幻灯片浏览视图中，直接对幻灯片进行选择拖动，就可以实现幻灯片的移动。

⑨.3.5　删除幻灯片

删除多余的幻灯片是快速清除演示文稿中大量冗余信息的有效方法，其方法主要有以下两种：

- 选中要删除的幻灯片，按 Delete 键。
- 右击要删除的幻灯片，从弹出的快捷菜单中选择【删除幻灯片】命令。

⑨.4　编辑演示文本

直观明了的演示文稿少不了文字的说明，文本对文稿中的主题、问题的说明与阐述是其他方式无法取代的。因此，文本编辑是设计演示文稿的基础。

⑨.4.1　添加文本

在幻灯片中，不能直接在幻灯片中输入文字，只能通过占位符或文本框来添加文本。

1. 在占位符中添加文本

占位符是由虚线或影线标记边框的框，是绝大多数幻灯片版式的组成部分。单击占位符，激活该区域，就可以在其中输入文本。在幻灯片的空白处单击，即可退出文本编辑状态。

2. 在文本框中添加文本

文本框是一种可移动、可调整大小的文字或图形容器，它与文本占位符非常相似。使用文本框，可以在幻灯片中放置多个文字块，可以使文字按照不同的方向排列，也可以打破幻灯片版式的制约，实现在幻灯片中的任意位置添加文字信息的目的。

PowerPoint 2003 提供了两种形式的文本框：水平文本框和垂直文本框，它们分别用来放置横排文字和竖排文字。在【绘图】工具栏中单击【文本框】按钮或【竖排文本框】按钮，在幻灯片中按住鼠标左键并拖动，即可绘制文本框，并且光标自动位于该文本框中，此时就可以在其中输入文本。同样在幻灯片的空白处单击，即可退出文本编辑状态。

【例9-4】在"欢天喜地"演示文稿中添加文本。

(1) 启动 PowerPoint 2003 应用程序，打开【例9-3】创建的"欢天喜地"演示文稿。

(2) 在幻灯片浏览窗格中单击第 1 张幻灯片，将其设置为当前幻灯片。单击标题占位符，输入"5月花嫁　最佳配角"，单击副标题占位符，输入"——超级婚嫁豪礼免费送给你！"，如图 9-17 所示。

(3) 在幻灯片浏览窗格中单击第 2 张幻灯片，将其设置为当前幻灯片。单击标题占位符，输入"超级嫁装免费送"，单击文本占位符，输入相应的文本，如图 9-18 所示。

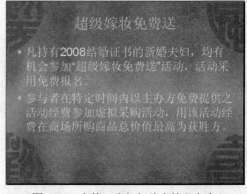

图 9-17　在第 1 张幻灯中输入文本　　　　图 9-18　在第 2 张幻灯片中输入文本

(4) 使用同样的方法，在其他幻灯片中输入文本，效果如图 9-19 所示。

(5) 单击【保存】按钮，将修改过的"欢天喜地"演示文稿保存。

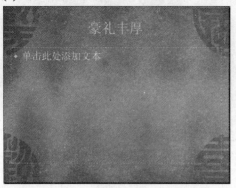
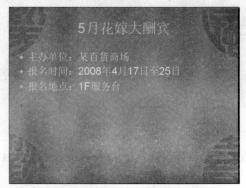

图 9-19　在其他幻灯片中输入文本

> **提示**
>
> 　　占位符与文本框有很多相似之处，如外形、属性的设置等。它们也有很多不同之处，文本框不具有初始格式、自动根据内部的文字调整大小等特性。占位符在演示文稿中应用很普遍，是由系统根据版式自动生成的。占位符中的文本能显示在普通视图的大纲中。另外，占位符的提示性文本只是一种提示，指示用户如何操作。在不输入内容时，占位符中的提示在放映时不会显示在屏幕上，也不能被打印出来。

9.4.2　设置文本格式

　　为了使演示文稿更加美观、清晰，通常需要对文本属性进行设置。文本的基本属性设置包括对字体、字形、字号及字体颜色等属性的设置。

　　在 PowerPoint 中，虽然当幻灯片应用了版式后，幻灯片中的文字也具有了预先定义的属性，但在很多情况下，用户仍然需要对它们进行重新设置。选择需要设置的文本，选择【格式】|【字体】命令，打开【字体】对话框，在该对话框中可以对字体、字形、字号及字体颜色等进行设置。

　　【例 9-5】 在演示文稿"欢天喜地"中设置文本的格式，要求将第 1 张幻灯片标题的字体设为华文隶书、字号为 60、加粗、带阴影效果；将副标题的字体设为华文新魏、字号为 40、加粗、带阴影效果；将其他幻灯片的标题设为华文行楷、字号为 54、加粗。

　　(1) 启动 PowerPoint 2003，打开演示文稿"欢天喜地"。选择第 1 张幻灯片，将其设为当前幻灯片，选择标题文本，在【格式】工具栏的【字体】下拉列表框中选择【华文隶书】选项；在【字号】下拉列表框中选择 60；分别单击【加粗】按钮 **B** 和【阴影】按钮 S，设置加粗和阴影效果。

　　(2) 选中副标题文本，在【格式】工具栏的【字体】下拉列表框中选择【华文新魏】选项；在【字号】下拉列表框中选择 40；分别单击【加粗】按钮 **B** 和【阴影】按钮 S，设置加粗和阴影效果，如图 9-20 所示。

　　(3) 在幻灯片浏览窗格中单击第 2 张幻灯片，将其设置为当前幻灯片。选中标题占位符的文本，在【格式】工具栏的【字体】下拉列表框中选择【华文行楷】选项；在【字号】下拉列表框中选择 54；单击【加粗】按钮 **B**，设置加粗效果，如图 9-21 所示。

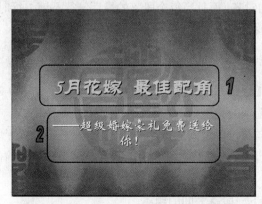

图 9-20　设置第 1 张幻灯片的文本格式

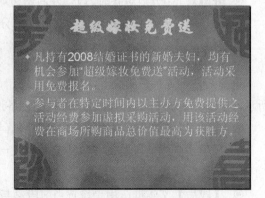

图 9-21　设置第 2 张幻灯片的标题格式

(4) 使用同样的方法，设置其他幻灯片标题的格式，如图 9-22 示。

(5) 单击【保存】按钮，将修改过的"欢天喜地"演示文稿保存。

图 9-22　设置其他幻灯片标题的格式

9.4.3　设置段落格式

段落格式包括段落对齐及段落间距等。掌握了在幻灯片中编排段落格式后，可以轻松地设置与整个演示文稿风格相适应的段落格式。

1. 设置段落的对齐方式

段落对齐是指段落边缘的对齐方式，包括左对齐、右对齐、居中对齐、两端对齐和分散对齐。这 5 种对齐方式的说明如下。

◉ 左对齐：左对齐时，段落左边对齐，右边参差不齐。

◉ 右对齐：右对齐时，段落右边对齐，左边参差不齐。

◉ 居中对齐：居中对齐时，可以是段落居中排列。

◉ 两端对齐：两端对齐时，段落左右两端都对齐分布，但段落最后不满一行的文字右边不对齐。

◉ 分散对齐：分散对齐时，段落左右两边均对齐，而且当每个段落的最后一行不满 1 行时，将自动拉开字符间距使该行文字均匀分布。

2. 设置段落行距

选择需要设置行距的段落，选择【格式】|【行距】命令，打开【行距】对话框，如图 9-23 所示。在该对话框中可以设置默认的行距，各选项的功能如下。

◉ 【段前】文本框：框用于设置当前段落与前一段之间的距离。如果前一段已经设置了段后值，则当前段落的第一行文字与上一段落的最后一段文字之间的距离为当前段前值与上一段段后值之和。

◉ 【段后】文本框：用于设置当前段落与下一段落之间的距离。

⊙ 【行距】文本框：用于设置段落中行与行之间的距离，默认值为 1。当行距值大于 1 时，表示加大行距，小于 1 时表示缩小行距。

3. 设置换行格式

选择【格式】|【换行】命令，打开【亚洲换行符】对话框，如图 9-24 所示。选中【按中文习惯控制首尾字符】复选框，可以使段落中的首尾字符按中文习惯显示；选中【允许西文在单词中间换行】复选框，则行尾的单词有可能被分为两部分显示；选中【允许标点溢出边界】复选框，可以使行尾的标点位置超过文本框边界而不会换到下一行。

图 9-23　【行距】对话框

图 9-24　【亚洲换行符】对话框

【例 9-6】　在演示文稿"欢天喜地"中设置段落格式，将第 1 张幻灯片的副标题占位符设置为右对齐；将第 2 幻灯片内的文本文字的行距设置为 1.5 倍行距。

(1) 启动 PowerPoint 2003 应用程序，打开【例 9-5】制作的演示文稿"欢天喜地"。

(2) 在幻灯片预览窗格中选择第 1 张幻灯片缩略图，将其显示在幻灯片编辑窗口中。

(3) 选中副标题占位符，在工具栏中单击【右对齐】按钮▣，将副标题文字靠齐于占位符右边框，如图 9-25 所示。

(4) 选中副标题占位符，将鼠标指针放置在占位符左侧中间的白色控制点上，当鼠标指针变为双向箭头【↔】时，向右拖动占位符边框以缩小占位符大小，最终效果如图 9-26 所示。

图 9-25　设置对齐方式

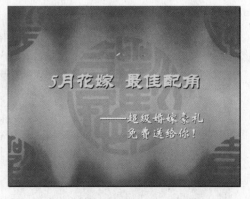

图 9-26　调整副标题占位符

(5) 选择第 2 张幻灯片缩略图，选中【单击此处添加文本】文本占位符，选择【格式】|【行距】命令，打开【行距】对话框。在对话框的【行距】文本框中输入数字 1.5，如图 9-27 所示。

(6) 单击【确定】按钮，此时，文本占位符中文本之间的行距为 1.5 倍行距，如图 9-28 所示。

图 9-27 输入行距

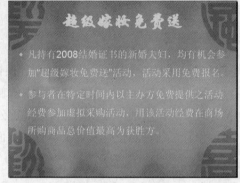

图 9-28 设置段落行距

9.4.4 设置项目符号和编号

在 PowerPoint 中，可以为不同级别的段落设置不同的项目符号和编号，从而使主题更加突出，页面更加美观。

将光标定位在需要添加项目符号的段落，同时选中多个段落，选择【格式】|【项目符号和编号】命令，打开【项目符号和编号】对话框，在该对话框的【项目符号】选项卡中选择需要使用的项目符号即可。此外，用户还可以将系统符号库中的各种字符设置为项目符号也可以使用自定义项目编号样式。

【例 9-7】在演示文稿 "欢天喜地" 中，删除第 2 张和第 4 张幻灯片中的项目符号，并向第 2 张幻灯片添加特殊的项目符号，向第 4 张幻灯片添加项目编号。

(1) 启动 PowerPoint 2003，打开演示文稿 "欢天喜地"。在幻灯片浏览窗格中单击第 2 张幻灯片，将其为当前幻灯片，将光标定位在项目符号的后面，按 Backspace 键，删除项目符号，如图 9-29 所示。

(2) 选择所有带项目符号的段落，选择【格式】|【项目符号和编号】命令，打开【项目符号和编号】对话框，如图 9-30 所示。

图 9-29 删除第 2 张幻灯片的项目符号

图 9-30 【项目符号和编号】对话框

(3) 单击【自定义】按钮，打开【符号】对话框，从中选择一种符号，如图 9-31 所示。

(4) 单击【确定】按钮，完成项目符号的设置，并重新设置字体、字号，效果如图 9-32 所示。

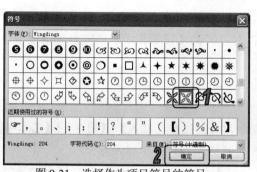

图 9-31　选择作为项目符号的符号

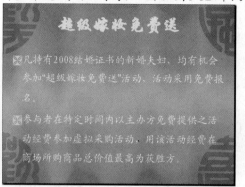

图 9-32　自定义项目符号

(5) 使用同样的方法，删除第 4 张幻灯片中的项目符号，选择所有带项目符号的段落，然后选择【格式】|【项目符号和编号】命令，打开【项目符号和编号】对话框。

(6) 切换至【编号】选项卡，选中一种项目编号，如图 9-33 所示。

(7) 单击【确定】按钮，完成项目符号的设置，并重新设置字体、字号，效果如图 9-34 所示。

图 9-33　选择一种项目编号

图 9-34　添加项目编号

计算机 基础与实训教材系列

⑨.5　插入对象

在 PowerPoint 中，可以在幻灯片中插入图片、艺术字、自选图形、图示及表格等对象，使其页面更加丰富。

⑨.5.1　插入艺术字

艺术字是一种特殊的图形文字，常用来表现幻灯片的标题文字。既可对其进行设置字号大小、加粗及倾斜等操作，也可为其设置边框、填充等属性，还可以对其进行大小调整、旋转或添加阴影、三维效果等。

单击【绘图】工具栏上的【插入艺术字】按钮 ，或选择【插入】|【图片】|【艺术字】命令，打开【艺术字库】对话框，即可在幻灯片中插入艺术字。

插入艺术字后，如果对艺术字的效果不满意，可以对其进行编辑修改。右击艺术字，从弹出的快捷菜单中选择【设置艺术字格式】命令，在打开的【设置艺术字格式】对话框中进行修改。

【例9-8】 演示文稿【欢天喜地】的第4张幻灯片中插入艺术字。

(1) 启动 PowerPoint 2003，打开【例9-7】制作的演示文稿"欢天喜地"。在幻灯片浏览窗格中单击第4张幻灯片缩略图，将其设置为当前幻灯片。选择【插入】|【图片】|【艺术字】命令，打开【艺术字库】对话框，选择第3行第5列的样式，如图9-35所示。

(2) 单击【确定】按钮，打开【编辑"艺术字"文字】对话框，在【字体】下拉列表框中选择【华文行楷】选项，单击【加粗】按钮，并在【文字】文本框中输入文字，如图9-36所示。

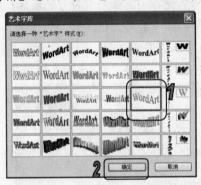

图9-35 【艺术字库】对话框

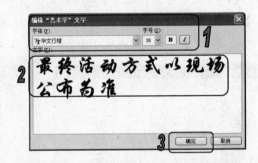

图9-36 【编辑"艺术字"文字】对话框

(3) 单击【确定】按钮，在幻灯片中插入艺术字，效果如图9-37所示。

(4) 选中艺术字，在【艺术字】工具栏上单击【设置艺术字格式】按钮 ，打开【设置艺术字格式】对话框。切换至【颜色与线条】选项卡，在【填充】下拉列表框中选择【填充效果】命令，打开【填充效果】对话框，在其中设置艺术字的填充颜色，如图9-38所示。

图9-37 插入艺术字

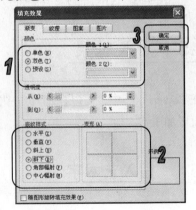

图9-38 设置填充颜色

(5) 单击【确定】按钮，返回到【颜色与线条】选项卡。设置线条的颜色为青色，如图 9-39 所示。

(6) 单击【确定】按钮，完成设置，调整艺术字的位置后效果如图 9-40 所示。

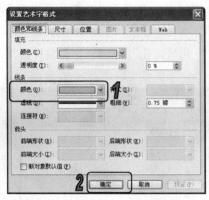

图 9-39　设置线条颜色

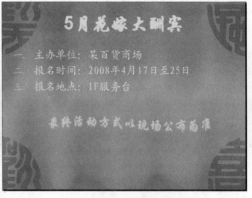

图 9-40　艺术字效果

9.5.2　插入图片

在 PowerPoint 中，可以方便地插入各种来源的图片文件，如 PowerPoint 自带的剪贴画、利用其他软件制作的图片、从因特网上下载的或通过扫描仪及数码相机输入的图片等。

1. 插入剪贴画

选择【插入】|【图片】|【剪贴画】命令，或单击【绘图】工具栏上的【插入剪贴画】按钮，打开【剪贴画】任务窗格。在【搜索文字】文本框中输入图片的关键字，然后单击【搜索】按钮，即可列出符合条件的剪贴画，从中选择需要的剪贴画即可将其插入到幻灯片中。

2. 插入来自文件的图片

要在文档中插入图片，可以选择【插入】|【图片】|【来自文件】命令，或单击【绘图】工具栏上的【插入图片】按钮，打开【插入图片】对话框。在该对话框中选择需要的图片，就可以将图片文件插入到当前幻灯片中。

3. 编辑图片

选中图片后，【图片】工具栏将显示在窗口中，如图 9-41 所示，使用其中的按钮可以完成对图片的各种编辑操作，例如设置色彩、对比度、亮度、裁剪及透明色等。

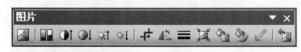

图 9-41　"图片"工具栏

提示

右击图片，从弹出的快捷菜单中选择【设置图片格式】命令，在打开的【设置图片格式】对话框中也可以对图片进行编辑操作。

【例9-9】 演示文稿"欢天喜地"的第1张幻灯片中插入来自文件的图片。

(1) 启动 PowerPoint 2003，打开【例9-8】制作的演示文稿"欢天喜地"。在幻灯片浏览窗格中单击第1张幻灯片缩略图，将其设置为当前幻灯片。

(2) 选择【插入】|【图片】|【来自文件】命令，打开【插入图片】对话框，选择需要插入的图片，如图9-42所示。

(3) 单击【插入】按钮，将图片插入到幻灯片中，此时，图片布满整个幻灯片区域，如图9-43所示。

图9-42 【插入图片】对话框

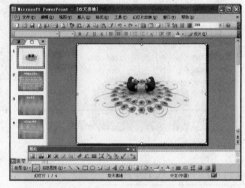

图9-43 插入图片

(4) 在【图片】工具栏，单击【裁剪】按钮，拖到鼠标裁剪图片，裁剪后的效果如图9-44所示。

(5) 在【图片】工具栏上单击【设置透明色】按钮，在图片上单击，此时图片将变成透明效果，调整图片的大小和位置，图片最终效果如图9-45所示。

图9-44 裁剪图片

图9-45 图片最终效果

⑨.5.3 插入表格

与页面文字相比，表格采用行列化的形式，更能体现内容的对应性及内在联系。表格的结构适合表现比较性、逻辑性及抽象性强的内容。

选择【插入】|【表格】命令，打开【插入表格】对话框，如图 9-46 所示。在其中设置插入表格的行数与列数，就可以在当前幻灯片中插入一个表格。

图 9-46　【插入表格】对话框

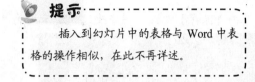

提示

插入到幻灯片中的表格与 Word 中表格的操作相似，在此不再详述。

【例 9-10】　在演示文稿【欢天喜地】的第 3 张幻灯片中插入表格。

(1) 启动 PowerPoint 2003，打开演示文稿"欢天喜地"。在幻灯片浏览窗格中单击第 3 张幻灯片，将其设置为当前幻灯片，然后选中【单击此处添加文本】占位符，按下 Delete 键，将其删除，效果如图 9-47 所示。

(2) 选择【插入】|【表格】命令，打开【插入表格】对话框，在【列数】和【行数】文本框框中分别输入 3 和 4，如图 9-48 所示。

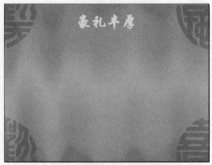

图 9-47　删除文本占位符

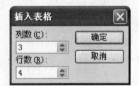

图 9-48　设置表格行与列

(3) 单击【确定】按钮，就可以在幻灯片中插入一个表格。在其中输入文字，如图 9-49 所示。

(4) 选中表格，将光标移至左上角，当光标变成↖形状时拖动鼠标，改变表格的大小，并将其移动到适当的位置，如图 9-50 所示。

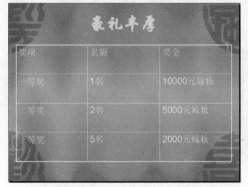

图 9-49　插入表格并输入文字

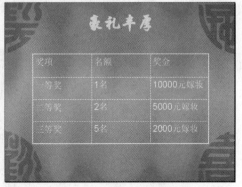

图 9-50　调整表格大小和位置

(5) 选中表格，在【格式】工具栏的【字体】下拉列表框中选择【方正准圆简体】选项，在【字号】下拉列表框中选择 20，然后在【表格】工具栏上，单击【垂直居中】按钮 ，最终效果如图 9-51 所示。

(6) 单击【保存】按钮，将修改过的演示文稿"欢天喜地"保存。

图 9-51　表格最终效果

> **提示**
>
> 　用户也可以设置表格格式，方法：选中表格，选择【格式】|【设置表格格式】命令，打开【设置表格格式】对话框，在该对话框中进行设置，具体操作在此不再阐述。

9.6　上机练习

本章主要介绍了使用 PowerPoint 2003 进行办公的基础知识。本上机练习通过两个例子巩固编辑文本、插入图片、艺术字和文本框等操作，以加强演示稿件的美观性。

9.6.1　写日记

创建一个演示文稿"日记"，在幻灯片中添加文字和符号，并设置文本格式和段落格式。

(1) 启动 PowerPoint 2003 应用程序，打开默认演示文稿。在【开始工作】任务窗格中，单击【新建演示文稿】链接，切换至【新建演示文稿】任务窗格，如图 9-52 所示。

(2) 在【新建】选项区域中单击【根据现有演示文稿新建】链接，打开【根据现有演示文稿新建】对话框，在其列表框选择 A1 演示文稿，如图 9-53 所示。

图 9-52　【新建演示文稿】任务窗格

图 9-53　【根据现有演示文稿新建】对话框

(3) 单击【创建】按钮，新建一个演示文稿，并将其以"日记"为文件名进行保存，如图 9-54 所示。

(4) 在【单击此处添加标题】文本占位符中输入文本"我的生活"，设置文字字体为华文彩云，字号为 60，字型为加粗，字体效果为阴影；在【单击此处添加副标题】文本占位符中输入文本"——日记"，设置文字字体为华文行楷，文字字号为 44，字型为加粗，文字对齐方式为左对齐，此时幻灯片效果如图 9-55 所示。

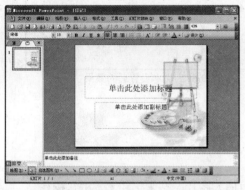
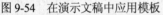

图 9-54　在演示文稿中应用模板　　　　　图 9-55　在占位符中输入文字

(5) 选择【插入】|【新幻灯片】命令，在演示文稿中插入一张新幻灯片。

(6) 在标题占位符中输入标题文字"生活乐趣"，设置文字字体为华文琥珀，字体颜色为青色，如图 9-56 所示。

(7) 在【单击此处添加文本】占位符中输入文本内容，如图 9-57 所示。

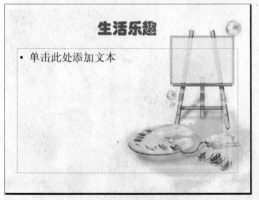

图 9-56　输入并设置标题文本　　　　　图 9-57　输入文本内容

(8) 选中【单击此处添加文本】文本占位符，然后选择【格式】|【行距】命令，打开【行距】对话框。在【行距】文本框中输入数字 1.5，如图 9-58 所示。

(9) 单击【确定】按钮，此时文本占位符中文本之间的行距为 1.5 倍行距，选中文本后，单击【加粗】按钮 **B**，此时幻灯片效果如图 9-59 所示

(10) 单击【保存】按钮，将演示文稿"日记"保存。

图 9-58 【行距】对话框　　　　图 9-59　文本设置后的效果

⑨.6.2　制作贺卡

创建一个演示文稿"贺卡",练习在幻灯片中插入图片、艺术字和文本框等操作。

(1) 启动 PowerPoint 2003,将自动创建的新幻灯片文档以"贺卡"为文件名进行保存。

(2) 选择【插入】|【图片】|【来自文件】命令,打开【插入图片】对话框,在其中选择一幅图片,如图 9-60 所示。

(3) 单击【插入】按钮,将所选的图片插入到幻灯片中。将光标移至图片的右下角,并向上拖拽控制点,等比例缩小图片,将其移至适当位置,如图 9-61 所示。

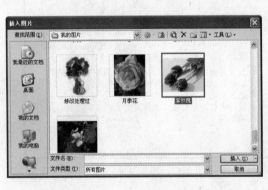

图 9-60　选择插入的图片　　　　图 9-61　插入图片并调整大小

(4) 选中图片,在【绘图】工具栏上单击【线型】按钮 ☰,从弹出的菜单中选择 4.5 磅的线型,然后单击【线条颜色】按钮 ✍▾,选择一种色块,其效果如图 9-62 所示。

(5) 选择【插入】|【图片】|【艺术字】命令,打开【艺术字库】对话框,在其中选择一种艺术字样式,如图 9-63 所示。

图 9-62 设置线条的线型和颜色

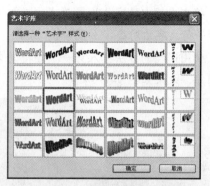

图 9-63 选择艺术字样式

(6) 单击【确定】按钮，打开【编辑"艺术字"文字】对话框，在【字体】下拉列表框中选择【华文中宋】选项，分别单击【加粗】和【斜体】按钮，在【文字】文本框中输入"祝"，如图 9-64 所示。

(7) 单击【确定】按钮，就可以在文档中插入艺术字。调整其大小并移至适当位置，如图 9-65 所示。

图 9-64 输入艺术字

图 9-65 插入艺术字

(8) 使用同样的方法制作其他艺术字，结果如图 9-66 所示。

(9) 在【绘图】工具栏上单击【文本框】按钮，在幻灯片上拖动鼠标，在右下角绘制文本框，并在其中输入文字，效果如图 9-67 所示。

图 9-66 插入其他艺术字

图 9-67 添加文本框

计算机 基础与实训教材系列

(10) 将文本框中的字体设置为【方正粗圆简体】，字号为 24，字体颜色为【深绿色】，并设置最后一行文字右对齐，如图 9-68 所示。

(11) 使用同样的方法插入另一个竖排的文本框，在其中输入相应文字并设置格式。至此完成贺卡的制作，效果如图 9-69 所示。

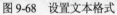

图 9-68　设置文本格式

图 9-69　幻灯片最终效果

9.7　习题

1. 使用 PowerPoint 2003 自带的模板 Radial，创建如图 9-70 所示的幻灯片。设置标题文字首行的对齐方式为【居中】，并为副标题文字添加下划线，字体设置为华文楷体。

2. 制作如图 9-71 所示的幻灯片。

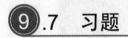

图 9-70　设置文字和段落的对齐方式

办公自动化培训课程表

	星期一	星期二	星期三	星期四	星期五
1	PowerPoint				
2		Word			
3			Access		
4			Excel		
5					Outlook
6					

图 9-71　插入表格与艺术字

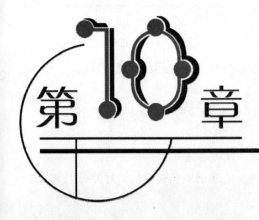

第10章

PowerPoint 2003
办公高级操作

学习目标

使用 PowerPoint 2003 创建演示文稿后，可以对幻灯片进行美化、修饰等操作并设置幻灯片的放映方式，使演示文稿的播放更加活泼生动、引人入胜。本章将介绍通过设计幻灯片与设置幻灯片放映方式创建精美演示文稿的方法。

本章重点

- ◉ 美化幻灯片
- ◉ 幻灯片的切换效果
- ◉ 创建互交式演示文稿
- ◉ 设置幻灯片放映方式
- ◉ 幻灯片放映中的其他功能

10.1 美化幻灯片

PowerPoint 提供了大量的模板预设格式，用户应用这些格式，可以轻松地制作出具有专业效果的幻灯片演示文稿、备注和讲义演示文稿。这些预设格式包括设计模板、主题颜色及幻灯片版式等内容。

10.1.1 设置幻灯片母版

母版是演示文稿中所有幻灯片或页面格式的底板，或者说是样式，它包括了所有幻灯片具有的公共属性和布局信息。用户可以在打开的母版中进行设置或修改，从而快速创建出样式各异的幻灯片，提高工作效率。

在 PowerPoint 2003 中，将母版分为幻灯片母版、讲义母版和备注母版 3 种，由于讲义母版和备注母版的操作方法比较简单，且不常用，因此这里只介绍幻灯片母版的设计方法。下面以实例来介绍设置幻灯片母版的方法。

【例 10-1】打开第 9 章创建的演示文稿"欢天喜地"，对幻灯片母版的标题的字体进行设置，并在幻灯片母版中添加图标。

(1) 启动 PowerPoint 2003 应用程序，打开演示文稿"欢天喜地"。

(2) 选择【视图】|【母版】|【幻灯片母版】命令，将当前演示文稿切换到幻灯片母版视图，如图 10-1 所示。

(3) 选中【单击此处编辑母版标题样式】占位符，在格式工具栏中设置文字标题样式的字体为【华文隶书】，字号为 48，字体颜色为【橘黄】，字形为【加粗】，文本对齐方式为【居中】。

(4) 选中【单击此处编辑副标题样式】占位符，在格式工具栏中设置文字副标题样式的字号为 36，字体颜色为【黄色】，字形为【加粗】，文本对齐方式为【左对齐】，此时，幻灯片母版视图效果如图 10-2 所示。

图 10-1　切换到幻灯片母版视图

图 10-2　更改母版中的文字格式

(5) 选择【插入】|【图片】|【来自文件】命令，打开【插入图片】对话框，选择需要的图片，如图 10-3 所示。

(6) 单击【插入】按钮，将图片插入到幻灯片中，适当调整图片的大小和位置，使其最终效果如图 10-4 所示。

图 10-3　选择图片

图 10-4　在母版中插入图片

（7）在【幻灯片母版视图】工具栏上，单击【关闭母版视图】按钮，返回到普通视图模式下，此时幻灯片效果如图 10-5 所示。

（8）选择【文件】|【另存为】命令，将该演示文稿以文件名【欢天喜地母版】进行保存。

图 10-5　显示幻灯片最终效果

提示

如果需要在多张幻灯片中使用相同属性的文字，那么在母版中设置占位符属性，即可减少重复设置文字属性的操作。

10.1.2　设置幻灯片背景

在 PowerPoint 中，用户可以通过设置幻灯片的背景来更改幻灯片的外观。如果 PowerPoint 提供的背景图形不能满足用户需要，可以自定义设置幻灯片背景，将自己喜欢的图片设置为幻灯片背景。

【**例 10-2**】　在演示文稿"欢天喜地母版"中，将自定义图片设置为幻灯片背景。

（1）启动 PowerPoint 2003 应用程序，打开【例 10-1】创建的"欢天喜地母版"演示文稿。

（2）选择【格式】|【背景】命令，打开【背景】对话框。在对话框中单击【背景填充】下拉列表框，在打开的菜单中选择【填充效果】命令，如图 10-6 所示。此时，打开【填充效果】对话框。单击【图片】标签，打开【图片】选项卡，如图 10-7 所示。

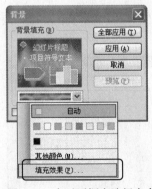

图 10-6　在对话框中选择命令

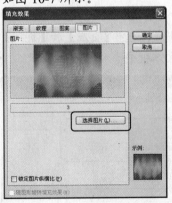

图 10-7　【图片】选项卡

（3）单击【选择图片】按钮，打开【选择图片】对话框，选择需要的图片，如图 10-8 所示。

（4）单击【插入】按钮，返回到【填充效果】对话框，然后单击【确定】按钮，返回至【填充效果】对话框。

(5) 单击【应用】按钮，将图片应用到当前幻灯片中，效果如图 10-9 所示。

图 10-8　插入图片

图 10-9　应用图片背景后的幻灯片效果

10.1.3　设置页眉和页脚

在制作幻灯片时，用户可以利用 PowerPoint 提供的页眉页脚功能，为每张幻灯片添加相对固定的信息，如在幻灯片的页脚处添加页码、时间或公司名称等内容。方法：选择【视图】|【页眉和页脚】命令，打开【页眉和页脚】对话框，在该对话框设置要显示的内容。

【例 10-3】　在演示文稿"欢天喜地母版"中，设置页眉和页脚。

(1) 启动 PowerPoint 2003 应用程序，打开【例 10-2】创建的"欢天喜地母版"演示文稿。

(2) 选中第 2~4 张幻灯片，选择【视图】|【页眉和页脚】命令，打开【页眉和页脚】对话框。

(3) 打开【幻灯片】选项卡，选中【自动更新】单选按钮，在【日期】下拉列表框中选择一种日期形式。选中【页脚】复选框，并在【页脚】文本框中输入"百货商场广告"，如图 10-10 所示。

(4) 打开【备注和讲义】选项卡，选中【自动更新】单选按钮，在【日期】下拉列表框中选择一种日期形式。选中【页眉】和【页脚】复选框并在【页眉】文本框中输入"最新活动快讯"，在【页脚】文本框中输入"百货商场"，如图 10-11 所示。

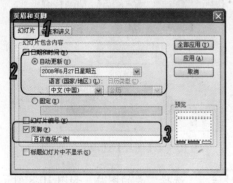

图 10-10　【幻灯片】选项卡

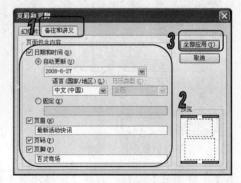

图 10-11　【备注和讲义】选项卡

(5) 单击【全部应用】按钮，完成页眉和页脚设置，效果如图 10-12 所示。

(6) 选择【视图】|【备注页】命令，切换到备注视图，效果如图 10-13 所示。

(7) 单击【保存】按钮，将修改后的演示文稿进行保存。

图 10-12　添加页眉和页脚

图 10-13　备注视图下的效果

10.1.4　应用设计模板

幻灯片设计模板对用户来说已不再陌生，使用它可以快速统一演示文稿的外观。在 PowerPoint 2003 中，一个演示文稿可以应用多种设计模板，使幻灯片具有不同的外观。

在同一个演示文稿中应用多个模板与应用单个模板的步骤非常相似。在普通视图中，选择要应用模板的幻灯片，然后选择【格式】|【幻灯片设计】命令，打开【幻灯片设计】任务窗格。在【应用设计模板】列表框中，单击所需模板右侧的 ✔ 按钮，从弹出的快捷菜单中选择【应用于选定幻灯片】命令，即可将该模板将应用于所选中的幻灯片，如图 10-14 所示。

图 10-14　应用模板

提示

在特殊情况下，可以禁止使用多模板功能。选择【工具】|【选项】命令，打开【选项】对话框，打开【编辑】选项卡，在【禁用新功能】选项区域中选中【多个母版】复选框即可。

在同一演示文稿中应用了多模板后，添加的新幻灯会自动应用与其相邻的前一张幻灯片所应用的模板。

⑩.2 幻灯片切换效果

幻灯片切换效果是指一张幻灯片如何从屏幕上消失，以及另一张幻灯片如何显示在屏幕上的方式。幻灯片切换方式可以是简单地以一张幻灯片代替另一张幻灯片，也可以创建某种特殊的效果，使幻灯片以不同的方式出现在屏幕上。用户既可以为一组幻灯片设置同一种切换方式，也可以为每张幻灯片设置不同的切换方式。

⑩.2.1 设置幻灯片的切换效果

在普通视图或幻灯片浏览视图中都可以设置幻灯片切换动画，但在幻灯片浏览视图中更有利于在设置动画效果时把握演示文稿的整体风格。在 PowerPoint 中，可以为每张幻灯片添加不同的动画效果。这里的动画效果主要是指整张幻灯片进入屏幕的动画效果。

【例 10-4】为演示文稿"欢天喜地母版"设置幻灯片切换效果。

(1) 启动 PowerPoint 2003 应用程序，打开"欢天喜地母版"演示文稿。

(2) 选择【视图】|【幻灯片浏览】命令，将演示文稿切换到幻灯片浏览视图界面，如图 10-15 所示。

(3) 选择【幻灯片放映】|【幻灯片切换】命令，打开【幻灯片切换】任务窗格，在【应用于所选幻灯片】列表框中选择【纵向棋盘式】选项，此时，被选中的幻灯片缩略图将显示切换动画的预览效果，如图 10-16 所示。

图 10-15 幻灯片浏览视图

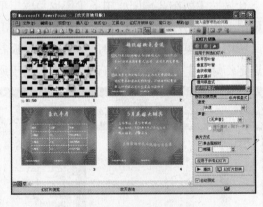

图 10-16 幻灯片切换预览效果

(4) 单击【速度】下拉列表框，在打开的列表中选择【中速】选项；单击【声音】下拉列表框，在打开的列表中选择【鼓掌】选项。

(5) 选中【每隔】复选框，并在其右侧的文本框中输入"00: 10"。

(6) 单击【应用于所有的幻灯片】按钮，将演示文稿的所有幻灯片都应用该切换方式。此时，幻灯片预览窗格显示的幻灯片缩略图的左下角都将出现动画标志，如图 10-17 所示。

(7) 在任务窗格中单击【幻灯片放映】按钮，此时，演示文稿将从第一张幻灯片开始放映。

单击鼠标，或者等待 10 秒钟后，幻灯片切换效果如图 10-18 所示。

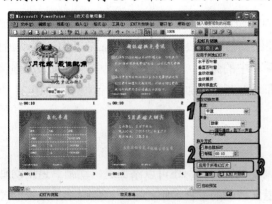

图 10-17　缩略图下方显示动画标记

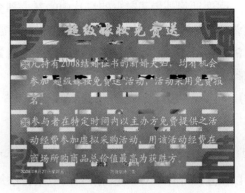

图 10-18　放映演示文稿时的动画效果

10.2.2　自定义动画

在设置自定义动画时，可以为幻灯片中的文本、图形及表格等对象设置不同的动画效果，如进入动画、强调动画及退出动画等。

1. 制作进入式的动画效果

进入动画可以使文本或其他对象以多种动画效果进入放映屏幕。在添加动画效果之前，首先需要选中目标对象。对于占位符或文本框来说，选中占位符或文本框，以及在文本编辑状态下，都可以为它们添加动画效果。

选择【幻灯片放映】|【自定义动画】命令，或在幻灯片编辑窗格中右击，从弹出的快捷菜单中选择【自定义动画】命令，打开【自定义动画】任务窗格，如图 10-19 所示。选择"进入"|"其他效果"命令，打开"添加进入效果"对话框，其中显示更多的动画效果，如图 10-20 所示。

图 10-19　【自定义动画】任务窗格

图 10-20　【添加进入效果】对话框

2. 制作强调式的动画效果

强调动画是为了突出幻灯片中的某一部分内容而设置的放映时产生的特殊动画效果。添加强调动画的过程与添加进入效果类似，单击需要添加的强调效果的对象，然后在【自定义动画】窗格中单击【添加效果】按钮，选择【强调】菜单中的命令，即可为幻灯片中的对象添加强调动画效果。选择【强调】|【其他效果】命令，即可打开【添加强调效果】对话框(如图 10-21 所示)，在其中可以添加更多强调动画效果。

3. 制作退出式的动画效果

除了可以为幻灯片中的对象添加进入、强调动画效果外，还可以添加退出动画。退出动画可以设置幻灯片中对象退出屏幕的效果。添加退出动画的过程和添加进入、强调动画效果的过程大体相同。

在幻灯片中选中需要添加退出效果的对象，单击【添加效果】按钮，选择【退出】菜单中的命令，即可为幻灯片中的对象添加退出动画效果。选择【退出】|【其他效果】命令，打开【添加退出效果】对话框(如图 10-22 所示)，在该对话框中可以为对象添加更多不同的退出动画效果。退出动画名称有很大一部分与进入动画名称相同，但它们的运动方向存在差异。

图 10-21　【添加强调效果】对话框　　　　图 10-22　【添加退出效果】对话框

4. 利用动作路径制作动画效果

动作路径动画又称为路径动画，可以指定文本等对象沿预定的路径运动。PowerPoint 中的动作路径动画不仅提供了大量可供简单编辑的预设路径效果，还可以自定义路径，进行更为个性化的编辑。

添加动作路径效果的步骤与添加进入动画的步骤类似，单击【添加效果】按钮，选择【动作路径】菜单中的命令，即可为幻灯片中的文本添加动作路径动画效果。也可以选择【动作路径】|【其他动作路径】命令，打开【添加动作路径】对话框(如图 10-23 所示)选择更多的动作路径。

另外，选择【动作路径】|【绘制自定义路径】命令的子命令，可以在幻灯片中拖动鼠标绘制出需要的图形。双击鼠标左键可结束绘制，动作路径即出现在幻灯片中。

　　绘制完的动作路径起始端将显示一个绿色的▶标志，结束端将显示一个红色的▶标志，两个标志以一条虚线连接，如图 10-24 所示。如果需要改变动作路径的位置，只需要单击该路径，将其选中，然后拖动即可。拖动路径周围的控制点，可以改变路径的大小。

　　在绘制路径时，当路径的终点与起点重合时，双击，此时的动作路径变为闭合状，路径上只有一个绿色的▶标志，如图 10-25 所示。

图 10-23　【添加动作路径】对话框

知识点

　　如果要将一个开放路径转变为闭合路径时，可以右击该路径，在弹出的快捷菜单中选择【关闭路径】命令即可。反之，如果要将一个闭合路径转变为开放路径时，则可以在右键菜单中选择【开放路径】命令。

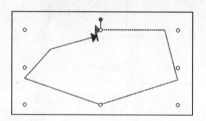

图 10-24　选择【任意多边形】命令绘制的路径

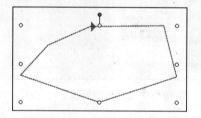

图 10-25　绘制的闭合路径

⑩.3　创建交互式演示文稿

　　在 PowerPoint 中，用户可以为幻灯片中的文本、图形及图片等对象添加超链接或动作。当放映幻灯片时，可以在添加了动作的按钮或者超链接的文本上单击，这时程序将自动跳转到指定的幻灯片页面，或者执行指定的程序。演示文稿不再是从头到尾播放的线形模式，而是具有了一定的交互性，能够按照预先设定的方式，在适当的时候放映需要的内容，或做出相应的反映。

⑩.3.1 添加超链接

超链接是指向特定位置或文件的一种连接方式，利用它可以指定程序的跳转位置。超链接只有在幻灯片放映时才有效，当鼠标移至超链接文本时，鼠标将变为手形指针。在 PowerPoint 中，超链接可以跳转到预先设定的任意一张幻灯片、其他演示文稿、Word 文档、电子邮件地址或某个 Web 网页上。

【例 10-5】为演示文稿"欢天喜地母版"，添加并设置超链接。

(1) 启动 PowerPoint 2003 应用程序，打开"欢天喜地母版"演示文稿。

(2) 在默认打开的第 1 张幻灯片中选中副标题文本框中的文字"超级婚嫁豪礼免费送给你！"，选择【插入】|【超链接】命令，打开【插入超链接】对话框。

(3) 在【链接到】选项区域中单击【本文档中的位置】按钮，在【请选择文档中的位置】列表框中选择【幻灯片标题】选项下的【3. 豪礼丰厚】选项，如图 10-26 所示。

(4) 单击【确定】按钮，此时文字【出版社简介】添加了超链接，文字下面出现下划线，文字的颜色更改为淡蓝色，如图 10-27 所示。

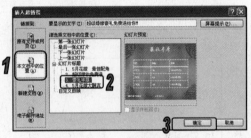

图 10-26 【插入超链接】对话框

图 10-27 将文字应用超链接

知识点

当用户在添加了超链接的文字、图片等对象上右击时，将弹出快捷菜单。在快捷菜单中选择【编辑超链接】命令，即可打开与【插入超链接】对话框十分相似的【编辑超链接】对话框，用户可以按照添加超链接的方法对已有超链接进行修改。

⑩.3.2 添加动作按钮

动作按钮是 PowerPoint 中系统提供的一组带有特定动作的图形按钮，这些按钮被预先设置为指向前一张、后一张、第一张、最后一张幻灯片、播放声音及播放电影等链接，用户可以方便地将这些预置好的按钮应用到幻灯片中，使其更好地跳转到其他的文件或 Web 页中，从而达到在放映幻灯片时跳转的目的。

　　动作与超链接有很多相似之处，动作几乎包括了超链接可以指向的所有位置，但动作除了可以设置超链接指向外，还可以设置其他属性，如可以设置当鼠标移过某一对象上方时的动作。其实，添加动作按钮也是创建超链接的一种方法。设置动作与设置超链接是相互影响的，在【设置动作】对话框中的一些设置，可以在【编辑超链接】对话框中表现出来。

　　【例 10-6】在演示文稿"欢天喜地母版"中添加动作按钮。

　　(1) 启动 PowerPoint 2003 应用程序，打开【例 10-5】创建的"欢天喜地"演示文稿。

　　(2) 在幻灯片预览窗格中选择第 3 张幻灯片缩略图，将其显示在幻灯片编辑窗口中。

　　(3) 选择【幻灯片放映】|【动作按钮】|【第一张】命令 ，如图 10-28 所示。

　　(4) 拖到鼠标，在幻灯片右侧绘制【第一张】按钮图形，如图 10-29 所示。

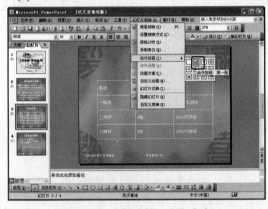

图 10-28　选择【第一张】命令

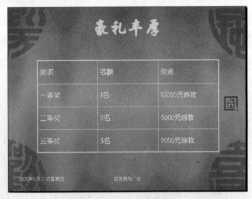

图 10-29　绘制按钮图形

　　(5) 此时，自动打开【动作设置】对话框，在【超链接到】下拉列表框中选中【超链接到】单选按钮，选择【第一张幻灯片】选项，选中【播放声音】复选框，并在其下拉列表框中选择【爆炸】选项，如图 10-30 所示。

　　(6) 单击【确定】按钮，此时幻灯片效果如图 10-31 所示。

图 10-30　【动作设置】对话框

图 10-31　添加动作按钮后的幻灯片

　　(7) 单击【保存】按钮，将修改过的演示文稿保存。

提示

添加在幻灯片中的动作按钮,本身也是一种自选图形,用户可以像编辑其他自选图形那样,用鼠标拖动的方式对其进行移动位置、旋转、调整大小及更改颜色等属性的操作。

⑩.3.3 隐藏幻灯片

如果由于添加超链接或动作将演示文稿的结构设置得较为复杂,而希望某些幻灯片只在单击指向它们的链接时才会显示出来,可以使用幻灯片的隐藏功能。

在普通视图模式下,右击幻灯片预览窗格中的幻灯片缩略图,在弹出的快捷菜单中选择【隐藏幻灯片】命令,或选择【幻灯片放映】|【隐藏幻灯片】命令,将正常显示的幻灯片隐藏。被隐藏的幻灯片编号上将显示一个带有斜线的灰色小方框,如图 10-32 所示,这表示幻灯片在正常放映时不会显示,只有单击它的超链接或动作按钮后才会显示。

提示

如果要取消幻灯片的隐藏,再次右击该幻灯片,在弹出的快捷菜单中选择【隐藏幻灯片】命令即可。

图 10-32 隐藏幻灯片

⑩.4 设置幻灯片放映方式

PowerPoint 2003 除了为用户提供强大的演示文稿编辑功能外,同时也为用户提供了灵活的幻灯片放映方式和适合不同场合使用的幻灯片放映类型。

⑩.4.1 常见幻灯片放映方式

PowerPoint 2003 提供了多种演示文稿的放映方式,最常用的是幻灯片页面的演示控制,主要有幻灯片的定时放映、连续放映、循环放映及自定义放映。

1. 定时放映幻灯片

用户在设置幻灯片切换效果时,可以设置每张幻灯片在放映时停留的时间,当等待到设定的时间后，幻灯片将自动向下放映。

在【幻灯片切换】任务窗格中，用户可以选择、设置幻灯片在切换时的效果，还可以设置换片方式，如图 10-33 所示。默认情况下，换片方式是单击鼠标，当选中【换片方式】选项区域中的【每隔】复选框，并在后其后面的文本框中设置时间(单位为秒)时，演示文稿会根据设置的时间定时放映幻灯片。

图 10-33　设置幻灯片放映时间

> **提示**
>
> 在图 10-33 所示的设置中，当用户单击鼠标后，系统会播放下一张幻灯片，或当该幻灯片被放映了 12 秒后，系统自动切换到下一张幻灯片。单击鼠标和定时两种事件以先发生者为准。

2. 连续放映幻灯片

在如图 10-33 所示的任务窗格中，用户可以为当前选定的幻灯片设置自动切换时间，再单击【应用于所有的幻灯片】按钮，为演示文稿中的每张幻灯片设定相同的切换时间，这样就实现了幻灯片的连续自动放映，用户不必干预，即可实现幻灯片的自动定时连续播放。当然，用户也可以根据每张幻灯片的内容，在【幻灯片切换】任务窗格中为每张幻灯片设定不同的放映时间。

> **知识点**
>
> 由于每张幻灯片的内容不同，放映的时间可能不同，所以设置连续放映的最常见方法是通过【排练计时】功能（见 10.5.1 节）完成。

3. 循环放映幻灯片

用户可以将制作好的演示文稿设置为循环放映，该放映模式适用于如展览会场的展台等场合，使演示文稿自动运行并循环播放。

选择【幻灯片放映】|【设置放映方式】命令，打开【设置放映方式】对话框，如图 10-34 所示。在【放映选项】选项区域中选中【循环放映，按 Esc 键终止】复选框，则在播放完最后一张幻灯片时，自动跳转到第一张幻灯片，而不是结束放映，直到用户按键盘上的 Esc 键退出放映状态。

> **知识点**
>
> 在如图 10-34 所示的【设置放映方式】对话框中，【放映类型】选项区域中列出了【演讲者放映】、【观众自行浏览】和【在展厅浏览】3 种放映演示文稿的类型，用户可以根据实际需要选中某张放映类型前的单选按钮，具体内容见 10.4.2 节。此外选中【演讲者放映】单选按钮。

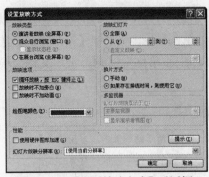

图 10-34 【设置放映方式】对话框

提示

在放映幻灯片的过程中，用户按键盘上的 Esc 键，即可终止幻灯片放映操作，退出放映状态。

4. 自定义放映幻灯片

自定义放映是指用户可以通过创建自定义放映使一个演示文稿适用于多种观众，即可以将一个演示文稿中的多张幻灯片进行分组，以便该特定的观众放映演示文稿中的特定部分。用户可以用超链接分别指向演示文稿中的各个自定义放映，也可以在放映整个演示文稿时只放映其中的某个自定义放映。

【例 10-7】 为演示文稿"欢天喜地母版"创建自定义放映。

(1) 启动 PowerPoint 2003 应用程序，打开【例 10-6】创建的"欢天喜地母版"演示文稿。

(2) 选择【视图】|【幻灯片浏览】命令，切换至浏览视图，如图 10-35 所示。

(3) 选择【幻灯片放映】|【自定义放映】命令，打开【自定义放映】对话框，如图 10-36 所示。

图 10-35 【自定义放映】对话框

图 10-36 【自定义放映】对话框

(4) 在【自定义放映】对话框中单击【新建】按钮，打开【定义自定义放映】对话框，如图 10-37 所示。

(5) 在【幻灯片放映名称】文本框中输入文字"服务行业办公"，在【在演示文稿中的幻灯片】列表中选择第 1 张和第 2 张幻灯片，然后单击【添加】按钮，将两张幻灯片添加到【在自定义放映中的幻灯片】列表中。

(6) 单击【确定】按钮，关闭【定义自定义放映】对话框，则用户刚刚创建的自定义放映名称将显示在【自定义放映】对话框的【自定义放映】列表中，如图 10-38 所示。

(7) 单击【关闭】按钮，关闭【自定义放映】对话框。

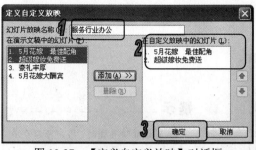

图 10-37　【定义自定义放映】对话框

图 10-38　自定义放映名称显示在对话框中

(8) 选择【幻灯片放映】|【设置幻灯片放映】命令，打开【设置放映方式】对话框，在【放映幻灯片】选项区域中选中【自定义放映】单选按钮，然后在其下方的列表框中选择需要放映的自定义放映方式，如图 10-39 所示。

(9) 单击【确定】按钮，关闭【设置放映方式】对话框。此时，按下 F5 键时，PowerPoint 将自动播放自定义放映幻灯片。

(10) 选择【文件】|【另存为】命令，将该演示文稿以文件名【自定义放映】进行保存。

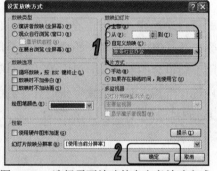

图 10-39　选择需要放映的自定义放映方式

提示

在幻灯片的其他对象中，用户也可以添加指向自定义放映的超链接，当单击了该超链接后，Powerpoint 会播放自定义放映。

⑩.4.2　设置幻灯片放映类型

PowerPoint 2003 提供了演讲者放映、观众自行浏览及在展台浏览 3 种不同的放映类型，供用户在不同的环境中选用。

1. 演讲者放映(全屏幕)

演讲者放映是系统默认的放映类型，也是最常见的放映形式，采用全屏幕方式。在该放映方式下，演讲者现场控制演示节奏，对放映具有完全控制权。用户可以根据观众的反应随时调整放映速度或节奏，还可以暂停下来进行讨论或记录观众即席反应，甚至可以在放映过程中录制旁白。一般用于召开会议时的大屏幕放映、联机会议或网络广播等。

2. 观众自行浏览(窗口)

观众自行浏览是在标准 Windows 窗口中显示的放映形式，放映时的 PowerPoint 窗口具有菜单栏、Web 工具栏，类似于浏览网页的效果，便于观众自行浏览，如图 10-40 所示。该放映类型用于在局域网或 Internet 中浏览演示文稿。

提示

使用该放映类型时，用户可以在放映时进行复制、编辑及打印幻灯片等操作，并可以使用滚动条或 Page Up/Page Down 按钮控制幻灯片的播放。

图 10-40　观众自行浏览窗口

计算机基础与实训教材系列

3. 在展台浏览(全屏幕)

采用该放映类型，最主要的特点是无需专人控制即可自动运行，使用该放映类型时，超链接等控制方法都失效。当播放完最后一张幻灯片后，会自动从第一张重新开始播放，直至用户按下键盘上的 Esc 键才会停止播放。该放映类型主要用于展览会的展台或会议中的某部分等场合。需要注意，使用该放映时，用户不能对其放映过程进行干预，必须设置每张幻灯片的放映时间或预先设定排练计时，否则可能会长时间停留在某张幻灯片上。

⑩.5　幻灯片中的其他功能

幻灯片放映时，用户除了能够实现幻灯片切换动画、自定义动画等效果，还可以使用排列计时功能、使用录制旁白功能、使用绘图笔在幻灯片中绘制重点或书写文字等。

⑩.5.1　排练计时功能

当完成演示文稿内容制作之后，可以运用 PowerPoint 的【排练计时】功能来排练整个演示文稿放映的时间。在【排练计时】的过程中，演讲者可以确切了解每一页幻灯片讲解需要的时间，以及整个演示文稿的总放映时间。

【例 10-8】使用【排练计时】功能排练整个演示文稿的放映时间。

(1) 启动 PowerPoint 2003 应用程序，打开第 9 章上机实验创建的"日记"演示文稿。

(2) 选择【幻灯片放映】|【排练计时】命令，演示文稿将自动切换到幻灯片放映状态，并在演示文稿左上角显示【预演】对话框，如图 10-41 所示。

(3) 整个演示文稿放映完成后，将打开 Microsoft Office PowerPoint 对话框，该对话框显示幻灯片播放的总时间，并询问用户是否保留该排练时间，如图 10-42 所示。

图 10-41　播放演示文稿时显示【预演】对话框　　　图 10-42　Microsoft Office PowerPoint 对话框

(4) 单击【是】按钮，演示文稿将切换到幻灯片浏览视图，从幻灯片浏览视图中可以看到每张幻灯片下方均显示各自的排练时间，如图 10-43 所示。

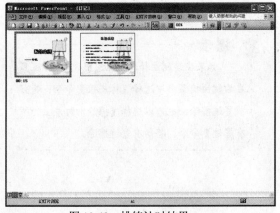

图 10-43　排练计时结果

> **提示**
>
> 　　在排练计时过程中，用户不必关心每张幻灯片的具体放映时间，主要应该根据幻灯片的内容确定幻灯片应该放映的时间。预演的过程和时间，应尽量接近实际演示的过程和时间。

10.5.2　绘图笔功能

绘图笔的作用类似于板书笔，常用于强调或添加注释。在 PowerPoint 2003 中，用户可以选择绘图笔的形状和颜色，也可以随时擦除绘制的笔迹。

【例 10-9】　在演示文稿"日记"放映时，使用绘图笔标注重点。

(1) 启动 PowerPoint 2003 应用程序，打开第 9 章上机实验创建的"日记"演示文稿。

(2) 按下 F5 键，播放自定义放映。当放映到第 2 张幻灯片时，在幻灯片上右击，从弹出的快捷菜单中选择【指针选项】|【毡尖笔】命令，将绘图笔设置为【毡尖笔】样式。

(3) 在幻灯片上右击，从弹出的快捷菜单中选择【指针选项】|【墨迹颜色】命令，在打开的【主题颜色】面板中选择【红色】选项，如图 10-44 所示。

(4) 此时，光标变为一个小圆点，用户可以在需要绘制重点的地方拖动鼠标绘制标注，如图 10-45 所示。

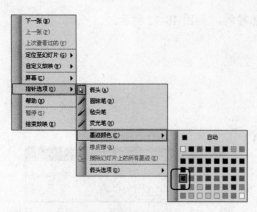

图 10-44　选择墨迹颜色

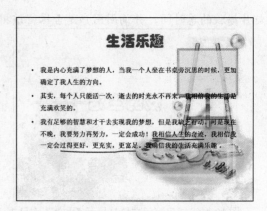

图 10-45　在幻灯片中拖动鼠标绘制标注

（5）按下 Esc 键退出放映状态，此时，系统将弹出对话框，询问用户是否保留在放映时所绘制的墨迹注释，如图 10-46 所示。

（6）单击【保留】按钮，将绘制的注释保留在幻灯片中。

图 10-46　提示信息

> **提示**
>
> 　如果在绘制注释的过程中出现错误，可以在右键快捷菜单中选择【橡皮擦】命令，将当前墨迹擦除；也可以选择【擦除幻灯片上的所有墨迹】命令，将所有墨迹擦除。

10.5.3　录制旁白功能

在 PowerPoint 中，可以为指定的幻灯片或全部幻灯片添加录制旁白。使用录制旁白可以为演示文稿增加解说词，使演示文稿在放映状态下主动播放语音说明。

选择【幻灯片放映】|【录制旁白】命令，打开【录制旁白】对话框，如图 10-47 所示。单击【确定】按钮，进入幻灯片放映状态，同时开始录制旁白。

在幻灯片放映状态，声音经话筒记录下来，单击或按 Enter 键切换到下一张幻灯片，当旁白录制完成后，按 Esc 键，弹出对话提示用户是否需要保存排练时间，如图 10-48 所示。

图 10-47　【录制旁白】对话框　　　　　　　　图 10-48　提示信息

知识点

　　在录制了旁白的幻灯片会在右下角都显示一个声音图标，PowerPoint 中的旁白声音优于其他声音文件，当幻灯片同时包含旁白和其他声音文件时，在放映幻灯片时只放映旁白。若用户希望删除幻灯片中的旁白，在幻灯片编辑窗格中单击选中声音图标，按键盘上的 Delete 键即可。

⑩.6　上机练习

　　本章主要介绍了使用了 PowerPoint 2003 进行办公的高级操作，重点阐述了美化、修饰幻灯片以及设置幻灯片的放映方式等知识点。本上机练习通过制作"旅游行程"来练习应用模板、添加超链接和动作按钮、设置幻灯片放映方式等操作。

　　(1) 启动 PowerPoint 2003 应用程序，打开一个空白演示文稿。

　　(2) 在任务窗格中单击【开始工作】下拉列表框，在打开的快捷菜单中选择【新建演示文稿】命令。

　　(3) 在打开【新建演示文稿】任务窗格的【模板】选项区域中，单击【本机上的模板】链接，打开【新建演示文稿】对话框。

　　(4) 在对话框中选择自定义添加的【模式 4】选项，然后单击【确定】按钮，将其应用到当前幻灯片中，如图 10-49 所示。

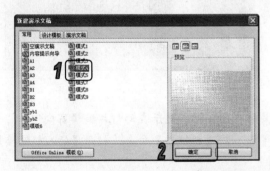

图 10-49　在演示文稿中应用模板

　　(5) 在【单击此处添加标题】文本占位符中输入标题文字"八月假期旅游全程说明"，设置文字字体为【华文琥珀】，字型为【加粗】；在【单击此处添加副标题】文本占为符中输入副标题文字"——游庐山"，设置文字字号为 36，字型为【加粗】。

　　(6) 使用插入图片功能，在幻灯片中插入一张图片，并调整其大小和位置，此时第一张幻灯片效果如图 10-50 所示。

　　(7) 在幻灯片预览窗格中选择第 2 张幻灯片缩略图，将其显示在幻灯片编辑窗口中。

　　(8) 在幻灯片中输入标题文字"行程"，设置字型为【加粗】，字体效果为【阴影】，字体颜色为【黑色】。

(9) 在【单击此出添加文本】文本占位符中输入文字，并在幻灯片中插入一张图片，设置该图片的阴影效果为【阴影样式5】，此时，第2张幻灯片效果如图10-51所示。

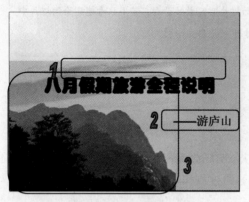

图10-50　第一张幻灯片效果

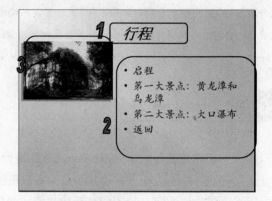

图10-51　第2张幻灯片效果

(10) 依次添加2张幻灯片，使得幻灯片效果如图10-52所示。

图10-52　添加的另外2张幻灯片效果

(11) 在幻灯片预览窗格中选择第2张幻灯片缩略图，将其显示在幻灯片编辑窗口中。

(12) 选中文字"黄龙潭和乌龙潭"，选择【插入】|【超链接】命令，打开【插入超链接】对话框。

(13) 在对话框的【链接到】列表中单击【本文档中的位置】按钮，在【请选择文档中的位置】列表框中单击【幻灯片标题】展开列表中的【黄龙潭和乌龙潭】选项，如图10-53所示。

(14) 单击【确定】按钮，完成该超链接的设置。

(15) 参照步骤(12)~(14)，为幻灯片中的文字【大口瀑布】添加超链接，使其指向第4张幻灯片。

(16) 在幻灯片预览窗格中选择第3张幻灯片缩略图，将其显示在幻灯片编辑窗口中。

(17) 在选择【幻灯片放映】|【动作按钮】|【上一张】命令，在幻灯片的右上角拖动鼠标绘制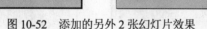图形。

(18) 释放鼠标，系统将自动打开【动作设置】对话框，在【单击鼠标时的动作】选项区域中选中【超链接到】单选按钮，在【超链接到】下拉列表框中选择【幻灯片】选项，如图 10-54 所示。

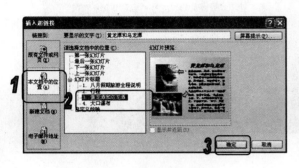

图 10-53　设置超链接的指向　　　　　图 10-54　【动作设置】对话框

(19) 此时自动打开【超链接到幻灯片】对话框，在对话框中选择幻灯片【行程】选项，如图 10-55 所示。

(20) 单击【确定】按钮，返回到【动作设置】对话框，再次单击【确定】按钮，完成该动作的设置，如图 10-56 所示。

图 10-55　【超链接到幻灯片】对话框　　　图 10-56　【超链接到幻灯片】对话框

(21) 在幻灯片中复制该动作按钮，将其复制到第 4 张幻灯片中。

(22) 在幻灯片编辑窗格选择第 1 张幻灯片缩略图，将其显示在幻灯片编辑窗口中，选择【幻灯片放映】|【幻灯片切换】命令，打开【幻灯片切换】窗格。

(23) 在【应用于所选幻灯片】列表框中选择【梯形状像左下展开】选项(如图 10-57 所示)，幻灯片自动预览该切换动画。

(24) 单击【应用于所有幻灯片】按钮，将该切换效果应用于所有幻灯片中，播放效果如图 10-58 所示。

 知识点 -

　　在放映幻灯片的过程中，用户可以通过单击 按钮返回到第 2 张幻灯片，再通过单击相关的链接进行幻灯片的放映。

图 10-57　选择切换动画　　　　　　　　图 10-58　放映效果

(25) 选择【文件】|【另存为】命令，将该演示文稿以文件名【八月旅游全程】进行保存。

10.7　习题

1. 创建如图 10-59 所示的幻灯片。要求将标题文字设置为自顶部的【飞入】动画、速度为【快速】；将副标题文字设置为【棋盘】动画，速度为【慢速】；将图片设置为【向左】动作路径动画。

2. 制作如图 10-60 所示的幻灯片，并将笔记本图片设置为超链接，将其链接到指定网页 http://tech.163.com/digi/07/0711/11/3J48BI910016192R.html。

图 10-59　设置动画效果

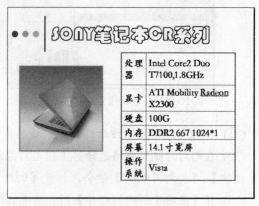

图 10-60　幻灯片切换效果

第11章

网 络 办 公

学习目标

在日常办公中，网络为用户带来诸多方便，如在局域网中可以共享资源，使用 Internet 可以下载网上资源、发送与接收电子邮件、与其他用户进行网上即时聊天等。本章将详细介绍使用网络让办公操作变得更加快捷的方法。

本章重点

- ◉ 共享本地资源
- ◉ 访问局域网中的共享资源
- ◉ 使用搜索引擎
- ◉ 下载网络资源
- ◉ 收发电子邮件
- ◉ 使用 Windows Live Messenger 网上聊天

11.1 共享资源

办公自动化已经成为众多企业推广"企业数字化"的首要环节。它可以满足企业内部进行信息传递、分析和处理的需求，通过先进的网络改进企业的管理方式，提高企业办公效率和管理水平。建设局域网，可以实现企业内部资源共享，降低企业经营成本，提高企业运作效率。建立小型办公室局域网，可实现企业内部的文件与资源共享，加速内部信息传播速度。在 Windows XP 操作系统中，要进行办公局域网连接，在【网上邻居】窗口中单击【设置家庭和小型办公网络】链接，打开【网络安装向导】对话框，通过运行该向导，即可以轻松地完成共享连接的配置，实现 Internet 连接共享。

⑪.1.1　共享本地资源

用户的电脑接入局域网后，即可给局域网中的其他用户共享本地资源，如共享文件与文件夹、共享打印机等。

【例 11-1】将 C 盘根目录下的"我的资料"文件夹设置为共享，只允许局域网内用户读取该文件夹的内容，而不允许对其进行修改。

(1) 双击桌面上的【我的电脑】图标，打开【我的电脑】窗口。双击【本地磁盘 (C:)】图标，进入 C 盘根目录窗口，如图 11-1 所示。

(2) 右击【我的资料】文件夹，在弹出的快捷菜单中选择【属性】命令，打开【我的资料 属性】对话框，如图 11-2 所示。

图 11-1　C 盘根目录窗口　　　　　　　　图 11-2　【我的资料 属性】对话框

(3) 打开【共享】选项卡，在【网络共享和安全】选项区域中，选中【在网络上共享这个文件夹】复选框；在【共享名】文本框中可以更改文件名，如图 11-3 所示。

(4) 单击【确定】按钮，关闭【我的资料 属性】对话框。此时，在"我的资料"文件夹的图标上显示手状图标，表示已经共享该文件夹，如图 11-4 所示。

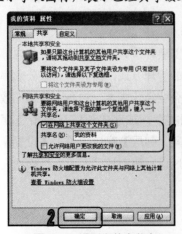

图 11-3　设置文件夹共享　　　　　　　　图 11-4　共享的【我的资料】文件夹

知识点

　　在【共享】选项卡的【网络共享和安全】选项区域中，选中【允许网络用户更改我的文件】复选框，局域网内用户即可更改该文件。

⑪.1.2　访问局域网中的共享资源

　　在 Windows XP 操作系统中，用户可以方便地访问局域网中其他电脑上共享的文件或文件夹，获取局域网内其他用户提供的各种资源。

　　【例 11-2】　访问局域网内名为 cx 的电脑，打开【共享文档】文件夹，将其中的"电脑办公自动化使用教程目录"文件复制到 C 盘根目录下。

　　(1) 双击桌面上的【网上邻居】图标，打开【网上邻居】窗口，如图 11-5 所示。

　　(2) 单击窗口左侧【网络任务】窗格中的【查看工作组计算机】链接，显示连接到局域网中的其他电脑，如图 11-6 所示。

　　图 11-5　【网上邻居】窗口　　　　　　　图 11-6　显示局域网内的其他电脑

　　(3) 双击【cx (Cx)】图标，进入用户 cx 的电脑，其中显示了该用户共享的文件夹，如图 11-7 所示。

　　(4) 双击【共享文档】文件夹，打开该文件夹，选择"电脑办公自动化使用教程目录"文件，按 Ctrl+C 快捷键复制该文件夹，如图 11-8 所示。

　　图 11-7　用户 cx 共享的文件夹　　　　　　图 11-8　【共享文档】文件夹

(6) 在窗口左侧的【其他任务】窗格中单击【我的电脑】链接，打开【我的电脑】窗口。

(7) 双击【本地磁盘 (C:)】图标，进入 C 盘根目录窗口。按下 Ctrl+V 快捷键，即可将复制的【电脑办公自动化使用教程目录】文件粘贴到 C 盘根目录下，如图 11-9 所示。

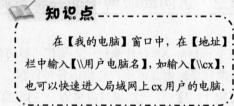

知识点

在【我的电脑】窗口中，在【地址】栏中输入【\\用户电脑名】，如输入【\\cx】，也可以快速进入局域网上 cx 用户的电脑。

图 11-9　粘贴"电脑办公自动化使用教程目录"文件

⑪.2　使用搜索引擎

搜索引擎是专门帮助用户查询信息的站点，通过这些具有强大查找能力的站点，用户能够方便、快捷地查找到所需信息。搜索引擎是一个能够对 Internet 中资源进行搜索整理，并提供给用户查询的网站系统，它可以在一个简单的网站页面中帮助用户实现对网页、网站、图像和音乐等大量资源的搜索和定位。目前 Internet 上搜索引擎众多，最常用的搜索引擎有谷歌(www.google.cn)、百度(www.baidu.com)等。本节主要以谷歌为例，介绍使用搜索引擎的方法。

⑪.2.1　搜索网页

谷歌(www.google.cn)搜索引擎是目前世界上最大最全的搜索引擎之一，是面向全球范围的中文搜索引擎，以使用方便快捷的特性深受广大用户喜爱。使用搜索引擎搜索网页的方法：先打开 Internet Explorer 浏览器，访问搜索引擎网站首页，在页面中的文本框内输入要搜索信息的关键词，然后按下 Enter 键即可。

【例 11-3】　使用 Internet Explorer 浏览器访问谷歌搜索引擎，通过该搜索引擎搜索"2008北京奥运会新闻"。

(1) 双击桌面上的 Internet Explorer 图标，打开 Internet Explorer 浏览器，在浏览器上方的地址栏中输入网址 http://www.google.cn/，按下 Enter 键，即可进入 Google 搜索引擎，如图 11-10所示。

(2) 在该搜索引擎中间的文本框内输入关键词"2008 北京奥运会新闻"，然后选中下方的【简体中文网页】单选按钮，最后单击【Google 搜索】按钮，即可搜索到与关键词"2008 北京奥运会新闻" 有关的网页，如图 11-11 所示。

图 11-10　谷歌搜索引擎

图 11-11　搜索到的相关网页

 提示

　　在搜索引擎中输入搜索关键词时描述要准确，因为搜索引擎会严格根据用户所输入的关键词在网上搜索信息，如果关键词描述有误，搜索结果将会出现偏差。

11.2.2　搜索图片

　　图片搜索是谷歌搜索引擎的一个强大的功能，可以搜索到大量的图片。用户可以使用搜索引擎快速查找到需要的图片，如用于装饰图片、用于桌面墙纸等。

　　【例 11-4】使用谷歌搜索引擎搜索 "电脑办公图片"。

　　(1) 打开 IE 浏览器，在地址栏中输入 http://www.google.cn/，并按 Enter 键，打开 Google 主页。

　　(2) 单击【图片】链接，打开 Google 图片搜索页面，如图 11-12 所示。

　　(3) 在搜索文本框中输入文字 "电脑办公图片"，单击【搜索图片】按钮，即可进行搜索，搜索结果如图 11-13 所示。

图 11-12　Google 图片搜索页面

图 11-13　显示图片搜索结果

计算机 基础与实训教材系列

> **提示**
>
> 在搜索结果页面中，单击某个图片缩略图，即可打开图片页面，该页面将会分成两帧，上面显示图片的缩略图以及页面链接，下面显示图片所处的页面。

⑪.3 下载网络资源

随着网络的高速发展，越来越多的用户已经习惯了使用网络来获取自己所需要的各种网络资源，如图像、软件等，并将其下载到本地计算机上，从而实现网络资源的有效利用。目前网络流行的下载方式有 Web、BT 和 P2SP 3 种。Web 下载方式为 HTTP 与 FTP 两种类型，它们是电脑之间交换数据的方式。BT 下载实际上是 P2P 下载，该下载方式与 Web 方式正好相反，该种模式不需要服务器，而是在用户机与用户机之间进行传播，每位用户机在自己下载其他用户机上的文件的同时，还提供被其他用户机下载的服务，所以使用该下载方式的用户越多，下载速度越快。P2SP 下载方式实际上是对 P2P 技术的进一步延伸，它不但支持 P2P 技术，同时还通过多媒体检索数据库这个桥梁，把原本孤立的服务器和 P2P 资源整合到一起，从而下载速度更快，同时下载资源更丰富，下载稳定性更强。本节将介绍使用浏览器和下载软件下载网络资源。

⑪.3.1 使用浏览器下载文件

IE 浏览器已经提供了文件下载的功能，直接使用浏览器下载网页非常方便、实用。在用户没有安装任何下载软件时，可以通过使用 IE 直接下载文件，直接单击下载链接即可。

【例 11-5】使用 IE 浏览器下载迅雷安装文件。

(1) 打开 IE 浏览器，通过搜索引擎在华军软件园中打开迅雷的下载页面，如图 11-14 所示。

(2) 下翻直至该页面下方的【下载专区】区域，在该区域中显示了很多地区的下载地址，用户可以根据自己的地理位置和网络服务商，选择一个最合适的下载地址。例如，单击【江苏电信】链接，打开如图 11-15 所示的【文件下载】对话框。

图 11-14 打开软件下载页面

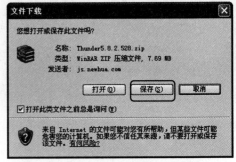

图 11-15 【文件下载】对话框

(3) 单击【保存】按钮，打开【另存为】对话框，选择保存位置，如图 11-16 所示。

(4) 单击【保存】按钮，打开如图 11-17 所示的【下载进度条】对话框。该对话框中提示了估计剩余时间、下载位置和传输速率等信息。

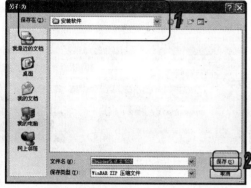

图 11-16 【另存为】对话框

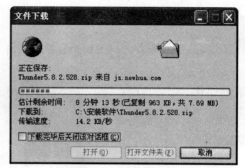

图 11-17 下载进度条

(5) 当文件下载完毕，将打开如图 11-18 所示的【下载完毕】对话框。

(6) 单击【打开文件夹】按钮，即可打开下载文件夹，如图 11-19 所示。这里下载的文件格式为 RAR 格式的压缩文件，解压缩该文件后再进行安装。

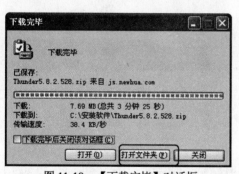

图 11-18 【下载完毕】对话框

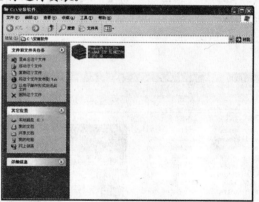

图 11-19 下载文件夹

11.3.2 使用迅雷下载网络资源

Internet 上由于用户众多，往往出现网络拥挤，传输速度很慢的现象。目前，迅雷 5 是解决该问题的优秀下载工具之一，如图 11-20 所示，它是针对网络线路差、宽带低及速度慢等特点而编写的。

利用快捷菜单快速使用迅雷下载文件的方法很简单，在网页中，右击需要下载文件的超链接时，快捷菜单中会增加【使用迅雷下载】和【使用迅雷下载全部链接】两个命令，用户选择其中的一个命令来执行下载操作即可。

【例 11-6】使用迅雷下载 WinRAR 安装文件。

(1) 在地址栏中输入 http://www.onlinedown.net/soft/5.htm，打开 WinRAR 下载页面，如图 11-21 所示。

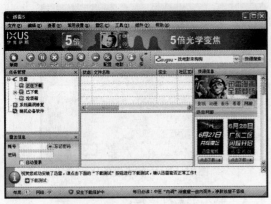

图 11-20　迅雷 5 主界面

图 11-21　WinRAR 下载页面

(2) 在如图 11-22 所示的【下载专区】区域中，右击【江苏电信[本地下载]】链接，从弹出的快捷菜单中选择【使用迅雷下载】命令，打开【建立新的下载任务】对话框，如图 11-23 所示。

图 11-22　【下载专区】区域

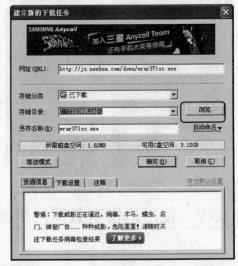

图 11-23　【建立新的下载任务】对话框

(3) 在【建立新的下载任务】对话框中，单击【浏览】按钮，打开【浏览文件夹】对话框，指定下载文件的存放路径，如图 11-24 所示。

(4) 单击【确定】按钮，返回【建立新的下载任务】对话框，单击【确定】按钮，迅雷开始下载 WinRAR 安装文件，如图 11-25 所示。

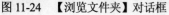

图 11-24 【浏览文件夹】对话框

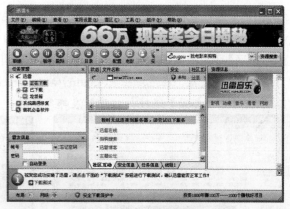

图 11-25 正在下载

(5) 下载的过程中在桌面的右上角悬浮窗中显示下载进度,如图 11-26 所示。

(6) 下载完毕后,在【已下载】类别中,显示 WinRAR 安装文件,并显示任务信息,如图 11-27 所示。

图 11-26 显示下载进度

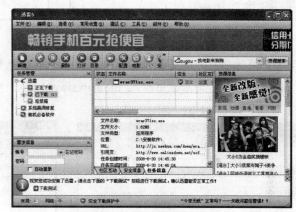

图 11-27 下载完毕

⑪.4 收发电子邮件

电子邮件又称 E-mail,它是英文 Electronic mail 的简写,它是指通过电子通讯系统进行书写、发送和接收的信件,也可以说是利用网络进行信息传输的一种现代化的通信方式。与传统的邮政信件相比,电子邮件更加迅速、便捷,无论其内容多少、距离远近,只要邮件地址正确,通过 Internet 就可以快速传送到收件人处,从而极大地提高了办公的效率。

⑪.4.1 申请免费电子邮箱

在 Internet 中,如果用户要收发电子邮件,首先需要在提供电子邮箱服务的网站中申请一个电子邮箱，如新浪邮箱(mail.sina.com.cn)、Hotmail 免费邮箱(www.hotmail.com)、Gmail 免费邮箱(www.gmail.com)等。电子邮箱申请流程基本相同。

【例11-7】在新浪网站(http://www.sina.com)上申请免费邮箱 njqinghuawenkang@sina.com。

(1) 打开 IE 浏览器，在地址栏输入 http://www.sina.com，打开新浪首页，如图 11-28 所示。

(2) 单击【免费邮箱】连接，打开新浪邮箱页面，如图 11-29 所示。

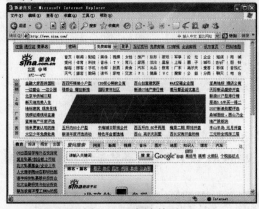

图 11-28　新浪首页

图 11-29　新浪邮箱页面

(3) 单击【注册免费邮箱】按钮，打开【注册您的免费邮箱】页面，如图 11-30 所示。

(4) 在【用户名】文本框中输入 njqinghuawenkang，单击【下一步】按钮，打开【设置用户信息】页面，如图 11-31 所示。

图 11-30　输入用户名

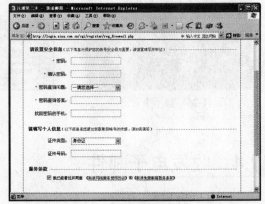

图 11-31　【设置用户信息】页面

(5) 在【填写用户信息】页面中，用户必须按照要求填写个人信息，其中带*的项目必须填写，阅读【服务条款】信息完毕，并选中【我已经看过并同意】复选框。

(6) 单击【提交注册信息】按钮，打开如图 11-32 所示的【注册成功】页面。

(7) 5 秒钟后，系统自动进入用户的电子邮箱界面，如图 11-33 所示。

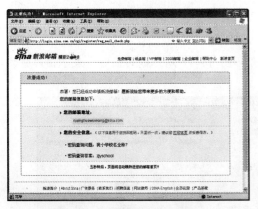

图 11-32 【注册成功】页面　　　　　　　　图 11-33 电子邮箱界面

计算机基础与实训教材系列

⑪.4.2 撰写和发送电子邮件

成功申请电子邮箱后，用户就可以使用电子邮箱撰写信件，然后发送电子邮件，与亲朋好友进行交流和联系。

【例 11-8】使用申请的新浪邮箱 njqinghuawenkang@sina.com 撰写邮件，并发送到 caoxzhen@126.com，同时随邮件发送一个附件"我的音乐.mp3"。

(1) 打开 IE 浏览器，在地址栏输入 http://mail.sina.com.cn/，打开【新浪邮箱】页面。

(2) 在【用户名】和【密码】文本框中输入用户名和密码，单击【登录】按钮，进入邮箱页面。

(3) 在页面左侧单击【写信】按钮，打开撰写邮件页面，如图 11-34 所示。

(4) 在【收件人】文本框中输入收件人的邮箱地址，如 caoxzhen@126.com；在【主题】文本框中输入邮件主题，收件人收到邮件时可以在收件箱中看到该主题，便于预览；在正文区输入邮件正文，如图 11-35 所示。

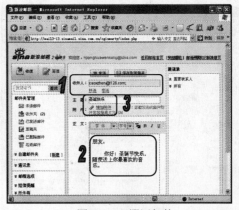

图 11-34 撰写邮件页面　　　　　　　　图 11-35 撰写邮件

(5) 通过【添加附件】功能可以在邮件中插入附件。单击【增加附件】链接，然后单击【浏览】按钮，打开如图 11-36 所示的【选择文件】对话框，从中选择附件"我的音乐.mp3"，单击【打开】按钮，该附件将成功地被添加到邮件中。

(6) 单击【发送】按钮 ，发送邮件。当打开如图 11-37 所示的页面时，表示该邮件发送完毕。

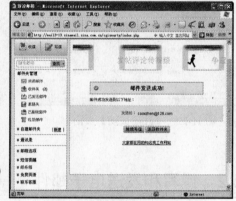

图 11-36　【选择文件】对话框　　　　图 11-37　成功发送邮件

11.4.3　接收电子邮件

在免费邮箱中，用户可以方便地查阅收到的任何邮件。

【例 11-9】接收并阅读新浪邮箱 njqinghuawenkang@sina.com 中的电子邮件。

(1) 打开 IE 浏览器，在地址栏输入 http://mail.sina.com.cn/，打开【新浪邮箱】页面。

(2) 在【用户名】和【密码】文本框中分别输入用户名和密码，单击【登录】按钮，进入邮箱页面。

(3) 单击页面中的【收件箱】链接，打开收件箱列表，如图 11-38 所示。

(4) 单击邮件主题即可打开并阅读，如图 11-39 所示。

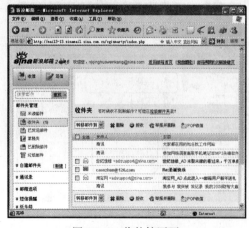

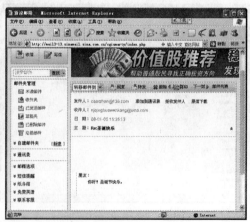

图 11-38　收件箱页面　　　　　　　　图 11-39　阅读邮件

11.5　使用 Windows Live Messenger 聊天

Windows Live Messenger 是 MSN 聊天软件的最新版本,使用该软件可以在网上与其他用户进行文字聊天、语音对话及视频会议等即时交流,使办公人员可以在不同地点快捷、便利地进行交流。

11.5.1　创建一个新账户

安装 Windows Live Messenger 之后,系统直接打开 Windows Live Messenger 的登录窗口,如图 11-40 所示。如果用户有 MSN 的登录账户,可以在该窗口中直接输入电子邮件地址和密码进行登录。如果用户还没有可用的 MSN 账户,则可以通过向导申请一个新账户。

【例 11-10】创建一个新账户——caoxzhen@Live.cn。

(1) 双击桌面上的 Windows Live Messenger 图标,打开 Windows Live Messenger 登录窗口。

(2) 单击【注册 Windows Live ID】链接,打开【获取 Windows Live】页面,如图 11-41 所示。

 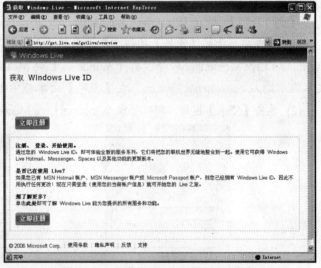

图 11-40　Windows Live Messenger 登录窗口　　　图 11-41　"获取 Windows Live"页面

(3) 单击【立即注册】按钮,打开【注册 Windows Live】窗口,如图 11-42 所示。

(4) 在前面标有*符号的文本框中输入相应的注册信息,然后单击【注册】按钮,如果输入的注册信息正确无误,将会打开注册成功的窗口,如图 11-43 所示。

 提示

完整的 Windows Live ID 应为"输入的用户名@live.cn",在登录 Windows Live Messenger 时,应该使用完整的 Windows Live ID 登录。

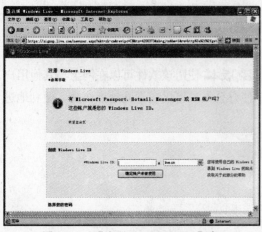 

图 11-42 【注册 Windows Live】窗口　　　　　图 11-43 注册成功页面

11.5.2 登录并添加联系人

使用 Windows Live Messenger 进行网上聊天之前，用户应该进行登录并添加相应的联系人。

【例 11-11】 登录 Windows Live Messenger 并添加联系人。

(1) 单击桌面上的【开始】按钮，在弹出的【开始】菜单中选择【所有程序】| Windows Live | Windows Live Messenger 命令，打开 Windows Live Messenger 的登录界面。在【电子邮件地址】文本框中输入 caoxzhen@Live.cn，在【密码】文本框中输入相应的密码，如图 11-44 所示。

(2) 单击【登录】按钮，即可登录 Windows Live Messenger，登录后的主界面如图 11-45 所示。

图 11-44 Windows Live Messenger 登录界面　　　图 11-45 登录后的主界面

(3) 单击【添加联系人】按钮，打开【添加联系人】窗口，在【即时消息地址】文本框中输入对方的电子邮件地址，如图 11-46 所示。

(4) 单击【添加联系人】按钮，即可添加新的联系人，并且该联系人会显示在如图 11-46 所示的界面中，如图 11-47 所示。按照相同的方法，用户可以添加更多的联系人。

图 11-46　【添加联系人】窗口

图 11-47　添加的联系人

11.5.3　发送即时消息

成功添加了联系人之后，当该联系人在线时，用户可以在 Windows Live Messenger 的界面中看到其头像以高亮显示，此时即可向其发送即时消息。

【例 11-12】在 Windows Live Messenger 中向在线联系人发送即时消息

(1) 在如图 11-47 所示的主界面中，双击在线的联系人，打开与该联系人的聊天窗口，在下方的文本框中输入聊天内容，如图 11-48 所示。

(2) 单击【发送】按钮或按下 Enter 键即可发送即时消息。该联系人收到即时消息后，就会进行回复，如图 11-49 所示。

图 11-48　聊天窗口

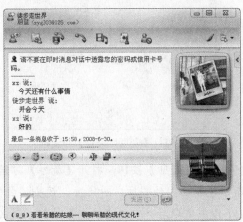

图 11-49　进行即时聊天

(11).5.4 视频会议

要使用音频和视频进行会议，用户必须先安装好摄像头、麦克风或者音响等设备。首次使用视频通话功能，Windows Live Messenger 将自动进行音频和视频设备的调试。下面以实例来介绍分别测试扬声器、麦克风、摄像头的工作状态的操作方法。

【例 11-13】调试音频和视频设备。

(1) 在聊天窗口中，单击【音频聊天】按钮，系统自动打开【音频和视频设备设置】向导对话框，如图 11-50 所示。

(2) 单击【下一步】按钮，打开【扬声器设置】对话框，选择需要扬声器和耳机，如图 11-51 所示。

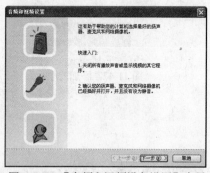
图 11-50 【音频和视频设备设置】向导

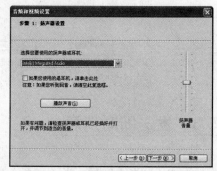
图 11-51 【扬声器设置】对话框

(3) 单击【下一步】按钮，打开【麦克风设置】对话框，选择需要使用的麦克风，并调节音量，如图 11-52 所示。

(4) 单击【下一步】按钮，打开【网络摄像机设置】对话框，并显示视频，如图 11-53 所示。

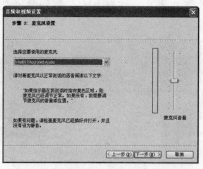
图 11-52 【麦克风设置】对话框

图 11-53 【网络摄像机设置】对话框

(5) 单击【选项】按钮，打开【属性】对话框，如图 11-54 所示，可以对视频画面效果进行调节，包括画面的亮度、对比度、镜头的白平衡及背光补偿等选项。

(6) 设置完毕后，单击【确定】按钮，返回到【网络摄像机设置】对话框，单击【完成】按钮完成音频和视频的调试。

完成了音频和视频设备的调试后，用户就可以和联系人进行音频和视频交流了。在打开的聊天窗口中，单击工具栏上的【视频聊天】按钮，对方联系人接受后，即可进行视频交流，如图 11-55 所示。

图 11-54　视频画面调节

图 11-55　视频会议

 提示

在 Windows Live Messenger 主界面中，选择【工具】|【背景】命令，打开【背景】对话框，即可选择如图 11-55 所示的背景，并且可以将背景设置为默认背景。这里用户可以根据自己的喜好来选择背景。

11.6　上机练习

本章主要介绍如何使用网络来快速地进行办公。下面通过上机熟悉来练习下载网络资源和使用免费邮箱发送邮件等操作。

11.6.1　下载网络资源

如果用户使用搜索引擎搜索网络资源，需要下载网页上的某个软件，可以使用迅雷的特定文件下载功能。下面主要练习使用搜索引擎搜素资源和使用迅雷的下载功能下载网络资源。

(1) 打开 IE 浏览器，在地址栏中输入 http://www.baidu.com/，并按 Enter 键，打开百度主页。在文本框中输入 "ACDSee 看图软件"，如图 11-56 所示。

(2) 单击【百度一下】按钮，打开搜索结果显示页面，如图 11-57 所示。

(3) 单击【ACDSee 官方网站】链接，打开官方网站下载页面，如图 11-58 所示。

(4) 单击【ACDSee 10】后面的【下载】链接，系统自动启动迅雷，打开【建立新的下载任务】对话框，选择下载保存路径，如图 11-59 所示。

(5) 单击【确定】按钮，开始进行软件的下载，下载完毕后，打开本地磁盘中下载软件的保存路径，即可开始安装该软件。

图 11-56　百度搜索引擎

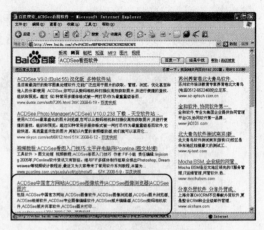

图 11-57　显示搜索结果

图 11-58　官方网站下载页面

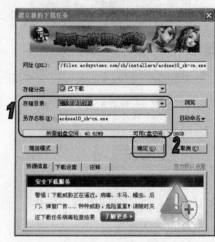

图 11-59　【建立新的下载任务】对话框

11.6.2　使用免费邮箱发送邮件

使用免费邮箱 caoxzhen@126.com 撰写邮件，并发送到 njqinghuawenkang@sina.com。

(1) 打开 IE 浏览器，在地址栏输入 http://www.126.com/，打开【易网 126 免费邮】页面，在【用户名】和【密码】文本框中输入用户名和密码，如图 11-60 所示。

(2) 单击【登录】按钮，进入电子邮箱首页，如图 11-61 所示。

 提示

> 如果用户还没有易网 126 免费箱，可以在如图 11-60 所示的页面中，单击【注册】按钮，进入注册免费邮箱页面，然后根据相关提示信息进行注册内容填写，注册成功后将得到一个免费电子邮箱。

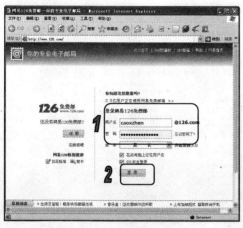

图 11-60　126 免费邮首页

图 11-61　电子邮箱首页

(3) 在页面左侧单击【写信】按钮，打开撰写邮件页面，在【收件人】文本框中输入收件人的邮箱地址 njqinghuawenkang@sina.com；在【主题】文本框中输入邮件主题；在正文区中输入邮件正文，如图 11-62 所示。

(4) 单击【添加附件】链接，打开【选择文件】对话框，选择文件路径后，选择需要发送的附件文件，如图 11-63 所示。

图 11-62　撰写邮件

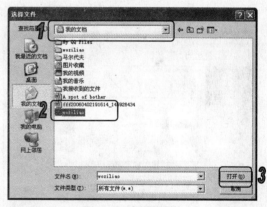

图 11-63　选择附件

(5) 单击【打开】按钮，该附件成功地被添加到邮件中，并在附件区域中显示 @ 图标，如图 11-64 所示。

(6) 单击【发送】按钮，发送邮件。当打开如图 11-65 所示的页面后，表示此邮件发送完毕。

提示

在【邮件发生成功】页面中，单击【继续写信】按钮，可以再次进入撰写邮件页面，继续发送邮件；单击【返回收件箱】按钮，可以进入收件箱页面，查看邮件箱中的邮件。

计算机基础与实训教材系列

图 11-64　显示附件内容　　　　　　　　图 11-65　邮件发送成功

11.7　习题

1. 使用百度搜索引擎搜索如图 11-66 所示的有关于【2008 北京奥运会新闻】的网页。

2. 在如图 11-67 所示的页面中申请一个 163 免费电子邮箱，使用该邮箱向好友发送邮件。

3. 在 Windows Live Messenger 新建一个账户并添加自己的好友，然后进行聊天。

图 11-66　奥运会官方网站　　　　　　　图 11-67　易网 163 免费邮

常用办公软件的使用

学习目标

在日常办公中，除了 Office 办公软件之外，用户还需要经常使用一些其他的软件，如压缩软件、看图软件、截图软件、翻译软件以及恢复软件等，不同的软件有不同的用途，用户可以通过使用相应的软件来有效地提高办公效率。本章将简要介绍一些常用软件的使用方法。

本章重点

- 使用压缩软件
- 使用看图软件
- 使用截图软件
- 使用翻译软件
- 使用恢复软件

12.1 使用压缩软件——WinRAR

在进行电脑办公的过程中，用户经常会需要传输或存储容量较大的文件，使用压缩软件可以将这些文件的容量进行压缩，以加快传输速度和节省硬盘空间。

WinRAR 是目前最流行的压缩软件之一，其界面友好，使用方便，能够创建自释放文件，修复损坏的压缩文件，并且支持身份验证、文件注释和加密功能。WinRAR 采用了先进的压缩算法，具有更高的压缩率、更快的压缩速度，同时还具有解压缩 ZIP 文件和分卷压缩的功能。

WinRAR 是 32 位 Windows 版本的 RAR 压缩文件管理器，它是一个允许创建、管理和控制压缩文件的强大工具。它具有图形用户界面和命令行控制台两个版本，图形用户界面版本较为常用。WinRAR 的界面如图 12-1 所示。

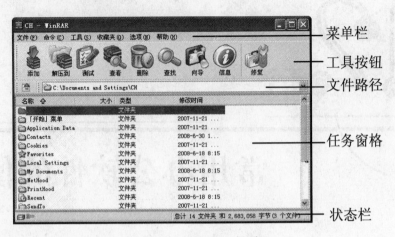

图 12-1　WinRAR 界面

12.1.1　压缩文件

使用 WinRAR，用户可以非常方便地对需要压缩的文件并进行压缩。压缩完成后，系统会在指定的目录中创建相应的压缩文件。

【例 12-1】使用 WinRAR 压缩 D 盘 test 目录下的多个文件。

(1) 选择【开始】|【所有程序】|WinRAR|WinRAR 命令，启动 WinRAR，在地址栏下拉列表框中选择【本地磁盘(D：)】选项，双击文件夹和文件列表中的 test 文件夹，如图 12-2 所示。

(2) 在打开的 test 文件夹中列出了【软件】文件夹和【文件 1.txt】、【文件 2.txt】、【文件 3.txt】和【文件 4.txt】等多个文件，按住 Ctrl 键并单击【软件】、【文件 1.txt】和【文件 3.txt】文件夹，将它们选中，如图 12-3 所示。

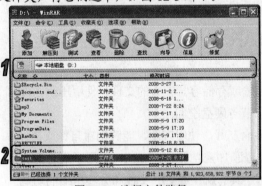

图 12-2　选择文件路径

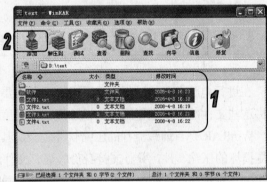

图 12-3　选择要压缩的文件

(3) 单击工具栏中的【添加】按钮，打开【压缩文件名和参数】对话框。单击【浏览】按钮，选择【本地磁盘(C:)】作为压缩文件的保存路径，并输入文件名"实例"，如图 12-4 所示。

(4) 单击【打开】按钮，打开【压缩文件名和参数】对话框，此时，【压缩文件名】文本框显示压缩文件的存放路径，如图 12-5 所示。

图 12-4　保存文件

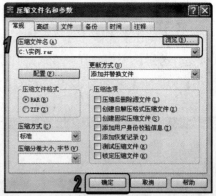

图 12-5　【压缩文件名和参数】对话框

(5) 保持其他默认参数设置不变，单击【确定】按钮，开始压缩。此时打开标题为【正在创建压缩文件　实例.rar】的提示框，如图 12-6 所示。该提示框中显示的进度条表示当前正在压缩的文件进度，下面的进度条表示总的压缩任务进度。当下面的进度条显示为 100%的时候，完成整个压缩过程，提示框自动消失。

(6) 打开资源管理器，查看 C 盘根目录，可以看到【实例.rar】文件已经创建完成。比较一下压缩前后文件的大小，如图 12-7 所示。

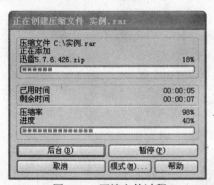

图 12-6　压缩文件过程

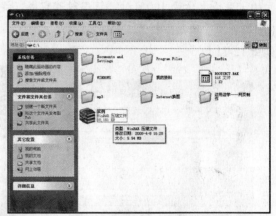

图 12-7　查看压缩结果

⑫.1.2　解压文件

用户可以使用 WinRAR 对压缩文件进行解压缩操作，提取其中有用的文件。使用 WinRAR，用户不仅可以解压缩所有的文件，也可以只解压缩其中的部分文件。

【例 12-2】使用 WinRAR 解压 C 盘的【实例.rar】文件。

(1) 选择【开始】|【所有程序】|WinRAR|WinRAR 命令，启动 WinRAR。

(2) 在地址栏下拉列表框中选择【本地磁盘(C:)】选项。选中文件夹和文件列表中的【实例.rar】文件，如图 12-8 所示。

(3) 单击工具栏上的【解压到】按钮，打开【解压路径和选项】对话框。

(4) 在文件夹和目录选择区域单击【本地磁盘(C：)】前的+号，展开文件夹，选择【解压文件】文件夹作为解压文件的存放目录。同时，目标路径文本框中的内容随着选择的变化而变化，显示为【C:\实例】，如图 12-9 所示。

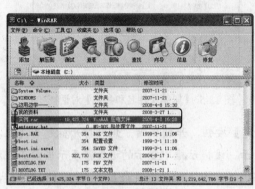

图 12-8　选择文件

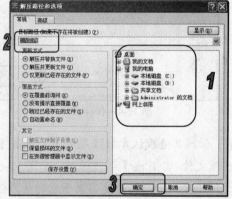

图 12-9　【解压路径和选项】对话框

(5) 保持其他默认设置不变，单击【确定】按钮，打开【正在从 实例.rar 中解压】提示框。当下面的进度条显示为 100％时，解压过程完成，提示框自动消失，如图 12-10 所示。

(6) 在资源管理器中打开 C 盘的【解压文件】目录，可以显示还原的两个文件和一个文件夹，如图 12-11 所示。

图 12-10　解压文件过程

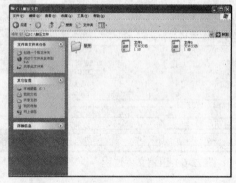

图 12-11　解压结果

⑫.2　使用看图软件——ACDSee

在日常办公的过程中，用户经常需要浏览大量的图片，虽然 Windows XP 操作系统提供了内置的看图工具，但是这些工具的功能往往不能满足用户需要。使用看图软件 ACDSee，用户不仅可以方便地浏览图片，还可以对图片进行管理。

ACDSee 是一款图形图像浏览软件，其最新的版本 ACDSee 10 具有独特的双窗口界面，支持多种图像格式，其界面如图 12-12 所示。

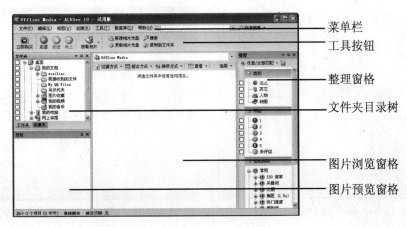

菜单栏
工具按钮
整理窗格
文件夹目录树
图片浏览窗格
图片预览窗格

图 12-12　ACDSee 界面

看图软件 ACDSee 各组成部分的作用如下。

- ◎ 窗口左侧的【文件夹目录树】：用于定位图片文件所在的文件夹。
- ◎ 窗口中间的【图片浏览】窗格：用于显示图片文件夹中包含的所有图片的缩略图、名称、大小、创建日期和文件格式等信息。
- ◎ 窗口左侧的【图片预览】窗格：用于显示需要查看的某张图片。
- ◎ 窗口右侧的【整理】窗格：用于为图片设置相应的等级和类别，并根据不同的等级或类别进行查看。

⑫.2.1　浏览图片

利用 ACDSee，用户可以方便快捷地浏览图片，既可以以缩略图的方式同时浏览多张图片，也可以以全屏方面查看某张图片的细节。

【例 12-3】使用 ACDSee 软件浏览【图片收藏】文件夹中的图片(采用【缩略图+详细资料】的浏览方式)，并以全屏方式查看其中的某张图片。

(1) 选择【开始】|【所有程序】| ACDSee 10 | ACDSee 10 命令，打开 ACDSee 软件，默认显示的就是【图片收藏】文件夹中的图片，并且以缩略图的形式显示，如图 12-13 所示。

(2) 单击中间图片列表框上方的【查看】按钮 ，在弹出的菜单中选择【缩略图+详细资料】命令，即可切换到【缩略图+详细资料】的浏览方式，如图 12-14 所示。

💡 **提示** ┄┄

　　在【查看】菜单列表中，列出了【缩略图+详细资料】、【胶片】、【平铺】、【图标】、【列表】和【详细信息】7 种浏览方式，用户可以根据自身需求，选择合适的浏览方式，对图片进行浏览。

计算机 基础与实训教材系列

图 12-13　启动 ACDSee

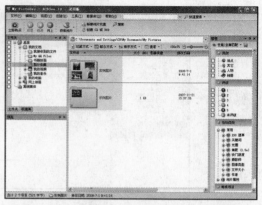

图 12-14　以【缩略图+详细资料】方式浏览图片

(3) 双击需要查看的图片所在的文件夹，即可显示该文件夹中所有的图片，如图 12-15 所示，双击需要查看的图片，即可查看该图片的细节，如图 12-16 所示。

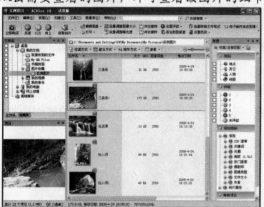

图 12-15　显示所以图片

图 12-16　查看某张图片

(4) 在该图片上右击，从弹出的快捷菜单中选择【视图】|【全屏】命令，即可以全屏方式查看图片，如图 12-17 所示。

图 12-17　全屏查看图片

知识点

在查看图片时，用户只需按下 Esc 键，即可返回到如图 12-15 所示的窗口，重新浏览图片并选择其他的图片进行查看。

12.2.2 管理图片

在使用电脑进行日常办公的过程中，电脑中保存的图片会越来越多，要在大量图片中查找具体的某张图片会比较困难。利用 ACDSee 的管理图片功能，不仅可以对图片的存放位置进行整理，还可以对图片外观进行编辑。

1. 调整图片

利用 ACDSee 提供的图片整理功能，用户可以对图片设置相应的等级和类别，并且可以根据不同的等级或类别进行查看，从而缩小查找图片的范围。

【例 12-4】使用 ACDSee 软件为【实例图片】文件夹中的图片设置不同的等级和类别，并查看等级为 5、类别为【地点】的图片。

(1) 打开 ACDSee 软件，默认显示【图片收藏】文件夹中的图片。双击【实例图片】文件夹，打开该文件中，右击图片列表框中的第一张图片，在弹出的快捷菜单中选择【设置等级】|【等级 5】命令，将该图片的等级设置为 5，此时该图片上显示相应的数字，如图 12-18 所示。

(2) 再次右击该图片，在弹出的快捷菜单中选择【设置类别】|【地点】命令，将该图片的类别设置为【地点】，此时该图片上显示相应的图标，如图 12-19 所示。

图 12-18 设置图片等级　　　　图 12-19 设置图片类别

(3) 使用同样的方法，为图片列表框中的其他图片设置不同的等级和类别，如图 12-20 所示。

(4) 在右侧的【整理】窗格中的【类别】选项区域中选中【地点】复选框，在"等级"选项区域中选中 5 复选框，即可查看等级为 5 并且类别为【地点】的图片，如图 12-21 所示。

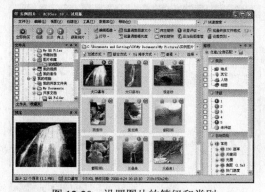
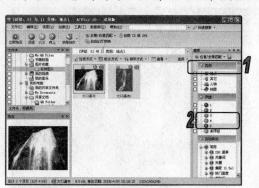

图 12-20 设置图片的等级和类别　　　图 12-21 查看特定等级和类别的图片

2. 编辑图片

在使用 ACDSee 软件查看图片时，如果用户对图片质量不满意，可以直接对图片进行适当的编辑，以使图片更加美观。

【例 12-5】使用 ACDSee 软件编辑【示例图片】文件夹中的某张图片。

(1) 打开 ACDSee 软件，默认显示【图片收藏】文件夹中的图片。双击【示例图片】文件夹，打开该文件，右击该图片列表框中的某张图片，在弹出的快捷菜单中选择【编辑】命令，即可打开该图片的编辑窗口，如图 12-22 所示。

(2) 在该窗口左侧的【主菜单】编辑面板中提供了许多调整图片的选项，用户可以根据需要选择。此处单击【效果】链接，打开【效果】编辑面板，如图 12-23 所示。

图 12-22　图片编辑窗口　　　　　　　　图 12-23　【效果】编辑面板

(3) 在【选择类别】下拉列表框中选择【所有效果】选项，然后在【双击效果以运行它：】列表框中双击【太阳亮斑】选项，如图 12-24 所示。

(4) 在右侧的预览框中即可看到应用【太阳亮斑】效果的图片，调整水平位置、垂直位置和亮度后的效果如图 12-25 所示。单击编辑面板中的【完成】按钮，完成图片的编辑。

图 12-24　选择【太阳亮斑】效果　　　　　图 12-25　应用【太阳亮斑】效果的图片

12.3　使用截图软件—— HyperSnap

在日常办公中，用户经常需要截取电脑屏幕上显示的图片。使用专业的截图软件 HyperSnap，可以非常方便地截取图片。

HyperSnap 是一个屏幕截图工具，它不仅能截取标准的桌面程序，还能截取 DirectX、3Dfx Glide 游戏和视频或 DVD 屏幕图，该程序能以 20 多种图形格式(包括 BMP、GIF、JPEG、TIFF 及 PCX)等保持图片。该程序的功能：可以用热键或自动计时器从屏幕上抓图，可以在所抓的图像中显示鼠标轨迹，收集工具，有调色板功能并能设置分辨率，还能选择从 TWAIN 装置中(扫描仪和数码相机)抓图。其界面如图 12-26 所示。

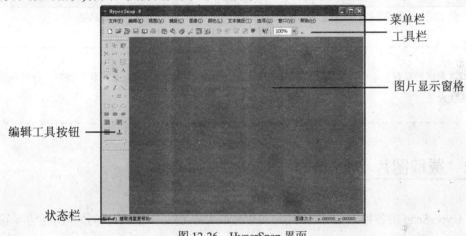

图 12-26　HyperSnap 界面

截图软件 HyperSnap 各组成部分的作用如下。

- 图片显示窗格：用于显示所截取的图片。
- 编辑工具按钮：用于编辑、选择和修改图片。
- 状态栏：用于显示帮助信息以及所截取图片的大小。

12.3.1　设置屏幕捕捉热键

在使用 HyperSnap 截图之前，用户首先需要配置屏幕捕捉热键，通过热键可以方便地调用 HyperSnap 的各种截图功能，从而更有效地进行截图。

【例 12-6】配置 HyperSnap 中的屏幕捕捉热键，设置【捕捉全屏】功能的热键为 F8，【捕捉窗口】功能的热键为 F2，【捕捉按钮】功能的热键为 F3、【捕捉选定区域】的热键为 F4。

(1) 选择【开始】|【所有程序】| HyperSnap 6| HyperSnap 6 命令，打开 HyperSnap 软件。

(2) 选择【捕捉】|【屏幕捕捉热键】命令，打开【屏幕捕捉热键】对话框，如图 12-27 所示。

(3) 在【捕捉全屏】功能左侧的文本框中单击，然后按下 F8 键，设置该功能的热键为 F8。

使用同样的方法，设置其他功能的热键，如图 12-28 所示。

(4) 选中底部的【激活热键】复选框，然后单击【关闭】按钮，即可完成热键的配置。

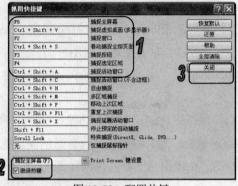

图 12-27　【屏幕捕捉热键】对话框　　　　　图 12-28　配置热键

提示 ---

在配置热键的过程中，如果要恢复到初始热键配置，可以单击右侧的【恢复默认】按钮，即可快速恢复为默认热键配置。

12.3.2　截取图片

使用 HyperSnap 的各种截图功能，用户可以截取屏幕上的不同部分，例如截取全屏、窗口、对话框、某个按钮或某个区域。

【例 12-7】使用 HyperSnap 分别截取打开的 Word 2003 窗口和工具栏中的【保存】按钮 。

(1) 在打开 HyperSnap 软件并启用热键的情况下，打开一篇 Word 2003 文档，如图 12-29 所示。

(2) 在 Word 2003 窗口中按下【捕捉窗口】功能对应的热键 F2，然后四处移动光标，当整个窗口周围显示闪烁的黑色边框时，按下鼠标左键，即可截取该 Word 2003 窗口，并且截取的图片显示在 HyperSnap 中，如图 12-30 所示。

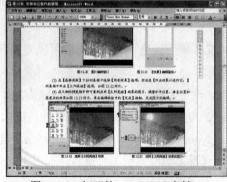　　

图 12-29　打开的 Word 2003 文档　　　　　图 12-30　截取 Word 2003 窗口

(3) 返回到 Word 2003 窗口，将光标移动到工具栏中的【保存】按钮上，然后按下【捕捉按钮】功能对应的 F3 键，即可快速截取该按钮，同时在 HyperSnap 中显示截取的按钮图片，如图 12-31 所示。

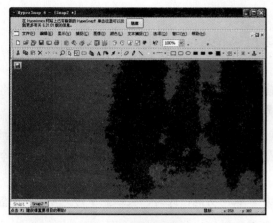

图 12-31 截取按钮

 提示

按下【捕捉区域】功能对应的 F4 键，此时在 Word 2003 窗口中的光标处将显示一条十字线，同时在边角处弹出一个窗口，其中显示了光标所在区域的放大图像。在所需截取区域的左上角单击，然后向右下方向移动，在所需截取区域的右下角再次单击，即可截取指定的区域。

12.4 使用翻译软件——金山词霸

在日常办公的过程中，用户经常会遇到各种英文文档，如进口机械的说明书、与外国公司的协议等，如果用户对英文不是非常熟悉，就需要使用各种翻译软件。

金山词霸是目前最流行的翻译软件之一，其最新版本是金山词霸 2008。它集强大的网络功能于一体，使传统软件和网络紧密结合。它可以实现中英互译、网络查词和屏幕取词等多种功能，是用户处理英文问题的好帮手。金山词霸 2008 的主界面，如图 12-32 所示。

文本框 —  — 工具栏 / 显示框

 提示

金山词霸充分利用互联网优势，实现了自动化升级功能，用户只要在线，金山词霸会自动下载最新功能并安装，保证金山词霸版本不断更新。

工具按钮

图 12-32 金山词霸 2008 的主界面

金山词霸 2008 各组成部分的作用如下。

◉ 工具栏：包括【词典】、【例句】、【更多】及【查词】4 个控制按钮。

- 文本框：用于输入需要查找的中/英文词汇或词组。
- 显示框：用于显示词典查询内容。进行查找后，会在该区域中显示所有的解释和相关内容。

12.4.1 屏幕取词

屏幕取词是金山词霸的特色功能，开启屏幕取词功能后，用户在浏览英文文档时，只要将光标移动到英文单词上面，就可以快速浏览该英文单词的简要解释。

【例12-8】启动金山词霸2008的屏幕取词功能，并且在英文文档中使用该功能。

(1) 选择【开始】|【所有程序】|【金山词霸2008个人版】|【金山词霸2008个人版】命令，打开金山词霸2008。

(2) 单击【屏幕取词】按钮 ⊙ 屏幕取词 ，开启屏幕取词功能，此时，按钮显示为 ⊙ 屏幕取词 状态，如图12-33所示。

(3) 打开【英文写作网】页面，打开一篇文档，将光标移动到其中的某个英文单词上并停留片刻，就会弹出一个取词窗口，其中显示了该英文单词的简要解释，如图12-34所示。

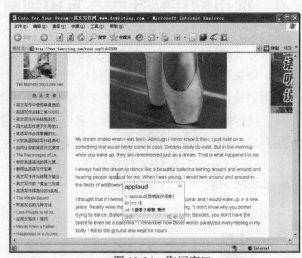

图12-33　开启屏幕取词功能　　　　　　　　图12-34　取词窗口

 提示

金山词霸的屏幕取词功能具有识别大写断词的功能，还有合成词和识别单词的特殊功能。

12.4.2 词典查询

金山词霸2008内置了丰富的英文词典，不仅可以查询常用的英文单词，也可以查询许多专业领域的英文单词。使用金山词霸 2008 的词典查询功能可以非常方便地查询所输入的英文单词。

【例 12-9】使用金山词霸 2008 查词典查询功能查询短语——come to pass。

(1) 选择【开始】|【所有程序】|【金山词霸 2008 个人版】|【金山词霸 2008 个人版】命令，启动金山词霸 2008。

(2) 在界面的文本框中输入 come to pass，此时，在文本框下面的窗格中自动显示解释，如图 12-35 所示。

(3) 单击主界面上的【词典】按钮 词典 或单击【查词】按钮 查词，即可显示包括释义、例句及用法等详细内容，如图 12-36 所示。

图 12-35　输入短语

图 12-36　词典查词

(4) 单击主界面上的【例句】按钮 例句，将显示 10 条英汉通用句典，如图 12-37 所示。

(5) 单击【查词】按钮右侧的下拉按钮，在弹出的快捷菜单中选择【爱词霸查句】命令，即可打开 Internet Explorer 浏览器，同时显示爱词霸在线词典，如图 12-38 所示，在其中即可查看所输入英文短句的解释。

图 12-37　英汉通用句典

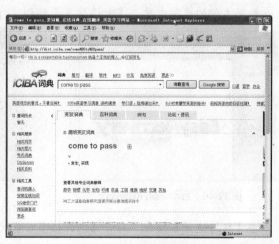

图 12-38　爱词霸在线词典

⑫.5 使用恢复软件——EasyRecovery

EasyRecovery 是世界著名数据恢复公司 Ontrack 的产品，也是一款功能非常强大的文件恢复工具，该软件囊括了磁盘诊断、数据恢复、文件修复及 E-mail 修复等全部 4 大类 19 个项目的各种数据文件修复和磁盘诊断方案。它还能够帮用户恢复丢失的文件以及重建文件系统，EasyRecovery 可以从被病毒破坏或已经格式化的硬盘中恢复文件。其界面如图 12-39 所示。

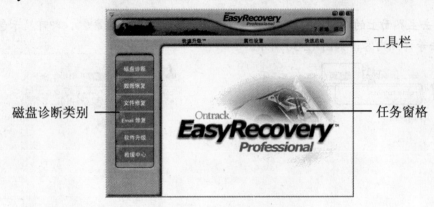

图 12-39　EasyRecovery 界面

⑫.5.1 恢复被删除的文件

使用 EasyRecovery 可以查找并恢复已经删除的文件，帮助用户恢复那些因操作失误而被删除的文件。

【例 12-10】使用 EasyRecovery 恢复 C 盘目录下的图片文件【福娃】。

(1) 选择【开始】|【所有程序】|EasyRecovery Professional| EasyRecovery Professional 命令，打开 EasyRecovery 界面，如图 12-40 所示。

(2) 在界面左侧的类别中单击【数据恢复】按钮，打开【数据恢复】窗格，如图 12-41 所示。

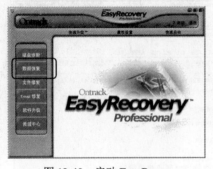

图 12-40　启动 EasyRecovery

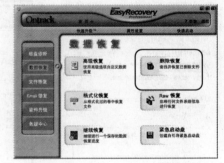

图 12-41　【数据恢复】窗格

(3) 单击【数据恢复】按钮，打开【选择恢复分区文件】界面，选择 C 盘分区后，在【文件过滤器】列表中选择【图像文件】选项，如图 12-42 所示。

(4) 单击【下一步】按钮，打开【正在扫描文件】对话框，开始查找被 C 盘中被删除的图片格式文件，如图 12-43 所示。

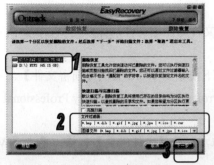
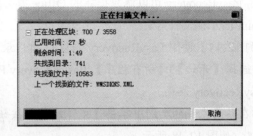

图 12-42 选择分区以恢复删除的文件　　　　图 12-43 正在扫描文件

(5) 扫描完毕后，系统自动打开【选择希望恢复的文件】界面，选择要恢复文件所在的文件夹，并选中要恢复文件前的复选框，如图 12-44 所示。

(6) 单击【下一步】按钮，打开【选择将要复制数据的目标位置】界面，单击【浏览】按钮，选择保存路径 D 盘中的【素材】文件夹，应注意不要与源文件选择同一个分区中，如图 12-45 所示。

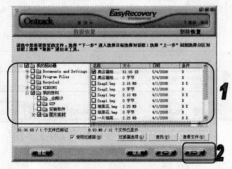
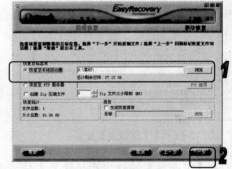

图 12-44 选择希望恢复的文件　　　　图 12-45 选择将要复制数据的目标位置

(7) 单击【下一步】按钮，打开【已恢复文件】界面，如图 12-46 所示。

(8) 单击【保存】按钮，打开【另存为】对话框，如图 12-47 所示。

(9) 单击【保存】按钮，保存恢复日志，并在【已恢复文件】界面单击【完成】按钮即可完成文件恢复。

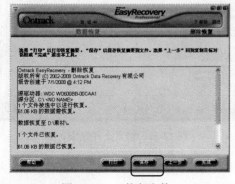

图 12-46 已恢复文件　　　　图 12-47 【另存为】对话框

12.5.2 修复受损文件

使用 EasyRecovery 可以修复损坏的 Office 办公文件与压缩文件，如修复 Word 文档文件、PowerPoint 演示稿文件等。

【例 12-11】使用 EasyRecovery 修复 C 盘目录下损坏的 Word 文档【损害文件】。

(1) 选择【开始】|【所有程序】|EasyRecovery Professional| EasyRecovery Professional 命令，打开 EasyRecovery 界面。

(2) 在界面左侧的类别中单击【文件修复】按钮，打开【文件修复】窗格，单击【Word 修复】按钮，如图 12-48 所示。

(3) 在打开的【选择要修复的文件】界面中，选择要修复的文件的路径，并在【修复文件的目标文件夹】文本框中输入修复文件要保存的路径，如图 12-49 所示。

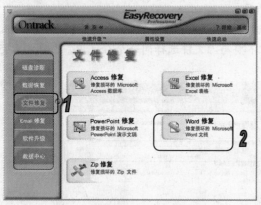
图 12-48 【文件修复】窗格

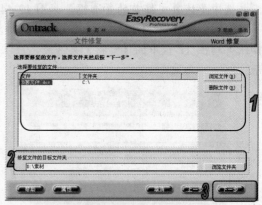
图 12-49 【选择要修复的文件】界面

(4) 单击【下一步】按钮，开始修复文件，如图 12-50 所示。

(5) 修复完毕后，系统打开如图 12-51 所示的界面，单击【完成】按钮即可完成文件修复。

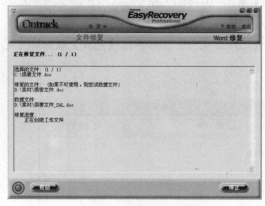
图 12-50 开始修复文件

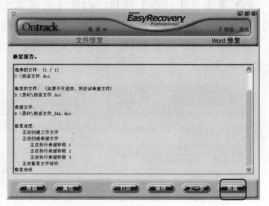
图 12-51 修复文件完成

⑫.6　上机练习

本章主要介绍了几种常用办公软件的使用方法。本上机练习练习使用看图软件和截图软件的操作方法。

⑫.6.1　使用 ACDSee 制作屏保

使用 ACDSee 用户可以轻松制作屏保，让电脑更加个性化。

(1) 选择【开始】|【所有程序】| ACDSee 10 | ACDSee 10 命令，启动 ACDSee 软件。

(2) 选择【工具】|【配置屏幕保护程序】命令，打开【ACDSee 屏幕保护程序】对话框，如图 12-52 所示。

(3) 单击【添加】按钮，打开【选择项目】对话框，选择要使用的图片(在 ACDSee 中必须选择两张以上的图片)如图 12-53 所示。

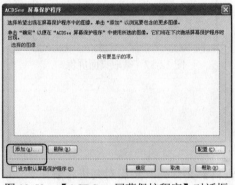

图 12-52　【ACDSee 屏幕保护程序】对话框

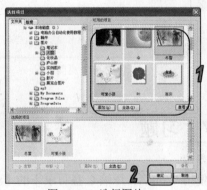

图 12-53　选择图片

(4) 单击【确定】按钮，返回到【选择图片】对话框，选中【设置为默认屏幕保护程序】复选框，如图 12-54 所示，然后单击【确定】按钮。

(5) 右击桌面，从弹出的快捷菜单中选择【属性】命令，打开【显示 属性】对话框，切换至【屏幕保护程序】选项卡，即可看到刚才制作的屏幕保护程序，如图 12-55 所示。

图 12-54　【选定图片】对话框

图 12-55　查看屏幕保护程序

計算机 基础与实训教材系列

12.6.2 使用 HyperSnap 截取屏保

使用 HyperSnap 以全屏方式截取上一个上机练习中的屏幕保护程序。

(1) 选择【开始】|【所有程序】| HyperSnap 6| HyperSnap 6 命令，打开 HyperSnap 软件。

(2) 在如图 12-55 所示的【屏幕保护程序】选项卡中，单击【浏览】按钮，在屏幕中显示如图 12-56 所示的屏保。

(3) 按【捕捉全屏】功能对应的热键 F8，即可截取该屏保，然后按下鼠标左键，退出桌面屏保，此时截取的图片显示在 HyperSnap 中，如图 12-57 所示。

图 12-56　桌面屏保

图 12-57　截取桌面屏保

12.7 习题

1. 使用 WinRAR 压缩 C 盘目录下的【我的资料】文件夹，然后对其进行解压。

2. 使用 ACDSee 查看本地磁盘中的如图 12-58 所示的图片。

3. 练习使用 HyperSnap 自由截图捕捉功能截取本题 1 中的部分图片，效果如图 12-59 所示。

4. 练习金山词霸 2008 的屏幕取词功能。

5. 练习使用 EasyRecovery 修复损坏的 PowerPoint 文档。

图 12-58　本地磁盘中的图片

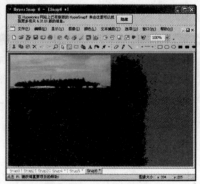

图 12-59　自由捕捉

常用办公设备的使用

学习目标

在电脑办公过程中，常常需要配合电脑使用其他一些设备，如使用打印机输出制作好的文档与图片、使用 U 盘或移动硬盘随身携带办公文件以及使用扫描仪将图片传输至电脑中等，本章将详细介绍使用办公设备完成这些操作的方法。

本章重点

- ◉ 安装和使用打印机
- ◉ 使用移动存储设备
- ◉ 使用刻录机刻录光盘
- ◉ 安装和使用扫描仪

13.1 安装和使用打印机

打印机是电脑办公操作中重要的输出设备之一，当用户要输出电脑中的文字或图片时，就需要使用打印机。根据打印机的工作原理划分，可以分为针式打印机、喷墨打印机和激光打印机 3 种。不同类型的打印机，其原理和打印技术不同，物理结构也有很大区别，其应用的领域也不相同。其中，激光打印机是最理想的办公打印机。本节主要介绍在 Windows XP 操作系统中安装与使用打印机的方法。

13.1.1 安装打印机

安装打印机的方法可以分为安装本地打印机与安装网络打印机两种。在安装本地打印机时，首先将打印机正确地与电脑连接，然后安装随打印机附送的驱动程序即可。在办公室中，安装网络打印机更为普遍，这样一台打印机可以供办公室中所有人使用，极大地降低了开销。

【例 13-1】在 Windows 中使用【添加打印机向导】，添加局域网中的打印机。

(1) 选择【开始】|【打印机和传真】命令，打开【打印机和传真】窗口。

(2) 在左侧的【打印机任务】列表中单击【添加打印机】链接，打开【添加打印机向导】对话框，如图 13-1 所示。

(3) 单击【下一步】按钮，在打开的对话框中选中【网络打印机或连接到其他计算机的打印机】单选按钮，为系统添加网络打印机，如图 13-2 所示。

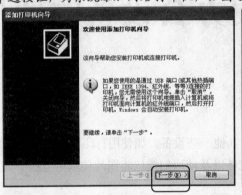 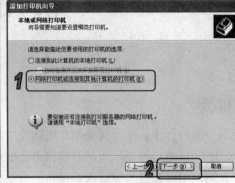

图 13-1　【添加打印机向导】对话框　　　　图 13-2　选择添加网络打印机

(4) 单击【下一步】按钮，打开【指定打印机】对话框，选中【浏览打印机】单选按钮，如图 13-3 所示。

(5) 单击【下一步】按钮，打开【浏览打印机】对话框，在共享打印机列表中选择局域网中打印机，如图 13-4 所示。

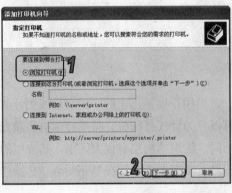 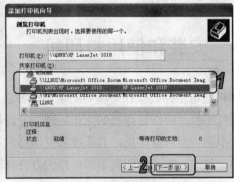

图 13-3　选中【浏览打印机】单选按钮　　　　图 13-4　指定打印机的地址

(6) 单击【下一步】按钮，在打开的对话框中将显示添加打印机成功的相关信息，如图 13-5 所示。

(7) 单击【完成】按钮，完成添加打印机向导。此时，已安装好的打印机图标将会出现在【打印机和传真】窗口中，如图 13-6 所示。

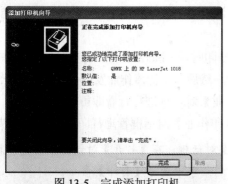

图 13-5　完成添加打印机

图 13-6　显示打印机图标

13.1.2　使用打印机

　　目前主流的文本和图片编辑软件都自带打印程序，用户只需选择相应命令即可打印所需要的文本或图片。下面以在 Word 2003 中打印文档为例，介绍使用打印机的方法。

　　【例 13-2】在 Word 2003 中使用【例 13-1】中添加的网络打印机 Word 打印文档【获奖】，并设置打印两份副本。

　　(1) 启动 Word 2003 并打开文档【获奖】，如图 13-7 所示。

　　(2) 选择【文件】|【打印】命令，打开【打印】对话框。

　　(3) 在【名称】下拉列表框中选择添加的网络打印机; 在【页面范围】选项区域中，选中【当前页】单选按钮; 在【副本】选项区域的【份数】文本框中输入 2，表示打印两份副本，如图 13-8 所示。

　　(4) 单击【确定】按钮，即可开始打印文档。

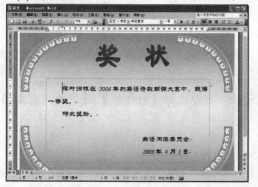

图 13-7　打开的文档

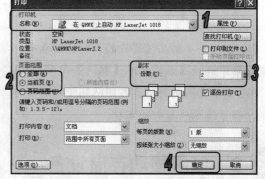

图 13-8　【打印】对话框

13.1.3　管理打印队列

　　有的用户认为将文档送向打印机之后，在文档打印结束之前就不可以再对该打印作业进行控制了。其实，此时对打印机和该打印作业的控制还没有结束，通过【打印作业】对话框仍然可以对发送到打印机中的打印作业进行管理。

在 Windows 这样一个多任务操作系统上进行打印时，Windows 为所有要打印的文件建立一个列表，把需要打印的作业加入到该打印队列中，然后系统把该作业发送到打印设备上。如果需要查看打印队列中的文档，可以打开【打印作业】对话框进行查看即可。

【例13-3】打印多篇 Word 文档，并使用【打印作业】对话框管理打印队列中的文档。

(1) 选择【文件】|【打开】命令，打开【打开】对话框，在【打开】对话框中选择多篇要打印的 Word 文档。然后单击【工具】按钮，在弹出的菜单中选择【打印】命令。

(2) 选择【开始】|【设置】|【打印机和传真】命令，打开【打印机和传真】窗口，双击默认的打印机图标，打开【打印作业】对话框，如图13-9所示。

(3) 在对话框的打印队列窗口中可以看到，所有需要打印的文档都以打印时间的前后顺序排列，并且显示该打印作业的文档名、状态、所有者、页数及提交时间等信息。

(4) 如果要暂停某个打印作业，可以先选中该作业，右击鼠标将弹出一个菜单，在菜单中选择【暂停】命令，如图13-10所示。暂停了某个打印作业的打印，并不影响打印队列中的其他文档的打印。

图13-9　【打印作业】对话框中的多个打印作业　　　图13-10　暂停某个打印作业

 提示

　　如果暂时没有合适的打印机，可在【打印】对话框中选中【打印到文件】复选框，将文件创建成打印文件后再进行打印。

(5) 如果要重新启动暂停的打印作业或要取消该打印作业，可以右击该打印作业，在打开的快捷菜单中选择【继续】或【取消】命令即可。

(6) 如果要同时将所有打印队列中的打印作业清除，可以选择【打印机】|【取消所有文档】命令，即可清除所有打印文档。

⑬.2　使用移动存储设备

移动存储设备的英文名为 Portable Storage Device，目前应用比较广泛的移动存储设备为 U 盘和移动硬盘，两者都是即插即用设备，使用起来十分方便，用户使用它们可以方便地将办公文件随身携带。

与移动硬盘相比，U 盘的体积较小，携带起来较为方便，目前市面上主流 U 盘的容量为 1G 与 2G。下面简要介绍在电脑中插入和卸载 U 盘的方法。

【例 13-4】　插入并打开 U 盘，向其中复制文件，然后卸载 U 盘。

(1) 将 U 盘插入到电脑的 USB 接口中，在桌面右下角的系统托盘中将显示连接 USB 设备的图标。此时将会打开【可移动磁盘】对话框，如图 13-11 所示。

图 13-11　【可移动磁盘】对话框

提示

如果 U 盘中已经有音频和视频文件，则在【可移动磁盘】对话框的【您想让 Windows 做什么？】列表框中会显示音频播放和视频播放选项，选择相应的选项，就可以调用相应的程序直接播放 U 盘中的音频和视频文件。

(2) 在【您想让 Windows 做什么？】列表框中，选择【打开文件夹以查看文件】选项，然后单击【确定】按钮，打开【可移动磁盘】窗口，如图 13-12 所示。

(3) 打开"我的电脑"窗口，选择【我的资料】文件夹，按下 Ctrl+C 快捷键，复制该文件。

(4) 切换到【可移动磁盘】窗口，在其中按下 Ctrl+V 快捷键，将文件夹复制到 U 盘中，如图 13-13 所示。

图 13-12　【可移动磁盘】窗口

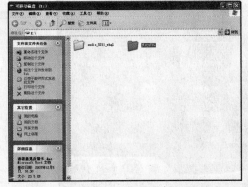

图 13-13　在 U 盘中复制文件夹

(5) 复制完成后，关闭该窗口。右击系统托盘中的图标，在弹出的菜单中选择【安全删除硬件】选项，打开【安全删除硬件】对话框，如图 13-14 所示。

(6) 在【硬件设备】列表框中选中需要卸载的 U 盘设备，然后单击【停止】按钮，即可卸载 U 盘。

图 13-14 【安全删除硬件】对话框

> **提示**
>
> 移动硬盘的使用方法和卸载方法与卸载 U 盘的方法相同，在此就不再具体阐述。用户可以参照使用 U 盘的方法，来使用移动硬盘。

13.3 使用刻录机刻录光盘

在日常办公中，刻录机是比较常用的办公设备，使用它可以将电脑中重要的文件刻录，以光盘保存。目前常用的刻录机分为两种：combo 和 DVD 刻录机。本节主要介绍专业刻录软件 Nero 刻录光盘的方法。

【例 13-5】 使用 Nero 刻录软件将 C 盘根目录下的【参考书稿】文件夹刻录到光盘中。

(1) 选择【开始】|【所有程序】| Nero 7 Ultra Edition | Nero StartSmart 命令，打开 Nero 软件的主界面，如图 13-15 所示。

(2) 单击【制作数据光盘】图标，打开文件选择窗口，如图 13-16 所示。

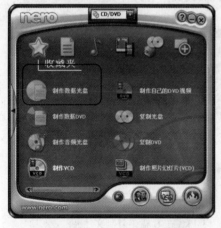

图 13-15 Nero 软件主界面

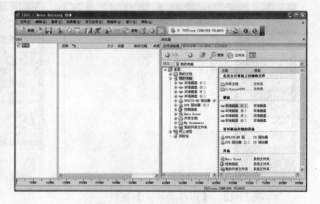

图 13-16 文件选择窗口

(3) 在左侧的【浏览器】窗格中，选中 C 盘根目录下的【参考书稿】文件夹，按住鼠标左键，将该文件夹拖动到右侧的 ISO1 窗格中，如图 13-17 所示。

(4) 单击上方工具栏中的【刻录】按钮，打开【刻录编译】对话框，如图 13-18 所示。

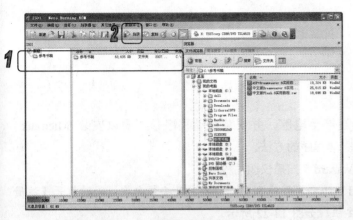

图 13-17　选择需要刻录的文件　　　　　　　图 13-18　【刻录编译】对话框

(5) 保持默认设置，单击下方的【刻录】按钮 ，打开【等待光盘】对话框，要求用户将空白的刻录光盘放入刻录机中，如图 13-19 所示。

(6) 将光盘放入刻录机后，Nero 软件将自动检测该光盘，如果放入的光盘正确，则开始进行刻录，如图 13-20 所示。

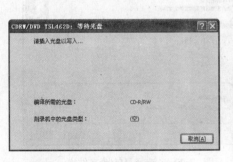

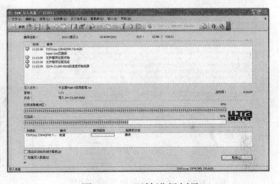

图 13-19　【等待光盘】对话框　　　　　　　图 13-20　开始进行刻录

(7) 刻录完成后，刻录好的光盘将会自动从刻录机中弹出，同时弹出提示框，提示用户完成刻录，如图 13-21 所示。单击【确定】按钮，关闭该对话框。

图 13-21　完成刻录

> **提示**
> 在将文件拖动至刻录机时应保证系统分区拥有足够的空间，否则会出现错误。

13.4　安装和使用扫描仪

扫描仪是一种输入设备，它可以将图片、照片、胶片以及文稿资料等书面材料或实物的外观扫描后输入到电脑当中，并以图片文件格式保存起来。本节将介绍安装扫描仪和使用扫描仪扫描图片的方法。

⑬.4.1　安装扫描仪

使用扫描仪前首先要将其正确连接至电脑，并安装驱动程序。下面以安装 Microtek ScanWizard 5 为例，介绍安装扫描仪驱动程序的方法。

【例 13-6】 安装 Microtek ScanWizard 5 扫描仪驱动程序。

(1) 双击 MICROTEK ScanWizard 5 的安装程序 Setup.exe，打开安装向导，同时打开【注册协议】对话框，选中【接受】单选按钮，如图 13-22 所示。

(2) 单击【下一步】按钮，在打开的对话框中选择目的地文件夹，保持默认的目的地文件夹，如图 13-23 所示。

图 13-22　"注册协议"对话框

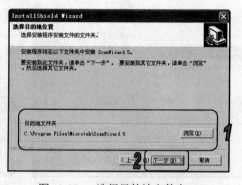

图 13-23　选择目的地文件夹

(3) 单击【下一步】按钮，在打开的对话框中选择程序文件夹，同样保持默认的程序文件夹，如图 13-24 所示。

(4) 单击【下一步】按钮，开始安装驱动程序，同时在打开的对话框中显示安装进度，如图 13-25 所示。

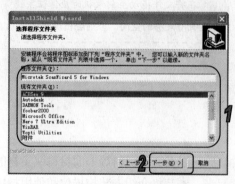

图 13-24　选择程序文件夹

图 13-25　显示安装进度

(5) 安装完成后，系统将自动打开一个对话框，要求用户重新启动 Windows，如图 13-26 所示。单击【确定】按钮，重新启动电脑后即可完成驱动程序的安装。

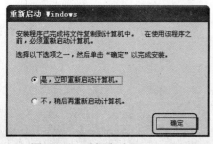

图 13-26　重新启动 Windows

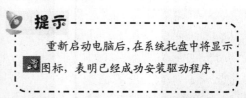

提示

重新启动电脑后，在系统托盘中将显示 图标，表明已经成功安装驱动程序。

13.4.2　扫描图片

正确安装扫描仪驱动程序之后，就可以使用扫描仪扫描图片了。一些常用的图形图像软件都支持使用扫描仪，下面以实例来介绍使用 Microsoft Office 工具 Microsoft Office Document Imaging 扫描图片方法。

【例 13-7】　使用 Microsoft Office 工具 Microsoft Office Document Imaging 扫描图片。

(1) 选择【开始】|【所有程序】| Microsoft Office |【Microsoft Office 工具】| Microsoft Office Document Imaging 命令，打开 Microsoft Office Document Imaging 窗口，如图 13-27 所示。

(2) 选择【文件】|【扫描新文档】命令，打开【扫描新文档】对话框，将需要扫描的图片放入扫描仪中，在【选择扫描预设】列表框中选择【彩色模式】选项，如图 13-28 所示。

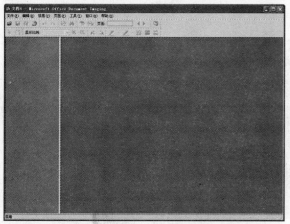

图 13-27　Microsoft Office Document Imaging 窗口

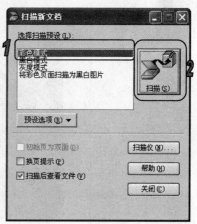

图 13-28　"扫描新文档"对话框

(3) 单击右侧的【扫描】按钮，开始扫描图片，同时在【扫描新文档】对话框中显示扫描进度，如图 13-29 所示。

(4) 扫描完成后，系统自动关闭【扫描新文档】对话框，并在 Microsoft Office Document Imaging 窗口中显示扫描好的图片，如图 13-30 所示。

(5) 选择【文件】|【保存】命令，即可保存该图片。

图 13-29　显示扫描进度

图 13-30　显示扫描好的图片

13.5　习题

1. 练习使用打印机打印 Word 文档。
2. 练习使用移动硬盘复制【我的资料】文件。
3. 练习使用刻录机将 C 盘目录下的【我的资料】文件刻录成光盘。
4. 使用扫描仪扫描如图 13-31 所示的相框中照片。

图 13-31　相框

第14章

电脑安全与维护

学习目标

使用电脑办公，难免会出现各种故障，如电脑系统崩溃或者感染病毒，会造成无法预料的损失，因此需要对电脑进行定期维护操作。本章将详细介绍电脑的使用和保养、在 Windows XP 操作系统中备份与还原文件、对磁盘进行清理和碎片整理、使用软件优化电脑系统和查杀电脑病毒的方法，以及电脑常见故障的处理。

本章重点

◉ 电脑的使用和保养

◉ 备份和还原系统

◉ 优化和维护磁盘

◉ Windows 优化大师

◉ 使用杀毒软件防范病毒

◉ 电脑常见故障的处理

14.1 电脑的使用和保养

电脑的使用和保养分为硬件的使用和保养以及软件的使用和保养。电脑硬件是各种软件运行的基础，硬件一旦出现故障便会影响软件的正常工作。软件的保养也很重要，如果对平时安装的各种软件不加以辨别，或者不进行适当的维护，轻则会使系统运行速度变慢，重则可能导致电脑崩溃或者损坏硬件。

14.1.1 硬件的使用和保养

如果日常使用过程中爱护电脑，定期进行全方位的维护，可以大大降低故障的发生。因此，平时需要注意保养，以防患于未然。

1. CPU 的使用和保养

CPU 是一个非常精密的元件，是整个电脑的核心部位，适当的对 CPU 进行保养和维护可以使其发挥最大的性能，在保养 CPU 时要注意释放人体自带的静电。

【例 14-1】对 CPU 进行维护和保养。

(1) 从主板上拔下风扇电源线，然后打开散热片的扣杆，取消散热片。

(2) 准备好用于 CPU 导线的硅胶，如图 14-1 所示。在 CPU 和散热片之间均匀涂抹导线硅胶，如图 14-2 所示。散热硅胶和散热硅脂都是白色的液体。散热硅胶比较粘稠，而散热硅脂比较稀。将它们涂在散热片与 CPU 之间，有利于 CPU 将热量传递给散热片。

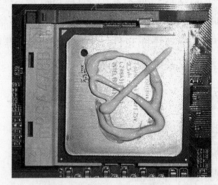

图 14-1　准备好用于 CPU 导线的硅胶　　图 14-2　在 CPU 和散热片之间均匀涂抹导热硅胶

(3) CPU 使用一段时间后，风扇和散热片上会有灰尘。灰尘不利于散热，需要及时清扫。这时，可以拧开固定风扇的 4 颗螺丝钉，将散热片上的风扇拆卸下来，然后使用毛刷清除风扇扇页上的灰尘。

(4) 把风扇安装回散热片，再重新插回 CPU 插槽即可。

 提示

清除风扇扇页上的灰尘时，注意使用毛刷时力量要适当，不必太用力，否则容易损坏风扇。

2. 硬盘的使用和保养

硬盘是电脑的核心存储部件，存储用户的数据，若硬盘出现故障则很可能会丢失其保存的重要数据，因此平时应注意保养与维护硬盘，延长其使用寿命，提高使用效率。

应尽量避免移动硬盘，尤其是盘片在硬盘内高速旋转时稍不注意就可能造成盘面的损坏，从而导致硬盘出现坏道而无法修复，安装和拆卸硬盘要小心进行，避免硬盘的震动。硬盘要使用螺丝将其固定在机箱内，如图 14-3 所示。若要移动硬盘，最好是在硬盘正常关机后并等磁盘停止转动后再进行。在移动硬盘时应用手捏住硬盘的两侧，尽量避免手与其硬盘背面的电路板直接接触，轻拿轻放，尽量不要磕碰或与其他坚硬物体相撞，如图 14-4 所示。

图 14-3　固定硬盘

图 14-4　移动硬盘时的方法

在硬盘的使用过程中，电压不稳定会对硬盘造成很大伤害，如果用户所在地区的电源电压不太稳定，则最好为电脑配置一个 UPS 电源。

对于硬盘来说，平时注意检查和维护的重要性要远远高于修复，最简单的方法就是定期使用 Windows 提供的查错工具，每月扫描一次是很有必要的。

 提示

　　由于硬盘内部的物理构造比较脆弱，用户切勿擅自拆卸硬盘外壳。

3. 显示器的使用和保养

保养显示器主要有两个方面：一是显示器表面的保养，二是显示器内部的除灰尘。

彩显屏幕为了防眩光、防静电，表面涂有一层极薄的化学物质涂层，不要用酒精一类的化学溶液擦拭，也不要用粗糙的布、纸之类的物品和湿布用力擦，清洁屏幕表面应用脱脂棉或镜头纸。擦拭显示器时，应从屏幕内圈向外呈放射状轻轻擦拭。如果屏幕表面比较脏，可以用少量的水湿润脱脂棉或镜头纸擦拭。

对于显示器外壳，也要经常进行除尘工作，用户可以使用毛刷经常清理显示器外壳上的灰尘。

4. 键盘和鼠标的保养

键盘和鼠标都是最常用的输入设备，因此定期对键盘和鼠标做清洁维护是十分必要的。

对键盘做清洁维护时，可以将键盘反过来轻轻拍打，使其内的灰尘落出。如果键盘内部有太多的脏物，可以将键盘拆开清理。拆卸键盘比较简单，拧下底板上的螺丝即可取下键盘后的盖板。不过安装的时候要注意塑料键帽的安装位置，以免出错。

鼠标的清理就要简单一些，比较常用的鼠标有机械式和光电式两种，两者清理的方法有所不同。对于机械式鼠标，主要来自于橡胶球带入的粘性灰尘然后附在传动轴上，将鼠标翻过来，打开底盖，取出橡胶球，用沾有无水酒精的棉球清洗橡胶球和滚轴，晾干后重新装好，就可以恢复正常了。而光电式鼠标由于没有机械鼠标那样的传动装置，所以内部不会集有污垢。在使用光电鼠标的时候，要特别注意保持感光板的清洁和感光状态良好，尤其是鼠标垫的清洁，避免污垢附在发光二极管或光敏三极管上，遮挡光线的接收。可以找一个皮鼓对着光头吹气，这样就可以清除大部分灰尘，鼠标就可以恢复正常使用了。

14.1.2 使用软件时的注意点

使用电脑软件时应注意以下几点。

- 不要安装来历不明的软件，在使用外来移动存储设备中的文件时，应检查是否携带病毒。
- 不要安装过多的软件，要根据电脑的配置及实际需求进行安装，及时卸载不需要的软件。
- 电脑初学者不要轻易修改电脑中的 BISO 设置，注册表或其他配置信息，避免出现电脑不能正常工作的情况。

计算机 基础与实训教材系列

14.2 备份和还原文件

用户应该养成定期备份文件的习惯，这样在使用电脑的过程中，如果由于操作不当或病毒入侵而对电脑文件或程序造成一定程度的损坏，可将文件恢复到上一次备份时的状态以减少损失。

14.2.1 备份文件

在 Windows XP 操作系统中，用户可以对电脑中的文件进行备份操作，既可以备份整个磁盘，也可以备份磁盘中的某些文件。备份文件的方法很简单，在【备份或还原向导】对话框中进行相关操作即可。

【例 14-2】使用 Windows XP 操作系统中的备份功能备份文档和设置，将备份文件命名为【我的备份】，并保存在 C 盘根目录下。

(1) 双击桌面上的【我的电脑】图标，打开【我的电脑】窗口。右击任意一个磁盘图标，在弹出的快捷菜单中选择【属性】命令，打开【本地磁盘 属性】对话框，然后切换到【工具】选项卡，如图 14-5 所示。

(2) 单击【备份】选项区域中的【开始备份】按钮，打开【备份或还原向导】对话框，如图 14-6 所示。

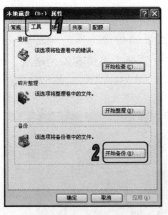

图 14-5　【工具】选项卡

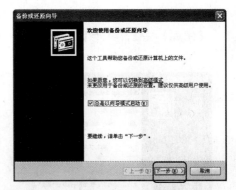

图 14-6　【备份或还原向导】对话框

　　(3) 单击【下一步】按钮，在打开的对话框中选择进行备份操作还是还原操作。此处选中【备份文件和设置】单选按钮，表示进行备份操作，如图 14-7 所示。

　　(4) 单击【下一步】按钮，在打开的对话框中选择要备份的内容，此处选中【我的文档和设置】单选按钮，表示备份文档和设置，如图 14-8 所示。

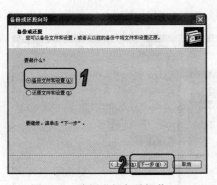

图 14-7　选择进行备份操作

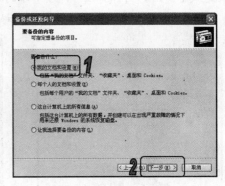

图 14-8　选择备份内容

　　(5) 单击【下一步】按钮，在打开的对话框中设置备份文件的名称和所在的位置，在【键入这个备份的名称】文本框中输入"我的备份"，如图 14-9 所示。

　　(6) 单击【浏览】按钮，打开【另存为】对话框，在【保存在】下拉列表框中选择 C 盘根目录作为保存目录，如图 14-10 所示。

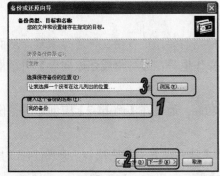

图 14-9　设置备份文件的名称和位置

图 14-10　【另存为】对话框

(7) 单击【保存】按钮，关闭该对话框，返回到如图 14-9 所示的对话框。

(8) 单击【下一步】按钮，在打开的对话框中显示了设置的备份选项，如图 14-11 所示。

(9) 单击【完成】按钮，打开【备份进度】对话框，其中显示了当前备份的进度，如图 14-12 所示。

图 14-11　显示设置的备份选项

图 14-12　【备份进度】对话框

(10) 完成备份后，打开如图 14-13 所示的对话框，单击【关闭】按钮，关闭该对话框。

(11) 打开【我的电脑】窗口，即可在 C 盘根目录下查看到创建的备份文件，如图 14-14 所示。

图 14-13　备份完成

图 14-14　创建的备份文件

14.2.2　还原文件

备份文件之后，在这些文件损坏时，用户就可以根据需要通过备份文件进行恢复，从而可以避免由于文件损坏而带来的损失。同样，还原文件操作也是在【备份或还原向导】对话框中进行。

【例 14-3】使用 Windows XP 操作系统中的还原功能，通过在【例 14-2】中创建的备份文件【我的备份】进行还原操作。

(1) 打开【备份或还原向导】对话框，选中【还原文件和设置】单选按钮，如图 14-15 所示。

(2) 单击【下一步】按钮，打开【还原项目】对话框，如图 14-16 所示。

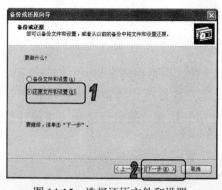
图 14-15　选择还原文件和设置

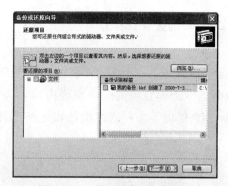
图 14-16　【还原项目】对话框

（3）双击左边列表框中的【文件】项目，在展开的列表中选择需要还原的内容，此处选择还原备份的所有文档和设置，如图 14-17 所示。

（4）单击【下一步】按钮，在打开的对话框中显示了设置的还原选项，如图 14-18 所示。

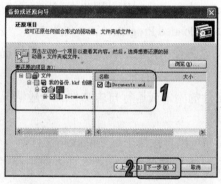
图 14-17　选择还原所有文件和设置

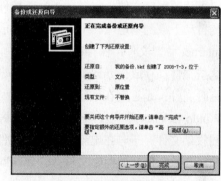
图 14-18　显示设置的还原选项

（5）单击【完成】按钮，即可开始进行还原操作，同时打开如图 14-19 所示的【还原进度】对话框，其中显示了当前的还原进度。

（6）还原操作完成后，单击【关闭】按钮，关闭【还原进度】对话框。

图 14-19　【还原进度】对话框

提示

　　如果需要将备份的文件还原到其他的位置，如某个具体的文件夹，可在如图 14-18 所示的对话框中单击【高级】按钮，在打开的对话框中进行设置。

14.3 磁盘的维护

随着电脑技术的日益完善，通过磁盘维护和管理来增大数据存储空间和保护书籍安全，已经成为电脑维护和管理的一项重要内容。为了帮助用户更好更快地进行磁盘维护和管理，Windows XP 提供了多种磁盘整理和维护工具，例如清理磁盘、磁盘查错和磁盘碎片整理等工具。

14.3.1 清理磁盘

电脑在使用一段时间后，由于平时进行了大量的操作，导致磁盘上存留许多临时文件，常见几种临时文件如下所述。

- 已下载的程序文件：包含 ActiveX 控件和 Java 小程序，它们是用户在浏览网页时由系统自动下载到本地电脑上，并临时存放在 Downloaded Program Files 文件中。
- Internet 临时文件：保存在本地磁盘中，目的是方便用户快速浏览网页。一般情况下，这些文件都存放在 Internet 临时文件夹中。
- 临时文件：是近期在系统内安装过的程序文件的副本或运行日志文件。一般情况下，Windows Vista 系统自动保存这些文件。
- 回收站文件：平时在电脑中删除的文件，用户可以直接清空这些回收站文件。
- 系统还原陈旧数据存储文件：是 Windows Vista 在安装新的驱动程序或者应用程序之前系统自动备份的文件。
- 压缩旧文件：与压缩软件使用有关的文件。
- 用于内容索引程序的分类文件：驱动上的所有文件，使用这些索引文件可以使文件的读取速度更快。

总之，这些残留的文件和程序不但占用磁盘空间，而且会影响系统的整体性能，因此需要定期进行磁盘清理，清除没有用的临时文件，以便释放磁盘空间。

在【我的电脑】窗口中，右击驱动器图标，从弹出的快捷菜单中选择【属性】命令，打开如图 14-20 所示的对话框，在【属性】对话框中单击【磁盘清理】按钮，将打开【磁盘清理】对话框，如图 14-21 所示。在该对话框中的【要删除的文件】列表中列出了可删除的文件类型及其所占用的磁盘空间大小，选中某个文件类型前的复选框，在进行清理时即可将其删除；在【获取的磁盘空间总数】信息中显示了若删除所有已选中复选框的文件类型后，可得到的磁盘空间总数；在【描述】文本框中显示了当前选择的文件类型的描述信息。

📖 知识点 ----------------------------------

用户还可以通过选择【开始】|【所有程序】|【附件】|【系统工具】|【磁盘清理】命令来运行磁盘清理程序，运行后打开【选项磁盘驱动器】对话框，选择 D 盘，单击【确定】按钮分析磁盘的冗余，分析完毕后，磁盘清理程序也将显示如图 14-21 所示的分析结果。

图 14-20　【属性】对话框

图 14-21　【磁盘清理】对话框

下面以实例来介绍清理磁盘的具体操作。

【例 14-3】使用磁盘清理程序对 C 盘进行清理。

(1) 选择【开始】|【所有程序】|【附件】|【系统工具】|【磁盘清理】命令，打开【选择驱动器】对话框，如图 14-22 所示。

(2) 在【驱动器】下拉列表框中选择【(C:)】，对 C 盘进行清理。单击【确定】按钮，打开【磁盘清理】对话框，如图 14-23 所示。

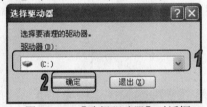

图 14-22　【选择驱动器】对话框

图 14-23　【磁盘清理】对话框

(3) 在该对话框中将自动扫描 C 盘中的垃圾文件和临时文件，扫描完成后，打开【(C:)的磁盘清理】对话框，如图 14-24 所示。

(4) 在【要删除的文件】列表框中选择需要删除的文件，此处选中【Internet 临时文件】复选框，然后单击【确定】按钮，系统自动打开一个提示对话框，询问用户是否确定删除选中的文件，如图 14-25 所示。

图 14-24　【(C:)的磁盘清理】对话框

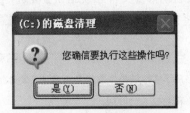

图 14-25　询问用户是否确定删除文件

(5) 单击【是】按钮，开始磁盘清理，同时打开一个对话框，其中显示了磁盘清理的进度，如图 14-26 所示。磁盘清理完成后，该对话框自动关闭。

图 14-26　进行磁盘清理

提示

在【(C:)的磁盘清理】对话框中，单击【查看文件】按钮可查看将要删除的文件。

计算机 基础与实训教材系列

14.3.2　磁盘查错

使用磁盘查错工具，不但可以对硬盘进行扫描，还可以对软盘进行检测和修复。一般情况下，用户需要使用它来扫描硬盘的启动分区并修复错误，以免因系统文件和启动磁盘的损坏而导致系统不能启动或工作不正常。

在【我的电脑】窗口中，右击驱动器图标，从弹出的快捷菜单中选择【属性】命令，打开【属性】对话框，切换至【工具】选项卡，如图 14-27 所示。在【查错】选项区域中，单击【开始检查】按钮，打开【检查磁盘】对话框(如图 14-28 所示)，单击【开始】按钮即可开始进行磁盘查错操作。

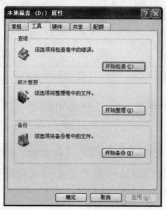

图 14-27　【工具】选项卡

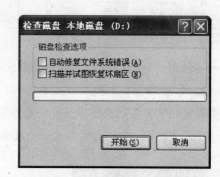

图 14-28　【检查磁盘】对话框

在图 14-28 所示的对话框中，如果只需要检测磁盘的文件、文件夹中存在的逻辑性损坏情况，可选中【自动修复文件系统错误】复选框；如果用户同时还要检查磁盘表面的物理性损坏，并尽可能地将损坏的扇区中的数据移走，则需要选中【扫描并试图恢复坏扇区】复选框。

　知识点

如果启用了【扫描并试图恢复坏扇区】复选框，由于要将损坏扇区中的数据移动到磁盘上的可用空间处，所以要花费较长的时间。

14.3.3　磁盘碎片整理

经过一段时间的使用后，电脑系统的整体性能可能有所下降。这是因为用户对磁盘进行多次读写操作后，磁盘上的碎片文件或文件夹过多。如果一个文件被分割放置在零散的磁盘空间中，当用户访问该文件时系统就需要到不同的磁盘空间中查找该文件的具体位置，从而影响了系统的运行速度。基于该原因，用户应对磁盘碎片进行定期整理，也就是重新组织文件在磁盘中的存储位置，将文件的存储位置整理到一起，同时合并可用空间，实现提高运行速度的目的。

整理磁盘碎片需要花费的时间较长，决定时间长短的因素包括以下几点：

- ◉　磁盘空间的大小。
- ◉　磁盘中包含的文件数量。
- ◉　磁盘上碎片的数量。
- ◉　可用的本地系统资源。

在正式进行磁盘碎片整理之前，必须完成以下两个准备工作：

- ◉　把磁盘中的垃圾文件和垃圾信息清理干净。系统工作一段时间后，垃圾文件就会很多，这时可使用磁盘清理程序完成清理工作。
- ◉　检查并修复磁盘中的错误。使用磁盘扫描功能，对磁盘完整而详细地扫描后，确认系统中的错误以及并对其进行修复。

完成准备工作后，就可以进行磁盘的碎片整理了。选择【开始】|【所有程序】|【附件】|【系统工具】|【磁盘碎片整理程序】命令，打开【磁盘碎片整理程序】对话框，如图 14-29 所示。在该对话框中，单击【分析】按钮，系统开始分析该磁盘是否需要进行磁盘整理；单击【碎片整理】按钮，即可开始磁盘碎片整理，系统会以不同的颜色条来显示文件的零碎程度及磁盘整理的进度，如图 14-30 所示。

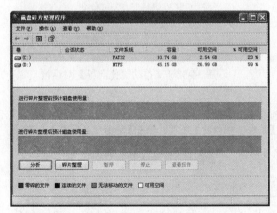

图 14-29　【磁盘碎片整理程序】对话框　　　　　图 14-30　正在整理磁盘碎片

14.4　Windows 优化大师

Windows 优化大师是一款功能强大的系统维护软件，它适用于微软 Windows XP/Vista 操作系统，能够为系统提供全面有效的优化、清理，用户只需执行几个简单步骤即可快速完成一些复杂的系统维护操作，从而使系统始终保持在最佳的状态。本节主要介绍使用 Windows 优化大师进行自动优化以及删除系统启动项等操作。

14.4.1　自动优化

Windows 优化大师可以对 CPU、硬盘、内存、网络、显卡和光驱等硬件进行检测，并根据电脑中的软硬件情况进行自动优化。

【例 14-4】使用 Windows 优化大师对系统进行自动优化。

(1) 选择【开始】|【所有程序】|【Windows 优化大师】命令，打开【Windows 优化大师】窗口，如图 14-31 所示。

(2) 在默认打开的【系统信息总览】选项卡中，用户可以查看当前电脑的软硬件情况。单击右侧的【自动优化】按钮，打开【自动优化向导】对话框，如图 14-32 所示。

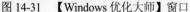

图 14-31　【Windows 优化大师】窗口

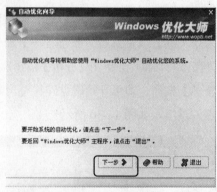

图 14-32　【自动优化向导】对话框

 知识点

在【Windows 优化大师】窗口左侧的列表中选择【系统清理维护】选项，单击【注册信息清理】标签，即可打开【注册信息清理】选项卡，在该选项卡中用户可以进行相关的清理操作，在此就不作详细介绍了，感兴趣的用户可以自己查阅优化大师的使用技巧。

(3) 单击【下一步】按钮，在打开的对话框中选择 Internet 接入方式。当前大多数用户都使用电信的 ADSL 接入 Internet，因此在【请选择 Internet 接入方式】选项区域中选中 xDSL 单选按钮，如图 14-33 所示。

（4）单击【下一步】按钮，在打开的对话框中可以看到 Windows 优化大师提供的优化组合方案，保持默认方案进行优化，如图 14-34 所示。

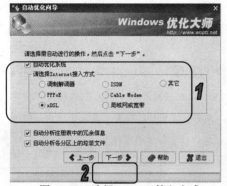

图 14-33　选择 Internet 接入方式

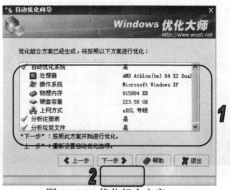

图 14-34　优化组合方案

（5）单击【下一步】按钮，打开一个提示对话框，提示用户在开始优化之前备份注册表，如图 14-35 所示。

（6）单击【确定】按钮，Windows 优化大师将自动备份注册表，然后按照优化组合方案进行自动优化。完成全部优化后，将打开如图 14-36 所示的对话框，提示用户已经完成自动优化。单击【退出】按钮，关闭该对话框。

图 14-35　提示用户备份注册表

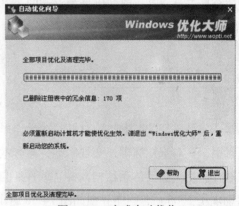

图 14-36　完成自动优化

14.4.2　删除系统启动项

使用 Windows 优化大师可以禁止 Windows XP 操作系统启动时自动运行的程序，从而加快系统启动速度，减少用户等待的时间。

【例 14-5】使用 Windows 优化大师删除系统启动项。

（1）在如图 14-31 所示的【Windows 优化大师】窗口中，单击【系统优化】标签，在展开的列表中单击【开机速度优化】按钮，打开【开机速度优化】选项卡，如图 14-37 所示。

（2）在【请勾选开机时不自动运行的项目】列表框中，选择不希望在开机时自动运行的项目，然后单击【优化】按钮，即可删除选中的系统启动项。

提示

双击列表框中的系统启动项可将其展开，在展开的列表中显示了该启动项所在的位置和作用等信息。

图 14-37 　【开机速度优化】选项卡

14.5 　使用杀毒软件防范病毒

随着电脑技术不断发展，新的电脑病毒也层出不穷。为了保障电脑安全，用户应该在电脑中安装一款专业杀毒软件。瑞星杀毒软件 2008 是针对现在国内流行的网络病毒和黑客攻击而研制开发的全新产品，是目前使用最为普遍的杀毒软件之一。本节将详细介绍使用瑞星杀毒软件 2008 手动、自动查杀电脑病毒的方法。

14.5.1 　初识瑞星杀毒软件

瑞星杀毒软件 2008 版是针对目前的操作系统专门研制开发的全新产品。全新的模块化智能反病毒引擎，对未知病毒、变种病毒、黑客木马、恶意网页程序及间谍程序具有快速杀灭的能力。软件采用全新的体系结构，并且软件还自带有及时便捷的升级服务。

启动瑞星 2008 后，程序界面如图 14-38 所示。主界面主要分为菜单栏、查杀目录栏、瑞星工具栏、信息栏和查看状态栏。

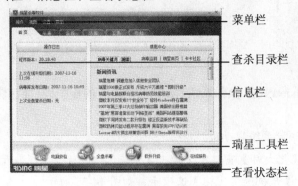

菜单栏
查杀目录栏
信息栏
瑞星工具栏
查看状态栏

提示

不同于其他版本的瑞星杀毒软件，瑞星 2008 程序无需借助其他工具，即可自动进行软件的升级，操作很简单，单击【软件升级】按钮即可完成升级。

图 14-38 　瑞星 2008 程序界面

瑞星程序主界面中 5 个部分的功能如下。

- 菜单栏：用于进行菜单操作的窗口，包括【操作】、【视图】、【设置】和【帮助】4 个菜单选项。
- 查杀目录栏：用于选择查杀目录或显示上次查杀的信息。
- 信息栏：用于显示瑞星杀毒软件和病毒的新闻咨讯。
- 瑞星工具栏：单击【全盘杀毒】按钮，即可进行杀毒；单击【软件升级】按钮，即可自动升级。
- 查看状态栏：在该状态栏中显示了当前查杀的文件名、所在文件夹、病毒名称和状态。

14.5.2　使用瑞星手动杀毒

瑞星杀毒软件综合大多数用户的使用情况预先在软件配置上进行了合理的默认设置，一般情况下用户只需要在启动瑞星杀毒软件后，使用该软件主界面上的预设功能即可手动进行病毒查杀。

【例 14-6】使用系统默认设置手动查杀电脑全盘病毒。

(1) 选择【开始】|【所有程序】|【瑞星杀毒软件】|【瑞星杀毒软件】命令，启动瑞星杀毒软件。

(2) 单击【杀毒】按钮，切换至【杀毒】视图，如图 14-39 所示。

(3) 在【查杀目标】中，保持选择默认查杀的目录，单击【开始杀毒】按钮，此时瑞星开始查杀病毒，如图 14-40 所示。

计算机 基础与实训教材系列

图 14-39　【杀毒】视图

图 14-40　开始查杀病毒

(4) 在杀毒的过程中，如果查出病毒，将会打开【发现病毒】对话框，在【病毒名】文本框中显示该病毒的名称，如图 14-41 所示。

(5) 单击【清除病毒】按钮，返回至如图 14-42 所示的瑞星杀毒界面，在【信息】栏中显示已发现的病毒数，并继续进行杀毒。

电脑办公自动化实用教程

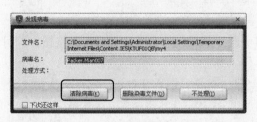

图 14-41　【发现病毒】对话框

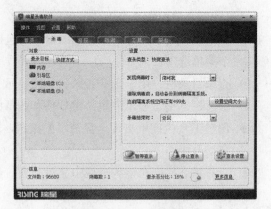

图 14-42　显示病毒数

(6) 杀毒完毕后，系统自动打开【杀毒结果】对话框，显示查杀的文件数目、发现的病毒数目以及查杀所用的时间数，如图 14-43 所示。

(7) 单击【确定】按钮，查杀结束。

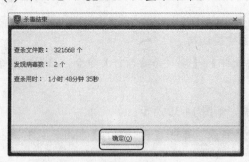

图 14-43　【杀毒结果】对话框

提示

用户可以直接单击"全盘杀毒"按钮，对电脑硬盘中的所有文件及文件夹进行杀毒。另外，当瑞星杀毒软件无法直接清除电脑中发现的病毒时，如果被病毒沾染的文件不太重要，用户直接将文件夹删除即可。

14.5.3　定制瑞星自动杀毒任务

在瑞星杀毒中可以设置定制杀毒任务，可以指定瑞星定期自动查杀电脑中可能存在的病毒，从而免除用户在平时维护电脑安全时需要频繁手动杀毒的麻烦，如根据需要可以选择【不扫描】、【每天一次】、【每周一次】或者【每月一次】等不同的扫描频率等。

【例 14-7】定制瑞星自动杀毒任务。

(1) 启动瑞星杀毒软件，切换至【杀毒】视图，单击【查杀设置】按钮，或在菜单栏中选择【设置】|【详细设置】命令，打开【详细设置】对话框，如图 14-44 所示。

(2) 在【定制任务】目录中，选择【定时查杀】选项，切换至【处理方式】选项卡，选择处理病毒的方式，如图 14-45 所示。

计算机 基础与实训教材系列

图 14-44　【详细设置】对话框

图 14-45　选择处理方式

(3) 单击【查杀文件类型】标签，打开【查杀文件类型】选项卡，设置查杀的文件类型，如图 14-46 所示。

(4) 单击【查杀频率】标签，打开【查杀频率】选项卡，设置扫描的时间和频率，如图 14-47 所示。

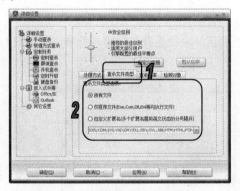

图 14-46　设置查杀的文件类型

图 14-47　设置扫描的时间和频率

(5) 单击【检测对象】标签，打开【检测对象】选项卡，设置检测的内容，如图 14-48 所示。

(6) 选择【屏保查杀】选项，在【处理方式】选项卡中，设置并选择处理病毒的方式，如图 14-49 所示。

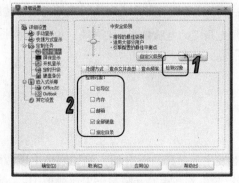

图 14-48　设置检测的内容

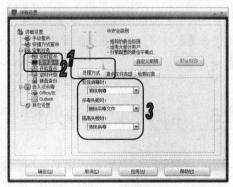

图 14-49　设置屏保查杀的处理方式

(7) 单击【查杀文件类型】标签，打开【查杀文件类型】选项卡，设置查杀的文件类型，如图14-50 所示。

(8) 单击【检测对象】标签，打开【检测对象】选项卡，设置检测的内容，如图 14-51 所示。

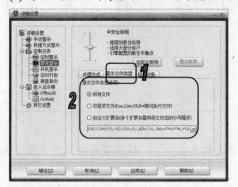
图 14-50　设置屏保查杀的文件类型

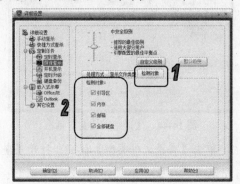
图 14-51　设置屏保查杀检测的内容

(9) 选择【开机查杀】选项，在【开机查杀】选项区域中设置开机查杀的对象，如图 14-52 所示。

(10) 选择【定时升级】选项，在【定时升级】选项区域中设置升级时间和频率，如图 14-53 所示。

图 14-52　设置开机查杀的对象

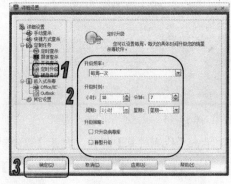
图 14-53　设置定时升级时间和频率

(11) 设置完毕后，单击【确定】按钮，完成病毒查杀的定制。当系统到达所设定的杀毒时间时，瑞星杀毒软件将会自动在电脑中运行，并执行对预先指定的电脑磁盘、文件夹、内存、邮件或引导区进行病毒检查。

14.6　电脑常见故障处理

在办公的过程中，当电脑出现故障时，首先要对发生的故障进行分析，例如回忆出现故障之前曾经进行了哪些操作；出现故障时的现象；然后以此来判断电脑故障可能发生的原因——是硬件故障还是软件故障逐步有序地解决故障。

分析故障原因对于电脑初学者来说较为困难。那些电脑排障高手之所以能快速判断故障原因并解决故障，不仅凭借着扎实的硬件和软件知识，更多依靠的是实际经验，这也是初学最缺少的。

14.6.1　开机故障与处理

电脑启动的第一步是接通电源，系统在主板 BIOS 的控制下进行自检和初始化。如果电源工作正常，应能听到电源风扇转动的声音，机箱上的电源指示灯长亮，硬盘和键盘上的 Num Lock 等 3 个指示灯则是亮一下，然后再熄灭，显示器也会发出轻微的"喇"声，这是显示卡信号送到的标志。这一阶段常见故障有如下几种。

1. 电源风扇不转动

电源风扇不转动，同时机箱前的电源指示灯不亮，可以肯定是电源问题。应该检查机箱后面的电源插头是否插紧，可以拔出来重新插入。电源插座、UPS 保险丝等部位也应仔细检查。

2. 电源指示灯亮

电源指示灯亮，屏幕无反应，无报警声。应该着重检查主板和 CPU。因为此时系统是由主板 BIOS 控制的，在基础自检结束前，电脑不会发出报警声响，屏幕也不会显示任何错误提示。此时要从以下几方面检查：

- 检查主板上的 Flash ROM 芯片，在关闭电源后重新将它按紧，使其接触良好。
- 检查主板 BIOS 芯片，有可能受 CIH 病毒破坏或 BIOS 升级不成功。
- 检查 CPU，可用替换法确定。
- 检查内存条，在关闭电源后将它重新插紧使其接触良好或用替换法进一步证实其工作性能。
- 检查是否使用了非标准外频。如果使用了 75MHz、83MHz 等非标准外频，质量较差的显卡就可能通不过，应使用 66MHz、100MHz 等标准外频。
- 机箱制作粗糙，复位(RESET)键按下后弹不起来或内部卡死，使复位键一直处于工作状态。可以用万用表检查或者将主板上的 RESET 跳线拔下再试。
- 检查主板电源。

3. 电源指示灯亮，且硬盘指示灯长亮不熄

说明硬盘有问题，有两种可能：一是硬盘数据线插反；二是硬盘本身存在物理故障，应予更换。

14.6.2　CPU 故障与处理

CPU 的故障容易诊断，如果 CPU 出现问题，一般情况是无法开机，系统没有任何反应。

即按下电源开关，机箱喇叭无任何鸣叫声，显示器无任何显示。CPU 常见故障及处理方法如下。

1．CPU 安装不正确

检查 CPU 是否插入到位，特别是采用 Slot 插槽的 CPU 安装时不容易到位。现在的 CPU 都有定位措施，但仍要检查 CPU 插座的固定杆是否固定到位。

2．风扇运行不正常

CPU 运行是否正常与风扇有很大关系，风扇一旦出故障，则很可能导致 CPU 因温度过高而被烧坏。平时应注意对 CPU 风扇的保养，比如在气温较低的情况下，风扇的润滑容易失效导致运行时噪音大，甚至风扇损坏，这时应将风扇拆下清理并加油。

3．CPU 有物理损坏

检查 CPU 是否有被烧毁、压坏的痕迹。现在采用的陶瓷封装 CPU，其核心十分脆弱，安装风扇时如果不注意，很容易将其压坏。CPU 损坏还有一种现象就是针脚折断，目前的 CPU 大都采用 Socket 架构，安装前要注意检查针脚是否有弯曲，不要一味地用力压拔。如果 CPU 插槽不好，CPU 插入时的阻力很大，这时有可能折断 CPU 针脚。

4．跳线、电压设置不正确

在采用跳线的老主板上，稍不注意就有可能将 CPU 的有关参数设置错误，因此在安装 CPU 前应仔细阅读主板说明书，认真检查主板跳线是否正常。目前大多数主板都能自动识别 CPU 的外频、倍频以及电压等参数，不需要用户自己设置。

⑭.6.3 内存故障与处理

系统内存是电脑的核心元件，它负责存储运行着的程序和数据，在电脑运行的每时每刻它都处于工作状态，所以内存故障会随时随地以各种各样的方式表现出来。如果在开机加电自检时出现关于内存错误的声音和文字提示信息，或者在系统正常运行时随机地死机或无故重启，都有可能是内存故障，常见故障及处理方法如下。

1．开机无显示

该故障一般是内存条与主板内存插槽接触不良造成的，只要用橡皮擦来回擦拭金手指部位即可解决问题。另外，内存条损坏或内存插槽损坏也会造成此类故障。由于内存条原因造成开机无显示故障，扬声器一般都会发出长鸣声。

2．Windows 经常自动进入安全模式

该故障一般是由于主板与内存条不兼容或内存条质量较差造成的，常见的就是高频率的内存用于某些不支持此频率内存条的主板上，可以尝试在 CMOS 设置中降低内存读取速度，如果不行，只能更换内存条。

3. 随机性死机

该故障一般是由于采用了几种不同芯片的内存条，各内存条速度不同，从而产生一个时间差，而导致死机。对此可以在 CMOS 设置中降低内存读取速度看能否解决问题，否则，最好更换同型号的内存条。另外，内存条与主板不兼容、内存条与主板接触不良也会引起电脑随机性死机。

4. 运行某些软件时出现内存不足的提示

此情况一般是由于系统盘剩余空间不足造成的，删除一些无用文件，多留一些空间即可，一般保持在 300MB 左右为宜。

5. 每次开机都执行 3 遍内存检测，时间太长，完成系统启动太慢

BIOS 的开机自检程序有普通和快速两种检查方式，当前采用的是普通方式。可在内存检查时按 Esc 键中断，也可按 Delete 键进入 CMOS 设置，在主菜单中选择 BIOS Features Setup 选项，将 Quick Power On Self Test 的参数设为 Enabled，保存 CMOS 后退出即可。

14.6.4　硬盘故障与处理

硬盘的故障现象种类繁多，处理的关键在于故障的分析和准确定位。这包括首先应考虑是否是硬盘外部环境的问题，如主板、硬盘接口、电缆和电源等，排除之后，还要确定是软件故障还是硬件故障。

1. 在开机后发现物理硬盘丢失

遇到该故障首先要检查硬盘是否被正确加上了＋5V 和＋12V 电压。＋5V 电压没有或偏低会造成硬盘不工作或工作不正常，＋12V 电压没有或偏低会造成硬盘内电机不工作或转速不正常。其次要检查 40 线信号电缆两头接插有无松动和电缆本身有无损伤。再次要检查在 CMOS SETUP 中有关硬盘的设置是否丢失或出错，如果 CMOS 中硬盘类型为"None"或参数不对会造成硬盘丢失或不引导。此时要进入 CMOS 重新设置硬盘参数，如果在 CMOS 中检测不到硬盘，则硬盘可能损坏。

2. 系统自检时提示硬盘硬件故障

开机后，如果硬盘的控制器出了故障或由它监控到硬盘自身的任何故障时，硬盘都不会发出准备好信号(Ready)，系统加电自检程序 POST 会由于得不到该响应而显示硬盘故障信息，如出错代码"1780"或文字提示"HDD Controller Failure/Drive Failure"等，以表明硬盘尚未联机或无法联机。如出错代码"1790"或读错误"HDD Read error"等，则表明对硬盘读盘操作出现故障，原因可能是读电路、磁头选择电路、磁头或盘片损坏，其中以盘片表面划伤或磁头损伤居多，大致是发生在头盘组件 HAD 内的故障。有的 CMOS　SETUP 程序中有硬盘实用程序

(Hard Disk Utility)，用其中的介质分析程序(Media Analysis)可对硬盘盘面或磁头损伤的具体情况进行测定。

另外，DOS 和 Windows 的格式化(FORMAT)、磁盘检测(CHKDSK)和磁盘扫描(SCANDISK)命令也有磁盘盘面诊断的功能。也可利用专门的系统测试工具如 QAPLUS 等对硬盘进行更为细致的测试。盘面的局部损伤如果不是发生在硬盘的第一个磁盘的 0 面和 1 面的 0 磁道上，通常还可以使用。但需要运行上述程序，对坏磁道加以标明，避免再用这些坏磁道存储文件。

3. 不能正常引导操作系统

此类故障大部分属于软件故障，表现形式和具体原因很多，但本质上是硬盘的主引导扇区、系统引导扇区或操作系统程序被破坏。破坏的原因可能是纯软件的，也可能是硬盘盘面被划伤引起的。

4. 不能正常运行某些应用软件

此类故障大部分属于软件故障，本质上是该软件的部分文件或运行环境被破坏。破坏的原因可能是纯软件或硬盘盘面划伤。首先要排除磁道划伤的硬件故障，然后再用 SCANDISK 对文件系统进行检测和修复，若不行，则重新复制或重新安装。

5. 感染病毒

当电脑不能正常运行时，首先要怀疑是否有病毒，可以利用最新版的杀毒软件如 KV 2007、金山毒霸及瑞星等查杀病毒进行查杀。

6. 重装系统

首先对硬盘进行分区、格式化，然后再安装操作系统和各种应用软件。需要注意的是，由于电脑上往往存储有大量的用户数据，所以尽量避免对硬盘进行重新分区、格式化，而且操作之前要尽可能地将重要文件数据进行备份。

⑭.6.5 显示器故障与处理

常见显示器故障及处理方法如下。

1. 电脑刚开机时，显示器的画面抖动很厉害，有时甚至连图标和文字也看不清，但一两分钟后就会恢复正常

这种现象多发生在潮湿的天气，是显示器内部受潮的原因。要彻底解决此问题，可打开显示器的后盖，把食品包装中的防潮砂挂在显像管管颈尾部靠近管座附近。这样，即使是在潮湿的天气里，也不会再出现此故障。

2. 电脑开机后，正常工作，显示器不显示图像。要等几十分钟才能出现画面

这是显像管管座漏电所致，须更换管座。拆开后盖可以看到显像管尾部有一块小电路板，

计算机 基础与实训教材系列

管座就焊在该电路板上。小心拔下该电路板，再焊下管座，买一个同样的管座，将管座焊到电路板上。然后找一块细砂纸，小心地将显像管尾部凸出的管脚用砂纸擦拭干净。然后将电路板装回去即可。

3. 显示器屏幕上总有挥之不去的干扰杂波或线条，而且音箱中有杂音

这种现象很可能是电源的抗干扰性差所致。如果可以更换一个新的电源；或试着自己更换电源内滤波电容，效果不太明显，可以将开关管一并换下来。

4. 显示器花屏

该问题大多是由显卡引起的。如果是新换的显卡，则可能是卡的质量不好或兼容性不好，也可能是没有安装正确的驱动程序。如果是旧卡加了显存，则有可能是新加的显存和原来的显存型号参数不一致。显卡接触不良也会引起此故障，只需重新拔插显卡或更换扩展槽即可解决此问题。

5. 显示器黑屏

显示器黑屏是用户在使用电脑时经常遇到的问题，只要对电脑的主板、CPU、内存及显示卡等几大部件有一定的了解，非元器件损坏的简单故障完全可以自己动手排除。

- ⊙ 分辨率是否设得太高：如果设置的分辨率超过了显示器的最大分辨率则会出现黑屏，甚至烧毁显示器。现在的显示器都有保护功能，当分辨率超出设定值时会启动自动保护。此时，只需重新开机，按 F8 键进入【安全模式】，重新设置分辨率即可。
- ⊙ 检查主机电源是否工作：检查电源风扇是否转动。把手移到主机机箱背部电源的出风口，感觉有风吹出则电源正常，无风则是电源故障。观察主机电源开关开启瞬间键盘的三个指示灯(NumLock、CapsLock、ScrollLock)是否闪亮一下。是，则电源正常。观察主机面板电源指示灯、硬盘指示灯是否亮。亮，则电源正常。
- ⊙ 检查显示器是否加电：检查显示器的电源开关是否已经开启、显示器的电源指示灯是否亮、显示器的亮度电位器是否关到最小、显示器的高压电路是否正常、用手靠近到显示器屏幕是否有"咝咝"的声音、手背汗毛是否竖立。
- ⊙ 检查显示卡与显示器信号线接触是否良好：拔下数据线插头，检查 D 形插口中是否有弯曲、断针、污垢。这是许多用户经常遇到的问题。在连接 D 形插口时，由于用力不均匀，或忘记拧紧插口固定螺丝，使插口接触不良；因安装方法不当，或用力过大，使 D 形插口内断针或弯曲，以致接触不良等。
- ⊙ 打开机箱检查显示卡是否安装正确：检查显卡与主板插槽是否接触良好；显示卡或插槽是否因使用时间太长而积尘太多，以致造成接触不良；显示卡上的芯片是否有烧焦、开裂的痕迹。因显示卡导致黑屏时，电脑开机自检时会有一短时长的"嘀嘀"声提示。安装显示卡时，要用手握住显示卡上半部分，均匀用力插入槽中，使显示卡的固定螺丝口与主机箱的螺丝口吻合；未插入时不要强行固定，以免造成显卡扭曲。如果确认

计算机 基础与实训教材系列

安装正确，可以取下显示卡用酒精棉球擦一下金手指或者换一个插槽安装；如果还不能正常工作，换一块可以正常使用的显卡试一下。

14.7　上机练习

本章主要介绍对电脑定期地进行维护操作，以保证电脑的安全。本上机练习主要练习使用磁盘碎片整理工具对 C 盘进行碎片整理和使用瑞星 2008 对 C 盘进行查毒。

14.7.1　碎片整理 C 盘

使用磁盘碎片整理程序对 C 盘进行碎片整理。

(1) 选择【开始】|【所有程序】|【附件】|【系统工具】|【磁盘碎片整理程序】命令，打开【磁盘碎片整理程序】窗口，如图 14-54 所示。

(2) 在上方的列表框中选择【(C:)】选项，然后单击下方的【分析】按钮，对 C 盘进行分析，如图 14-55 所示。

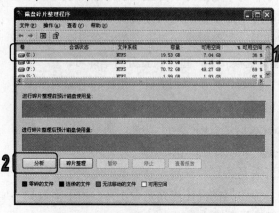
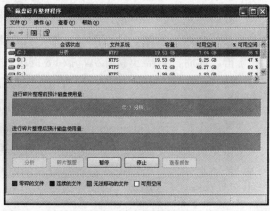

图 14-54　【磁盘碎片整理程序】窗口　　　　图 14-55　对 C 盘进行分析

(3) 分析完成后，打开如图 14-56 所示的对话框，其中显示了分析结果。

(4) 如果分析结果表明应该对该磁盘进行碎片整理，则单击【碎片整理】按钮，开始进行磁盘碎片整理，此时，将在【磁盘碎片整理程序】窗口中显示整理前后的磁盘使用量和进度，如图 14-57 所示。

 知识点

在如图 14-57 窗口的下侧，显示的红色小方块表示带有磁盘碎片的文件；显示的蓝色小方块表示连续的文件(没有磁盘碎片的文件)；显示的白色小方块表示磁盘内的空白空间；显示的绿色小方块则表示系统文件占用的磁盘空间(系统文件不能通过磁盘碎片整理程序进行移动)。

第 14 章　电脑安全与维护

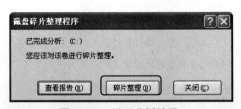

图 14-56　显示分析结果

图 14-57　开始进行磁盘碎片整理

(5) 碎片整理完成后，将打开如图 14-58 所示的对话框，提示已经完成磁盘碎片整理。单击【关闭】按钮，关闭该对话框。

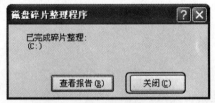

图 14-58　完成磁盘碎片整理

提示

单击该对话框中的【查看报告】按钮，可在打开的对话框中查看本次磁盘碎片整理的具体情况。

计算机 基础与实训教材系列

14.7.2　使用瑞星查杀 C 盘

使用瑞星杀毒软件 2008 手动查杀 C 盘中的病毒。

(1) 选择【开始】|【所有程序】|【瑞星杀毒软件】|【瑞星杀毒软件】命令，打开瑞星杀毒软件 2008 的主界面，然后切换到【杀毒】选项卡，在左侧的【对象】选项区域中，选中【本地磁盘(C:)】复选框，并取消选中其他复选框，如图 14-59 所示。

(2) 单击【开始查杀】按钮，即开始手动查杀病毒。此时，在窗口下方将显示已经查杀的文件数和查杀进度，如图 14-60 所示。

图 14-59　【杀毒】选项卡

图 14-60　开始手动查杀病毒

(3) 杀毒结束后，将会打开如图 14-61 所示的对话框，其中显示了查杀的文件数、查杀的病毒数和所用的时间。单击【确定】按钮关闭该对话框，完成手动查杀病毒的操作。

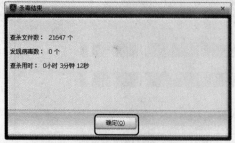

图 14-61　显示手动查杀病毒的信息

 提示 ------------------------------

　　在手动查杀病毒的过程中，如果发现病毒，将自动打开对话框，要求用户选择对该病毒的处理方式，单击其中的【清除病毒】按钮即可清除该病毒。

14.8　习题

1. 简述电脑的使用和保养过程。
2. 简述当电脑出现故障时，如何分析故障发生的原因。
3. 练习使用 Windows XP 操作系统中的备份功能备份文档。
4. 练习使用清理磁盘工具对本地磁盘进行清理操作。
5. 练习使用 Windows 优化大师对系统进行自动优化操作。
6. 练习使用瑞星杀毒软件查杀电脑病毒。